应用型人才培养"十三五"规划教材

园林工程预决算

沈　玲　主编

黄　竹　廖冬梅　副主编

陈佳士　参编

U0376885

化学工业出版社

·北京·

"园林工程预决算"课程是学生在对"装饰材料与施工工艺"、"植物造景"、"园林制图"等课程内容有初步了解和掌握之后，学习的一门专业核心课程。

本书的编写主要针对艺术类专业（景观、环艺）的学生，目的是培养学生正确应用现行预算定额和清单计价规范的能力，根据拟建园林工程项目设计文件的有关内容，独立完成单位工程施工图预算编制、工程量清单编制以及工程量清单招投标报价的能力；使学生懂得园林建设工程投资的构成及园林建设工程各分项工程成本计算及控制；掌握具体园林建设工程预决算的方法及文件编制。

本书可作为应用型本科院校和高职高专园林工程技术、风景园林设计、环境艺术设计、园林技术、园艺技术及建筑预算类等专业的教材，也可作为园林企业职工的职业培训教材，还可供从事园林工作的人员参考使用。

图书在版编目（CIP）数据

园林工程预决算/沈玲主编. —北京：化学工业出版社，2016.8（2024.1重印）

应用型人才培养"十三五"规划教材

ISBN 978-7-122-27444-1

Ⅰ.①园… Ⅱ.①沈… Ⅲ.①园林-工程施工-建筑经济定额-高等学校-教材 Ⅳ.①TU986.3

中国版本图书馆 CIP 数据核字（2016）第 143324 号

责任编辑：李仙华　　　　　　　　装帧设计：王晓宇
责任校对：边　涛

出版发行：化学工业出版社（北京市东城区青年湖南街 13 号　邮政编码 100011）
印　　装：北京天宇星印刷厂
787mm×1092mm　1/16　印张 15½　字数 380 千字　2024 年 1 月北京第 1 版第 7 次印刷

购书咨询：010-64518888　　　　　　售后服务：010-64518899
网　　址：http://www.cip.com.cn
凡购买本书，如有缺损质量问题，本社销售中心负责调换。

定　　价：42.00 元

前 言
FOREWORD

随着园林绿化与建筑市场越来越成熟和规范化，招投标和造价管理行业的不断发展完善，园林工程预决算岗位也越来越受到重视，它是环境艺术设计专业学生毕业后的主要就业方向之一，也是景观、环境设计和施工单位的重要工作岗位之一。

由于开设"园林工程预决算"课程的各院校专业培养目标不同，对学生的要求也不一样，因而所选用的教材也会有所不同，本书主要是针对开设本课程的艺术类院校的学生进行编写的。

在编写本书的过程中，编者根据艺术类环境艺术设计专业、景观专业建设和项目式教学课程需要，以《园林绿化工程工程量计算规范》（GB 50858－2013）、《仿古建筑工程工程量计算规范》（GB 50855—2013）、《市政工程工程量计算规范》（GB 50857—2013）和《江苏省仿古建筑与园林工程计价表》（2007 版）为基础，结合当前行业岗位所需要的技能及就业市场需求情况，采用典型工作任务项目化课程开发模式，遵循高职高专人才培养现代化、社会化、产业化和终身化的职业教育理念，力求本书内容能与行业发展同步，有效地指引学生进行知识的学习。建议教学中，结合各地区的园林预算定额、工程量清单计价办法及费用定额等相关文件，合理地组织教学。

本书由无锡工艺职业技术学院沈玲老师主编，荆楚理工学院黄竹老师、苏州天园景观艺术工程有限公司造价工程师廖冬梅副主编，威宁谢工程咨询（上海）有限公司造价工程师陈佳士参编。

本书在编写过程中，参考或引用了部分单位、专家学者的资料，并得到了许多业内人士的大力支持，得到了上海市科瑞建设项目管理有限公司设计师吴文娟女士、苏州天园景观艺术工程有限公司设计师袁彩凤女士、江苏合筑建筑设计股份有限公司设计师郑蔚青女士等同仁的大力帮助，在此谨表示诚挚的谢意！

本书建议学时为 48 学时，课时安排见下表。

项目	课程内容		学时
项目一 基础认知 （4课时）	任务一　园林工程预决算认知	1. 园林工程预决算的概述 2. 仿古建筑及园林绿化工程说明及类别划分	2
	任务二　施工组织设计与施工管理	1. 施工组织设计的概述 2. 施工管理概述	2
项目二 园林工程 计量与计价 （28课时）	任务一　园林工程定额认知	1. 园林工程定额概述 2. 园林工程预算定额	8
	任务二　园林工程费用计算	1. 园林工程费用的组成 2. 工程造价计算程序 3. 计价的基本模式	8
	任务三　园林工程工程量计算	1. 园林工程项目划分 2. 工程量概述 3. 工程量清单概述 4. 园林工程量计算	8
	任务四　园林工程计价与投标书的编制		4
项目三 "三算"的编制 （12课时）	任务一　编制园林工程设计概算	1. 园林工程设计概算的概述及其作用 2. 园林工程设计概算的编制 3. 园林工程设计概算的审查	4
	任务二　编制园林工程施工图预算	1. 园林工程施工图预算的概述 2. 园林工程施工图预算编制 3. 园林工程施工图预算审查	4
	任务三　编制竣工结算与决算	1. 竣工结算的概述 2. 竣工决算的概述	4
课程考核	笔试，采用百分制，考试时间为160分钟； 参考附录或根据实际教学情况进行调整。		4

注：在教学过程中，可根据实际教学进度，适当调整学时数。

　　本书提供有 PPT 电子课件以及涉及建设工程造价人员执业资格制度、税法、建筑法、土地管理法、合同法、招投标法、价格法、标准化法的相关法律法规的教学资源包，可登录 www.cipedu.com.cn 免费获取。

　　由于编者水平和能力有限，加上编写时间紧迫，书中难免存在不妥与疏漏之处，恳请专家、学者和广大读者批评指正，以便修订完善。

沈玲

2016 年 2 月

目　录
CONTENTS

项目一

基础认知

 教学目标

1. 促成目标

① 学习园林工程预决算的概念、类型、特点及园林工程建设的程序。

② 学习园林工程预决算的法律法规。

③ 学习施工管理的基本内容。

④ 学习园林工程施工组织设计与施工方案的编制。

2. 最终目标

① 正确区别各种预决算类型。

② 理解园林工程建设程序及相互关系。

③ 能根据建设项目进行工程类别的正确划分。

④ 理解施工组织设计与施工方案的编制。

⑤ 掌握施工管理的基本内容。

3. 工作任务

① 园林预决算类型的分析。

② 园林工程施工组织方案编制。

4. 活动思路设计

① 通过提问的形式，自然引入课程内容（园林工程包括哪些内容，为什么要做园林工程预决算），并进行任务一的课程学习。

② 在学生完成任务一的基本知识点后，指导学生学习相关法律法规的内容（见教学资源包），明白成为一个合格的造价员必须掌握多种知识与技能。由于园林工程建设周期长，工程造价在不同阶段时时发生变化，为了能更全面的考虑到编制的内容，并计算出更精确的造价，还需要学习掌握任务二"施工组织设计与施工管理"的相关内容。

③ 通过实例讲解及图表的解析，让学生掌握园林工程预决算的基本理论，会简单施工组织方案的编制，理顺园林工程建设程序及特点。

任务一　园林工程预决算认知

教学目标

　　学习园林工程预决算的基本概念、主要特点及常见类型，能准确分析不同预决算类型，尤其是"三算"的关系；理顺园林工程建设的一般程序及特点，掌握相关法律法规的知识点；掌握园林工程类别的划分标准。

课程内容

一、园林工程预决算的概述

（一）园林工程预决算的概念

　　园林工程预决算是指在园林工程建设中，根据工程项目不同阶段（拟建、施工、竣工）的设计文件的具体内容，查找相应的定额、指标和取费标准等，预先进行项目费用计算或进行建设项目施工各阶段的人工、材料、机械的数量、费用计算乃至全部工程费用计算的规范性技术经济文件。

　　从字面上，可以把园林工程预决算理解为园林工程概预算和园林工程竣工结算与决算两大部分内容。其中，园林工程概预算是指在工程建设前，查找相应的定额、指标和取费标准等预先所做的规范性技术经济文件；而园林工程竣工结算与决算是指在工程施工完成后，在园林工程概预算文件基础上，根据施工图纸及有关资料进行的整个工程项目最终的规范性技术资料总结的经济文件。

（二）园林工程预决算的特点

1. 大额性

　　任何一个园林建设工程，不仅形体庞大，而且资源消耗巨大，少则几百万元，多则数亿乃至数百亿元。其经济、资源的大额性事关多个方面的重大经济利益，使工程承受了重大的经济风险，对宏观经济的运行产生重大的影响。

2. 单个性

　　任何一项工程项目都有特定的用途、功能、规模，这导致了每一项工程项目的结构、造型、内外装饰等都会有不同的要求，直接表现为工程造价上的差异性。即不存在造价完全相同的两个工程项目。

3. 动态性

　　工程项目从决策到竣工验收直到交付使用，都有一个较长的建设周期，而且由于社会和自然的众多不可控因素的影响，必然会导致工程造价的变动。如，物价变化、不利的自然条件、人为因素等均会影响到工程造价。因此，工程造价在整个建设期内都处在不确定的状态之中，直到竣工决算后才能最终确定。

4. 层次性

　　一个建设项目往往含有多个能够独立发挥设计生产效能的单项工程；一个单项工程又是由一个个能够独立组织施工、各自发挥专业效能的单位工程组成。与此相对应的造价有：建设项目总造价、单项工程造价和单位工程造价。

5．阶段性（多次性）

因建设项目规模大、建设周期长、资源消耗多、造价高，为充分显现出经济效益价值，保证整个工程造价控制在合理的范围内，需要在建设程序的各个阶段进行计价。

（三）园林工程建设的一般程序（见图 1-1-1）

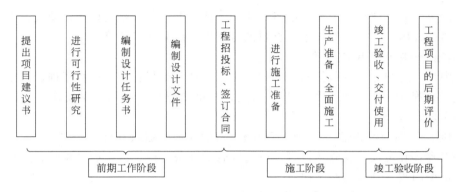

图 1-1-1　园林工程建设程序

1．提出项目建议书——由项目投资者提出

根据城市总体规划要求，在投资建设决策前对拟建项目的轮廓设想，需说明该项目立项的必要性、条件的可行性及获取效益的可能性，报上级决策机构进行决策。

主要内容：拟建项目的规模、地点及自然人文资源；投资估算及资金筹措来源；社会效益、经济效益、生态效益的估算。

2．进行可行性研究——由建设单位提出

对项目开发的所有因素、全部结构进行全面系统的研究及预测；在技术上、经济上进行论证。

主要内容：项目建设的目的、性质、提出的背景和依据；项目建设的规模、市场预测的依据，现状分析；项目内容（包括面积、总投资、工程质量标准、单项造价）；项目建设的进度和工期估算；投资估算和资金筹措方式等。

3．编制设计任务书——由建设单位编制

是编制设计文件主要依据，在投资程序中起主导作用。

主要内容：项目建设的具体内容、规模、标准及其他要求。

4．编制设计文件——由建设单位委托设计单位编制

是安排建设项目和组织施工的主要依据。

主要内容：项目总体规划图纸、技术设计、设计概算、施工图设计、施工图预算等。

设计过程一般分为：初步设计（编制设计概算）——技术设计——施工图设计（满足施工需要，编制施工图预算，确定工程造价）。

5．工程招投标——由建设单位委托招标机构进行（见图 1-1-2）

主要内容：组织施工招标、投标工作，精心选定施工单位。

投标文件（标书）主要有：商务标、经济标、技术标。

中标原则：合理中标、最低价中标（但不低于成本价）。

图 1-1-2　工程招投标基本步骤

6. 建设准备——由施工单位进行

　　主要内容：开工建设前的各种准备工作：征地、拆迁、平整场地等；完成施工用地的供电、水、道路设施工程；组织设备及材料的订货等，编制施工预算。

7. 建设实施——由施工单位负责

　　主要内容：组织施工（包括施工方式、施工管理、工程管理、质量管理、安全管理、成本管理、劳务管理、文明施工管理等），将建设图纸变成现实的园林景观作品，保证项目建设目标的实现。

8. 竣工验收——由建设单位、工程监理单位、设计部门组织进行

　　主要内容：确定竣工验收的范围、竣工验收的准备工作，组织项目验收，交付使用，按实际工程量编制竣工结算与竣工决算。

9. 后期评价——一般按照三个层次组织实施

　　三个层次即：项目单位的自我评估；行业评价；主要投资方和各级计划部门的评价。

　　主要内容：肯定成绩、总结经验、吸取教训、提出建议、改进工作，不断提高项目决策水平。

（四）园林工程预决算的类型

　　根据园林工程建设的一般程序及园林工程预决算的特点，通常将园林工程预决算分为：投资估算、设计概算、施工图预算、施工预算、竣工结算和竣工决算六种形式（见图1-1-3）。

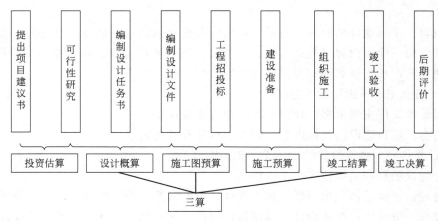

图 1-1-3　园林工程预决算类型

1. 投资估算

　　在项目投资决策过程中，由建设单位或建设单位委托的咨询机构根据现有的资料及文件，采用一定的方法，对建设项目未来发生的全部费用进行预测和估算。其准确与否直接关系到下一阶段的设计概算、施工图预算的编制。

2．设计概算

这是建设项目在初步设计阶段，在投资估算的控制下，由设计单位根据初步设计或扩大初步设计图纸、概算定额、指标，以及建设主管部门颁发的有关费用定额或取费标准等资料，预先计算工程从筹建至竣工验收交付使用全过程所需建设费用的经济文件。是控制施工图预算、衡量设计方案技术经济的依据。

3．施工图预算

拟建工程在开工之前，根据已批准并经会审后的施工图纸、施工组织设计、现行工程预算定额，地区人工、材料、设备和机械台班等预算单价，在施工方案或施工组织设计已大致确定的前提下，预先计算单位工程建设费用的技术性经济文件。

4．施工预算

在施工图预算的控制下，依据企业的内部施工定额，以建筑安装单位工程为对象，根据施工图纸、施工定额、施工及验收规范、施工组织设计（施工方案），编制的单位工程施工所需要的人工、材料、施工机械台班用量的技术经济文件。是施工企业进行工料分析、施工成本管理的依据。

5．竣工结算

又称工程结算，是一个建设项目或单项工程、单位工程全部竣工，发承包双方根据现场施工记录、设计变更通知书、现场变更鉴定等资料，进行合同价款的增减或调整计算的技术性经济文件。

6．竣工决算

在工程竣工验收交付使用阶段，由建设单位编制的建设项目从筹建到竣工验收、交付使用全过程中实际支付的全部建设费用，是整个建设工程的最终价格。是未来工程建设投资的重要技术经济资料。

二、仿古建筑及园林绿化工程说明及类别划分

（1）仿古建筑工程。仿照古代式样，运用现代结构材料技术建造的建筑工程。例如：宫殿、寺庙、楼阁、厅堂、古戏台、古塔、牌楼（牌坊）、亭、船舫等。

（2）园林绿化工程。公园、庭园、游览区、住宅小区、广场、厂区等处的园路、园桥、园林小品及绿化，市政工程项目中的景观及绿化工程等。本费用计算规则不适用大规模的植树造林以及苗圃内项目。

（3）古塔高度。设计室外地面标高至塔刹（宝顶）顶端高度；城墙高度：设计室外地面标高至城墙墙身顶面高度，不包括垛口（女儿墙）高度。

（4）园林工程占地面积。标段内设计图示园路、园桥、园林小品及绿化部分的占地面积，包含水面面积。小区内绿化按园林工程中公园广场的工程类别划分标准执行。市政道路工程中的景观绿化工程占地面积以绿地面积为准。

（5）树坑挖土、园林小品的土方项目不属于大型土石方工程项目。

（6）预制构件制作工程类别划分按相应的仿古建筑工程标准执行（表1-1-1）。

（7）与仿古建筑物配套的零星项目，如围墙等按相应的主体仿古建筑工程类别标准确定。

表 1-1-1　仿古建筑及园林绿化工程类别划分表（江苏省 2007 年版）

序号	项目		类别		一类	二类	三类
一	楼阁	单层	屋面形式		重檐或斗拱	—	—
	庙宇		建筑面积/m²		≥500	≥150	<150
	厅堂	多层	屋面形式		重檐或斗拱		
	廊		建筑面积/m²		≥800	≥300	300
二	古塔(高度/m)				≥25	<25	—
三	牌楼				有斗拱	—	无斗拱
四	城墙(高度/m)				≥10	≥8	<8
五	牌科墙门、砖细照墙				有斗拱	—	—
六	亭				重檐亭	其他亭、水榭	—
					海棠亭		
七	古戏台				有斗拱	无斗拱	—
八	船舫				船舫	—	—
九	桥				≥三孔拱桥	≥单孔拱桥	平桥
十	大型土石方工程				挖或填土(石)方容量≥5000m³		
十一	园林工程	公园广场	园路、园桥、园林小品及绿化部分占地面积/m²		≥20000	≥10000	<10000
		庭园			≥2000	≥1000	<1000
		屋顶			≥500	≥300	<300
		道路及其他			≥8000	≥4000	<4000

（8）工程类别划分标准中未包括的仿古建筑按照三类工程标准执行（表 1-1-2）。

表 1-1-2　工程类别划分详细说明

工程类别	划分标准
一类	单项建筑面积 600m² 及以上的园林建筑工程； 高度为 21m 及以上的仿古塔，高度为 9m 及以下的重檐牌楼、牌坊面积为 25000m² 及以上综合性园林建设； 缩景模仿工程，堆砌英石山 50t 及以上或景石 150t 及以上或塑造 9m 高及以上的假石山； 单条分车绿化带宽度 5m，道路种植面积为 12000m² 及以上的绿化工程；两条分车绿化带累计宽度 4m、道路种植面积 12000m² 及以上的绿化工程；三条及以上分车绿化带(含路肩绿化带)累计宽度为 20m、道路种植面积 6000m² 及以上的绿化工程； 公园绿化面积为 30000m² 及以上的绿化工程； 宾馆、酒店庭院绿化面积为 1000m² 及以上的绿化工程； 天台花园绿化面积为 500m² 及以上的绿化工程； 其他绿化累计面积为 20000m² 及以上的绿化工程

工程类别	划分标准
二类	单项建筑面积为 300m² 及以上的园林建筑工程； 高度为 15m 及以上的仿古塔，高度为 9m 及以上的重檐牌楼、牌坊面积为 20000m² 及以上综合性园林建设； 景区园桥和园林小品，园林艺术性围墙（带琉璃瓦顶、琉璃花窗或景门、景窗），堆砌英石山 20t 及以上或景石 80t 及以上或塑造 6m 高及以上的假石山； 单条分车绿化带宽度为 5m、道路种植面积为 10000m² 及以上的绿化工程，两条分车绿化带累计宽度为 4m、道路种植面积为 8000m² 及以上的绿化工程；三条及以上分车绿化带（含路肩绿化带）累计宽度为 15m、道路种植面积 40000m² 及以上的绿化工程； 公园绿化面积 20000m² 及以上的绿化工程； 宾馆、酒店庭院绿化面积为 800m² 及以上的绿化工程； 天台花园绿化面积为 300m² 及以上绿化工程； 其他绿化累计面积为 15000m² 及以上的绿化工程
三类	单项建筑面积为 300m² 及以下的园林建筑工程； 高度为 15m 及以下的仿古塔，高度为 9m 及以下的单檐牌楼、牌坊面积为 20000m² 及以上综合性园林建设； 庭院园桥和园林小品，园路工程，堆砌英石山 20t 以下或景石 80t 以下或塑造 6m 高以下的假石山； 单条分车绿化带宽度为 5m、道路种植面积 10000m² 以下的绿化工程，两条分车绿化带累计宽度为 4m、道路种植面积 8000m² 以下的绿化工程，三条及以上分车绿化带（含路肩绿化带）累计宽度为 15m、道路种植面积 40000m² 以下的绿化工程； 公园绿化面积为 20000m² 以下的绿化工程； 宾馆、酒店庭院绿化面积为 800m² 以下的绿化工程； 天台花园绿化面积为 300m² 以下的绿化工程； 其他绿化累计面积为 10000m² 以下的绿化工程； 园林一般围墙、围栏，高筑花槽、花池，道路断面仅有人行道路树木的绿化工程

（9）工程类别标准中，有两个指标控制的，只要满足其中一个指标即可按该指标确定工程类别。

（10）工程类别标准中未包括的特殊工程，由当地工程造价管理部门根据具体情况确定，报上级工程造价管理部门备案。

工作任务

（1）园林预决算类型的分析。列表分析园林工程预决算类型的基本内容及相互关系，深入理解相关内容（基本建设阶段、编制单位、编制依据、计算内容、结论）。

	投资估算	设计概算	施工图预算	施工预算	竣工结算	竣工决算
基本建设阶段						
编制单位						
…						

（2）列表分析园林工程类别（一类、二类、三类）的划分点。

（3）能简单复述相关的法律法规的主要知识点（侧重点），详见本书配套的教学资源包。

（4）列表分析编制园林工程预决算的单位应具有哪些资质？

注：可根据教学内容的进度，适当调整实训内容及难易程度。

能力训练题

1. 选择题

（1）一般园林工程可划分为（　　）等几个分部工程。

A. 园林绿化工程　　　　　　　　　　B. 堆砌假山及塑山工程

C. 园路及园桥工程　　　　　　　　　D. 园林小品工程

E. 建筑与安装工程

（2）反映社会价格的标准是（　　　）。

A. 施工图预算　　　B. 施工预算　　　C. 设计概算　　　D. 竣工决算

（3）关于施工预算和施工图预算的说法，错误的是（　　　）。

A. 施工预算的编制以施工定额为主要依据

B. 施工图预算的编制以预算定额为主要依据

C. 施工预算是施工企业内部管理用的一种文件，与建设单位无直接关系

D. 施工图预算只适用于建设单位，而不适用于施工单位

（4）初步设计方案通过后，在此基础上进行施工图设计，并编制（　　　）。

A. 初步设计概算　　B. 修正概算　　　C. 施工预算　　　D. 施工图预算

（5）建设项目竣工决算的编制单位是（　　　）。

A. 施工单位　　　　B. 监理单位　　　C. 建设单位　　　D. 质量监督部门

（6）我国现阶段计价特定形式（三算）是（　　　）。

A. 设计概算、施工图预算、施工预算　　　B. 设计概算、施工图预算、竣工决算

C. 投资估算、施工图预算、竣工决算　　　D. 设计概算、施工预算、竣工决算

（7）设计概算可分为三级，不包括的是（　　　）。

A. 建设项目总概算　　　　　　　　　　　B. 单位工程概算

C. 单项工程概算　　　　　　　　　　　　D. 分部分项工程概算

（8）划分园林绿化及仿古建筑工程的工程类别时，下列规定错误的是（　　　）。

A. 综合性园林建设工程按园林建设规模划分工程类别，游乐场及公园式墓园按综合性园林建设的要求划分工程类别。

B. 同一个类别工程中有几个特征时，凡符合其中特征之一者，即为该类工程。

C. 园林景区内按市政标准设计的道路、广场，按市政工程相应类别划分。

D. 遇地下室单独发包时，其上部仿古建筑工程类别确定要考虑地下室因素。

（9）工程造价专业大专毕业，从事工程造价业务工作满（　　　）年；工程或工程经济类大专毕业，从事工程造价业务满（　　　）年，才能申请参加造价工程师执业资格考试。

A. 4，6　　　　　　B. 4，5　　　　　　C. 5，6　　　　　　D. 5，5

（10）在以招标方式订立合同时，属于要约性质的行为是（　　　）。

A. 招标　　　　　　B. 投标　　　　　　C. 开标　　　　　　D. 决标

2. 思考题

（1）我国最早记载关于"园林工程预决算"方面的书籍主要有哪些？

（2）目前我国园林工程预决算行业的发展趋势如何？

（3）从事园林工程预决算行业应具备哪些能力？

（4）为什么要进行园林工程预决算？与建筑工程预决算有什么不同之处？

（5）仿古建筑工程与园林绿化工程包括哪些内容？

3. 习题

某中高档楼盘的景观设计，应把造价控制在多少元/m² 较为合理？若该项目为 80000m²，则该景观设计方案将如何做到 1500 万的预算？若某施工单位预算员对该项目的报价为 750 万，乙方觉得太高，需要调至 700 万，则如何进行调控？

选择题参考答案：ABCD，A，D，D，C，B，D，D，C，B

任务二 施工组织设计与施工管理

教学目标

学习园林工程施工组织设计的基本概念、主要内容；掌握园林工程建设项目的施工方案及施工组织设计的基本步骤及注意点，并在此基础上，了解施工管理的主要内容、组成及特点，熟知施工过程中可能会发生变更与调整的项目，知道如何编制施工组织方案，理解编制预算书时应掌握的施工知识；指导学生平时多了解施工情况，掌握最新施工信息。

课程内容

一、施工组织设计的概述

（一）施工组织设计的概念

施工组织设计是以施工项目为对象进行编制，有针对性的指导施工项目建设全过程各项施工活动的技术、经济、组织、协调和控制的综合性文件；是施工技术与施工项目管理有机结合的产物，能保证工程开工后施工活动有序、高效、科学合理地进行。既是投标书的重要组成部分，又指导贯穿整个园林工程的施工过程。

（二）施工组织设计的主要内容

1．工程概况

对拟建的园林工程总体情况的概括性的描述，包括：工程的基本情况、工程性质和作用，工程施工的有利条件和限制因素，施工重点、地区技术经济状况、质量要求等，以便制定合理、科学、可行的施工方案、施工措施、施工进度计划等。

2．施工部署及准备

针对工程施工直接相关的技术、物质、人力、场地等做出准备和整体部署，说明主要工程项目的分部分项工程的施工方法及工艺，制定全场性施工准备工作计划，这是工程顺利完成的基础条件。

3．施工进度计划

分为施工总进度计划、单位工程施工进度计划和分部分项工程进度计划。

施工总进度计划：根据施工方案和工程项目的开展程序，对全工地所有单位工程作出时间上的安排。

单位工程施工进度计划：在既定施工方案的基础上，根据规定的工期和各种材料供应条件，遵循各施工过程的合理施工顺序，对单位工程中的各施工过程做出时间和空间上的安排。

分部分项工程进度计划：针对工程量较大或施工技术比较复杂的分部分项工程，依据工程具体情况制定的施工方案，对其施工过程所做出的时间安排。

目前表示工程计划最为常用的是条形图（横道图）和统筹法（网络图）两种。

4．施工现场平面布置图

用以指导工程现场施工的平面图，主要解决施工现场的合理工作问题。布置图一般采用的比例为 1∶200～1∶500。

（1）施工现场平面布置图的内容　工程临时范围和相邻部位，建造临时性建筑的位置、范围；施工道路进出口位置；材料、设备和机具堆放场地、安置点等。

（2）施工现场平面布置图的设计　不仅要遵循利于现场顺利、均衡施工的基本原则，还应注意：丈量现场，合理规划临时设施（五小设施）位置；确定临时用电线路及供水管线走向，各配电箱各施工机械安装位置；布置道路出入口时，临时道路做环形设计，并注意承载能力；根据施工布置图选择好大型机械的安装点和材料的堆放地点；根据记录数据绘制现场平面布置图，并进行认真的校核。

（3）施工方案

① 拟定施工方法　要突出重点内容、简明扼要，施工方法做到在技术上先进、在经济上高效、在生产上实用有效；要特别注意结合施工单位的现有技术力量、施工经验、劳动组织特点及自身的施工特长等；依据园林工程综合性强、施工作业区大的特点，制定出可行的灵活施工方法，充分发挥机械施工作业先进性和人工施工作业多样性有机结合的特点；对关键工程的重要工序或分项工程及专业性强的工程等应制定详细具体的施工方法。

② 制定施工措施　一般按照施工流程——施工措施——施工技术方案——安全文明施工措施——施工质量的保证措施进行制定。

③ 施工方案技术经济分析　在选择施工方案时，要进行施工方案的技术经济分析和成本核算。

技术经济分析方法有定性分析和定量分析两种。前者是结合经验进行一般的优缺点比较，如是否符合工期要求，是否切合实际，操作性是否强，是否达到一定的先进技术水平，是否有利于保证工作质量和施工安全等。定量的技术经济分析是通过计算出劳动力、材料消耗、工期长短及成本费用等诸多经济指标后再进行比较，从而得出好的施工方案。

二、施工管理概述

（一）项目管理及施工项目管理的概念

项目管理是指项目管理者在有限的资源约束下，运用系统的观点、方法和理论，对项目涉及的全部工作进行有效地管理；施工项目管理是施工企业采取有效方法对施工项目全过程及各生产要素所进行的决策、计划、组织、指挥、控制、协调和激励等的管理。

（二）施工项目管理的过程

常见项目管理组织框架图（见图 1-2-1）

（三）施工质量管理

为不断揭示项目施工过程中在生产、技术、管理诸方面的质量问题，通常采用 PDCA 循环方法（见图 1-2-2），即分为计划（P）、执行（D）、检查（C）、处理（A）阶段。

1. 质量管理的步骤

第一步，制订管理规划。

第二步，建立综合性的质量管理机构。

第三步，建立重点施工工序管理点（见图 1-2-3）。

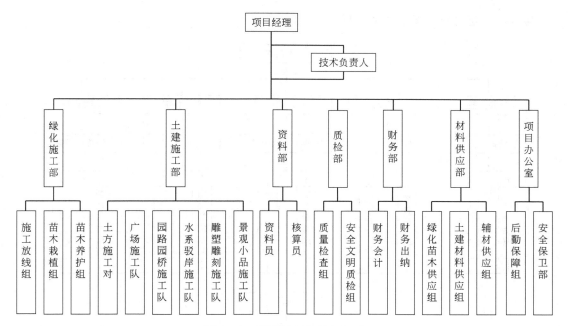

图 1-2-1　项目管理组织框架图

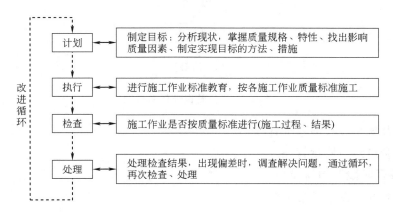

图 1-2-2　PDCA 循环图

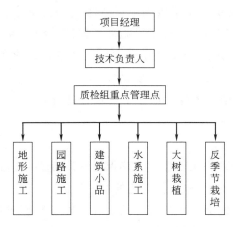

图 1-2-3　重点施工工序管理点

第四步，建立质量保证体系（见图 1-2-4）。

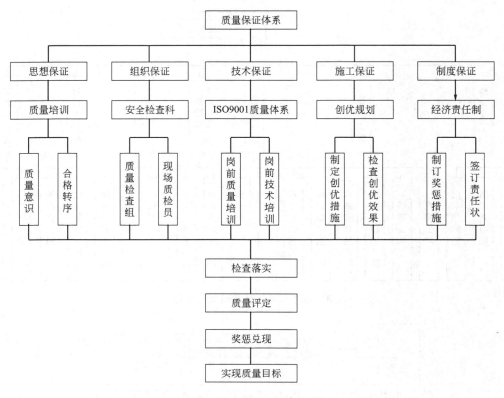

图 1-2-4　质量保证体系框图

第五步，开展全过程的质量管理。

第六步，全员参与质量管理。

2. 施工组织准备阶段的质量控制

（1）研究和会审图纸及技术交底

（2）施工组织设计

① 选定施工方案后，制定施工进度时，必须考虑施工顺序、施工流向，主要分项工程的施工方法，特殊项目的施工方法和技术措施能否保证工程质量。

② 制定施工方案时，必须进行技术经济比较，使景观绿化工程符合设计要求，力求施工工期短、成本低、安全生产、效益好、质量好。

（3）现场勘察和临时设施的搭建，保证工程顺利进行

（4）物资和劳动力准备

3. 施工阶段的质量管理

（1）主要施工材料和设备的质量控制，确保材料质量必须达到国家优质标准。

（2）施工工序（见图 1-2-5）和施工工艺的技术控制。

（3）人员素质的控制，定期对职工进行培训和开展质量管理和质量意识教育。

（4）设计变更与技术复核的控制。

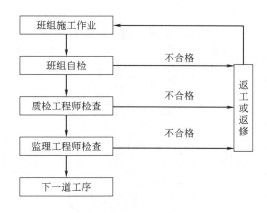

图 1-2-5　施工工序

（5）预防不合格产品，采用合理的分析方法进行分析，以确定不合格的内外因。

4. 交工验收阶段的质量控制

（1）工序间的交工验收工作的质量控制：实行保证本工序、监督前工序、服务后工序的自检、互检、交接检和专业性的"中间"质量检查，保证不合格工序不转入下道工序（见图 1-2-6）。

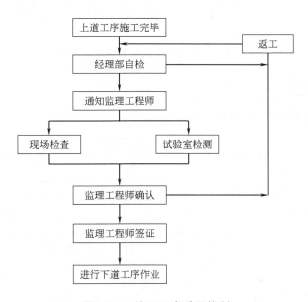

图 1-2-6　施工工序质量控制

（2）竣工交付使用阶段的质量控制：有计划、有步骤、有重点地进行收尾工程的清理工作，找出漏项项目和需要修补的工程并及早安排施工。

5. 质量控制保证措施

建立质量责任制、人力资源管理、建立材料管理制度、思想教育保证措施、技术管理保证措施（见图 1-2-7）。

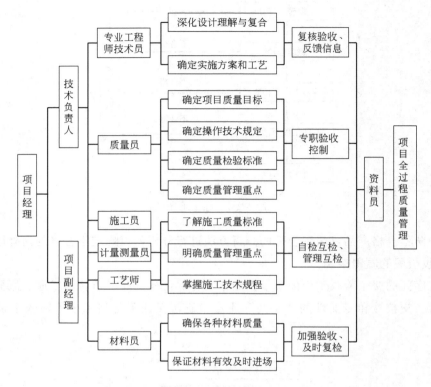

图 1-2-7 常见的质量管理体系流程图

（四）施工成本管理

1. 施工项目成本的主要形式（见表 1-2-1）

表 1-2-1 施工项目成本

项目	预算成本	计划成本	实际成本
成本含义	按项目所在地区行业平均成本水平编制的该项目成本	项目工程部编制的该项目计划达到的成本水平	项目在施工阶段实际发生的各项生产费用总和
编制依据	（1）施工图纸； （2）同意的工程量计算方法； （3）同意的建设工程定额； （4）项目所在地区的有关取费费率	（1）公司下达的目标利润及成本降低率； （2）该项目的预算成本； （3）项目施工组织设计及成本降低措施； （4）同行业、同类项目的成本水平等施工定额	成本核算
作用	（1）确定工程造价的基础； （2）编制计划成本的依据； （3）评价实际成本的依据	用于建立健全项目经理部的成本控制责任制，控制施工费用，加强经济核算与控制，降低工程成本	反映项目经理部的施工技术和经营管理水平

2. 项目成本管理（见表 1-2-2）

表 1-2-2　项目成本管理的内容

项目施工阶段	内容
投标承包阶段	对项目工程成本进行预测、决策； 中标后组建与项目规模相适应的项目经理部； 园林施工企业以承包合同价格为依据,向项目经理部下达成本目标
施工准备阶段	审核图纸,选择经济合理、切实可行的施工方案,制订降低成本的技术组织措施,项目经理部确定自己的项目成本目标并进行目标分解,反复测算平衡后编制正式施工项目计划成本
施工阶段	落实各部门成本责任制,执行检查成本计划,控制成本费用,加强材料、机械管理,保证质量和科学利用,做好变更和合同管理,加强分项工程成本核算分析以及月度(季、年度)成本核算分析,及时采取措施纠正成本的不利偏差
竣工阶段 保修期间	尽量缩短收尾工作时间,合理精简人员； 竣工资料准备齐全,工程项目内容无漏项； 及时办理工程结算； 控制竣工验收费用； 控制保修期费用； 总结成本控制经验

（五）施工进度管理

1. 施工项目进度管理的方法

（1）在工程施工总进度计划的控制下，施工过程中坚持逐周（日）编制出具体的工程施工计划和工作安排，并对其科学性、可行性进行认真审查。

（2）在施工项目实施的全过程中，进行施工实际进度与施工计划进度的比较，出现偏差及时采取措施调整。

（3）协调与施工进度有关的单位、部门和工作队组之间的进度关系。

2. 施工项目进度管理的措施

组织措施、技术措施、经济措施、合同措施、施工进度调整保证措施。

3. 施工项目进度管理程序

（1）根据施工合同的要求确定施工进度目标。

（2）编制施工进度计划。

（3）向监理工程师提出开工申请报告，并按确定的日期开工。

（4）实施施工进度计划。

（六）施工材料管理

1. 概述

包括：材料供应要及时，材料质量要过关，科学的分配材料与资金流动。其计算方法可分为直接计算法和间接计算法两类。直接计算法是根据施工计划任务和材料消耗定额直接确定材料需用量的方法，这种方法比较准确。间接计算法是根据历史资料、类似工程或相关技术经济指标，考虑调整系数或相关比例而间接估算材料需用量的方法。

2. 施工项目材料现场管理

（1）材料进场前的准备 根据施工组织设计中的材料计划平衡表和施工进度计划，制定材料需用计划，合理利用场地；根据组织施工平面图，选择交通便利、排水良好的位置对地面进行平整、夯实，搭建堆放材料的场地和材料棚库。

（2）材料入库进场 在验收的时候要做到准确、及时；验收完毕后，及时对验收合格的材料进行登记入库或进场栽植。

（3）材料保管与养护

① 植物材料。

a. 起苗 灌木的根系大小应根据掘苗现场的株行距、树木的干径高度而定。

b. 打包 土球包装要严，草绳要打紧不松脱，土球底要封严不漏土。运出前，应由园艺人员按起苗、调运等技术要求负责将植物挖出、包扎、打捆，以备运输。

c. 运输及假植 装运、卸、栽植树木时均要保证树木根系、土球的完好，凡运距较远的苗木，应用草苫或湿草袋盖好根部以免风干而影响成活。苗木运到工地后按指定位置卸苗，卸苗要从上往下顺序卸车，不得从下乱抽，卸时应轻拿轻放。

② 其他材料根据材料的性能，运用科学的方法保持材料原有使用价值。

（4）材料的出库 依照程序来完成，办理材料的领取手续，在发料的过程中应注意做到当面清点数量，当面签字验收质量，及时入账。认真执行退料回收制度，对施工剩余材料、残旧材料及时组织退库。

（5）施工收尾阶段材料现场管理 在工程基本完成时，检查现场存料，估算未完工程用料量，以此为依据调整原用料计划，准确计算防止剩料。

（七）施工现场管理

1. 施工现场管理内容

（1）合理规划施工用地，科学设计施工总平面。

（2）建立施工现场管理组织。

（3）加强对施工现场使用的检查。

（4）建立文明的施工现场。

（5）及时清场转移。

2. 施工现场管理的管理者

目前一般实行的是项目经理负责制，项目经理一般是由施工单位任命的一个项目工程的负责人，并被授予相应的权利，是整个管理机构的核心和关键人员，要接受施工单位的领导管理。

3. 项目经理的职责

（1）保证项目目标与企业的经营目标相一致，保证企业分配给项目的各种资源能够被充分有效地利用，及时向企业高层汇报项目的进展状况及可能发生的问题。

（2）负责组织建立健全本项目的工程质量、进度计划、安全文明等保证体系，激励项目成员为所承担的工程项目努力工作。

（3）保证项目按时在预算内达到预期效果，积极推广应用新工艺和新技术，提高经济效益，提升施工项目质量。

（4）负责企业、建设单位、监理单位以及其他相关的业务单位的联系和协调，确保施工项目顺利进行。

4.项目经理的权利

项目团队的组建与管理权、项目实施过程中的决策与指挥权、项目相关的财务及资源的支配权力。

（八）施工安全管理

1.安全施工管理控制（见图1-2-8）

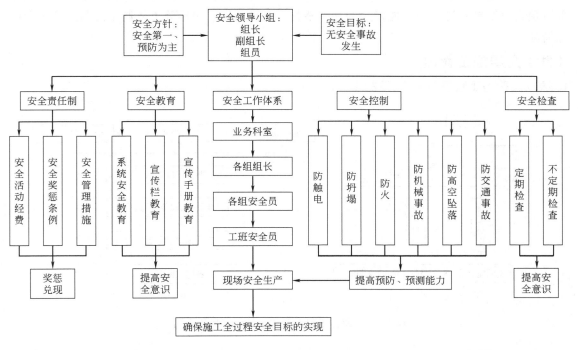

图 1-2-8　施工安全管理控制体系图

2.主要施工项目安全管理

（1）临时用电安全措施　施工现场须有足够的低压照明设施；所有用电设备一律接地接零，电动机械等小型工具应有安全漏电保护装置；施工现场不得架设裸线，电线跨过主要施工道路时，最低架空高度不得低于6m，其他地方不低于5m；电工在安装、维修、拆除施工用电缆时，不得单独从事高空作业；在施工期间应收集天气预报情况，以便安排工作并采取相应的措施；搞好员工用电安全常识教育；定期检查，有效预防，杜绝不安全事故发生。

（2）防火安全措施　施工前应对施工人员进行防火安全知识培训；施工现场、临时建筑及仓库，应按有关规范进行管理；施工前应对施工现场进行全面清理，消除事故隐患；施工中不得违章乱拉、乱接电源线；电焊、气焊、气割作业所用设备要安全可靠，防止火灾发

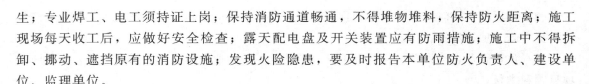

生；专业焊工、电工须持证上岗；保持消防通道畅通，不得堆物堆料，保持防火距离；施工现场每天收工后，应做好安全检查；露天配电盘及开关装置应有防雨措施；施工中不得拆卸、挪动、遮挡原有的消防设施；发现火险隐患，要及时报告本单位防火负责人、建设单位、监理单位。

（3）机械设备安全措施　机械进场前，应做好机械的检修工作，消除其存在的事故隐患，做好机械使用计划；机械进场后，应做到时时检修，每周应对机械做一次全面保养；每一台机械应有专人进行管理，驾驶员应做到持驾驶证上岗，定期培训；每天用完的机械不能在工地上随便停放，应停放到指定地点；要更换驾驶员时，需做好交接工作；工程完工后的机械，应进行全面的检修。

（4）制定突发意外事故应急预案　包括事故应急救援体系、土方挖运突发意外事故应急救援预案以及针对施工中可能发生的高处坠物、机械伤害、中毒等事故制定的相应预防和应急措施。

（九）文明施工管理

1. 建立文明施工管理体系（见图1-2-9）

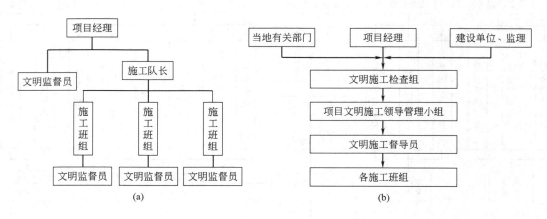

图 1-2-9　园林工程文明施工组织管理体系图

2. 文明施工保证措施

（1）施工现场布置合理有序，施工现场的机具和施工材料堆放整齐，工地生活设施清洁文明；在施工过程中，采取一切措施，避免影响居民的生活和工作；对易引起粉尘的细料或散料进行遮盖，运输时用帆布及类似物品遮盖，定期洒水减少灰尘造成的环境污染；施工废弃物不乱扔乱放，不在工地燃烧各种垃圾及废弃物；施工期间始终保持工地的良好排水状态；施工废水、生活污水不排入农田、耕地、饮用水渠道和水库等，确保排放指标符合要求；施工中，对施工人员加强教育，对当地自然资源严加保护，除不可避免的占地砍伐，不发生其他形式的人为破坏。

（2）保持办公室和宿舍等处的室内环境整洁卫生，做到无痰迹、烟头纸屑等；宿舍内工具、工作服、鞋等应定点集中摆放，保持整洁；食堂保持内外环境整洁，炊事设备卫生；炊事人员持健康合格证并经培训上岗；保持清洁卫生，防止食物中毒；厕所卫生设专人管理，每天清洁，保持整洁。

（3）对文明施工保持好的施工单位进行奖励，对不好的进行处罚并建立整改方案。

（4）做好相应的文明施工资料，如文明施工基础资料及施工许可证的记录、申报、保管工作。办公室布置文明施工有关的图表，定期举行文明施工管理活动，检查前期文明施工情况，发现问题及时整改，并做好记录。

工作任务

园林工程施工组织方案的编制。

认真阅读图纸，查阅有关文件，根据某公园内园桥的施工图纸（见图 1-2-10、图 1-2-11），完成园桥专项施工方案及主要施工工艺的编制，并列出主要材料表。

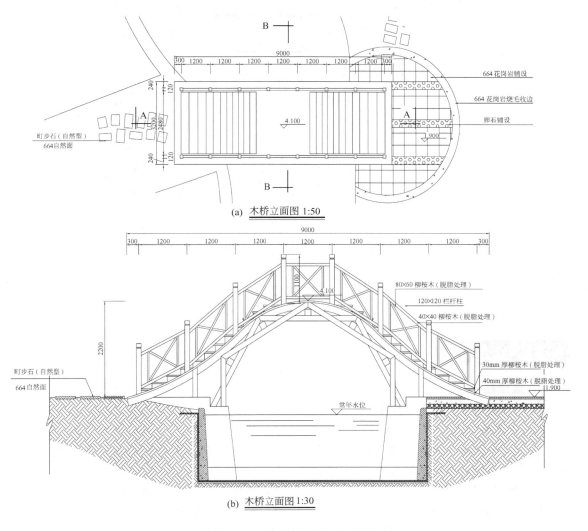

(a) 木桥立面图 1:50

(b) 木桥立面图 1:30

图 1-2-10 木桥平面图、立面图

注：根据课堂实践练习的情况，如时间充裕，可适当增加实践操作练习项目，鼓励学生平时多了解施工情况，掌握最新施工信息。

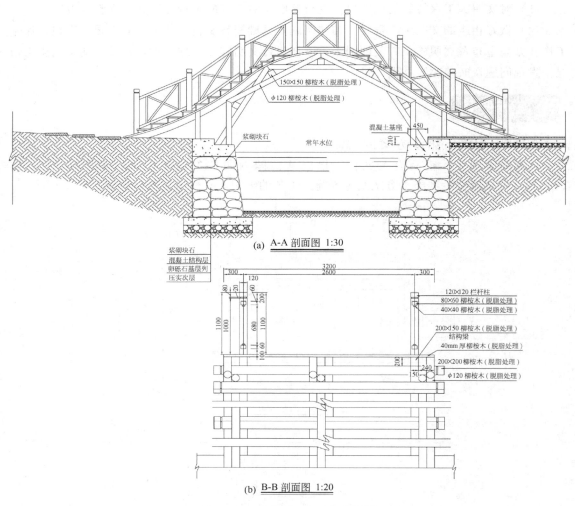

(a) A-A 剖面图 1:30

(b) B-B 剖面图 1:20

图 1-2-11　木桥 A-A、B-B 剖面图

能力训练题

1. 选择题

（1）施工项目的管理主体是（　　　）。

A. 建设单位　　　　　　B. 设计单位　　　　　　C. 监理单位　　　　　　D. 施工单位

（2）以一个施工项目为编制对象，用以指导整个施工项目全过程的各项施工活动的技术、经济和组织的综合性文件叫（　　　）。

A. 施工组织总设计　　　　　　　　　　B. 单位工程施工组织设计

C. 分部分项工程施工组织设计　　　　　D. 专项施工组织设计

（3）（　　　）是施工准备的核心，指导着现场施工准备工作。

A. 资源准备　　　　B. 施工现场准备　　　　C. 季节施工准备　　　　D. 技术资料准备

（4）单位施工组织设计一般由（　　　）负责编制。

A. 建设单位的负责人　　　　　　　　　B. 施工单位的工程项目主管工程师

C. 施工单位的项目经理　　　　　　　D. 施工员

(5) 单位工程施工方案主要确定（　　）的施工顺序、施工方法和选择适用的施工机械。

A. 单项工程　　　　B. 单位工程　　　C. 分部分项工程　　D. 施工过程

(6)"三通一平"是指（　　）。

A. 水通　　　　　　B. 路通　　　　　C. 电通

D. 平整场地　　　　E. 气通

(7) 下列选项中，属于施工组织总设计编制依据的是（　　）。

A. 建设工程监理合同　　　　　　　　B. 批复的可行性研究报告

C. 各项资源需求量计划　　　　　　　D. 单位工程施工组织设计

(8) 根据编制的广度、深度和作用的不同，施工组织设计可分为施工组织总设计、单位工程施工组织设计及（　　）。

A. 分部、分项工程施工组织设计　　　B. 施工详图设计

C. 施工工艺及方案设计　　　　　　　D. 施工总平面图设计

(9) 项目资源需求计划应当包括在施工组织设计的（　　）内容中。

A. 施工部署　　　　B. 施工方案　　　C. 施工进度计划　　D. 施工平面布置

(10) 下列项目中，需要编制施工组织总设计的项目有（　　）。

A. 地产公司开发的别墅小区　　　　　B. 新建机场工程

C. 新建跳水馆钢屋架工程　　　　　　D. 定向爆破工程

E. 标志性超高层建筑结构工程

2. 思考题

(1) 编制单位工程施工组织设计的依据有哪些？

(2) 单位工程施工平面图设计的内容有哪些？

(3) 施工组织设计中的"一案一表一图"分别指的是什么？

(4) 施工准备中物资准备工作的主要内容有哪些？

(5) 单位工程施工平面图设计的一般步骤是什么？

(6) 什么是施工方案？施工方案要解决的主要问题是什么？

选择题参考答案：D，A，D，B，C，ABCD，B，A，C，AB

项目二

园林工程计量与计价

 教学目标

1. 促成目标

① 学习园林工程定额的概念、类型及特点。

② 学习预算定额的运用方法。

③ 熟悉定额计价与清单计价。

④ 学习园林工程费用的组成。

⑤ 熟悉园林工程招投标程序。

2. 最终目标

① 掌握预算定额的运用。

② 掌握园林工程定额计价法。

③ 掌握园林工程清单计价法。

④ 正确进行园林工程费用的计算。

3. 工作任务

① 会查阅定额工具书，进行园林工程定额计价。

② 能正确进行工程量清单编制，并完成相应的清单计价。

③ 熟悉招投标的基本程序，正确进行投标书的编制。

4. 活动思路设计

① 以"园林制图"课程或"AutoCAD"课程绘制的图纸为样本，进行园林工程计量与计价的讲解；首先讲解园林工程定额的基本认知，包括定额的基本概念、分类及作用等，重点掌握预算定额的运用方法及编排形式等。

② 在理解掌握预算定额后，进行园林工程费用的讲解，掌握园林工程费用的划分、构成及常用计算公式，进而讲解两种计价模式的区别与联系。

③ 接着进入本书重点部分的讲解：工程量计算的认知，熟知园林工程预决算的工程量规则与计算程序，能进行工程量的计算，理顺思路后，通过案例深入学习两种计价模式的编制基本程序。

④ 最后学习招投标程序的相关知识点，进而掌握整套投标书的编制。

任务一　园林工程定额认知

教学目标

　　学习定额基本概念、特点、类型及各自的区别；重点理解施工定额、概预算定额、概算指标及预算定额的异同；重点掌握预算定额的相关内容，结合案例讲解，掌握如何使用园林工程预算的定额工具书，理解进行相关数据的换算的方法，能看懂预算项目计价表的内容，对综合单价有初步认知。

课程内容

一、园林工程定额概述

（一）定额的概念

　　在正常施工条件下，完成某一单位合格产品（工程）所消耗的人工、材料、机械台班及财力的数量标准（或额度）。如：$1m^3$ $1/4$ 内墙的砖砌，需用 $0.125m^3$ M5 水泥石灰砂浆、6.12 百块机砖、人工工日 2.90 个工日。如：砖基础、砖墙的定额计算（见表 2-1-1）。

表 2-1-1　砖基础、砖墙（某省计价表参考）

　　工作内容：1. 调运、铺砂浆、运砖、砌砖（基础包括清基槽及基坑）。2. 安放砌体内钢筋预制过梁板、垫块。3. 砖过梁：砖平拱模板制、安、拆。4. 砌窗台虎头砖、腰线、门窗套。

计量单位：$1m^3$

定额编号			1-101	1-102①	1-103	1-104	1-105	1-106
项目			砖基础	砖砌内墙				
				1/4 砖	1/2 砖	3/4 砖	1 砖	1 砖以上
名称	单位	单价/元	定额耗用量					
人工　综合工日	工日	33.50	1.31	2.90	2.03	2.10	1.80	1.75
材料　M5 水泥砂浆	m^3	170.24	0.243					
M5 水泥石灰砂浆	m^3	167.74		0.125	0.200	0.221	0.235	0.249
机砖	百块	24.30	5.27	6.12	5.60	5.45	5.33	5.26
水	m^3	2.50	9.10	0.12	0.11	0.11	0.11	0.11
机械　机械费	元	人工费×机械费费率	9.00	9.00	9.00	9.00	9.00	9.00
基价表　人工费/元			43.89	97.15	68.01	70.35	60.30	58.63
材料费/元			192.18	169.98	169.90	169.78	169.21	169.86
机械费/元			3.95	8.74	6.12	6.33	5.43	5.28
基价/元			240.01	275.88	244.03	246.46	234.94	233.76

　　① 人工费：$2.90×33.5=97.15$（元）

　　材料费：$167.74×0.125+24.30×6.12+2.50×0.12=169.98$（元）

　　机械费：97.15 元 $×9\%=8.74$（元）

　　基价＝人工费＋材料费＋机械费＝$97.15+169.98+8.74=275.88$（元）

（二）定额的分类

1. 按定额反映的生产要素消耗内容分类

（1）劳动消耗定额　在一定的生产技术和组织条件下，完成生产一定量的合格品或工作所规定的活劳动消耗量的标准。分为工时定额和产量定额两种形式。

（2）材料消耗定额　在节约和合理使用材料的条件下，生产单位生产合格产品所需要消耗一定品种规格的材料，半成品，配件和燃料等的数量标准，包括材料的使用量和必要的工艺性损耗及废料数量。

$$损耗率＝损耗量/净用量×100\% \tag{2-1}$$
$$总消耗量＝净用量×(1＋损耗率) \tag{2-2}$$

（3）机械台班消耗定额　施工机械在正常施工条件下完成单位合格产品所必需的工作时间，分为时间定额和产量定额两种。

$$单位产品的机械时间定额(台班)＝1/机械台班产量 \tag{2-3}$$
$$机械产量定额＝1/机械时间定额(互为倒数) \tag{2-4}$$
$$单位产品人工时间定额＝小组成员工日数总和/台班产量 \tag{2-5}$$

2. 按编制程序和用途分类

（1）施工定额　施工企业在企业内部使用的一种定额，属于企业生产定额的性质，代表社会平均先进水平。由人工定额、材料消耗定额和机械台班使用定额所组成；直接应用于施工项目的施工管理，用来编制施工作业计划、签发施工任务单、签发限额领料单，以及结算计件工资或计量奖励工资等。

（2）预算定额　是以施工定额为基础综合扩大编制的，以建筑物或构筑物各个分部分项工程为编制对象，计算消耗在单位工程基本结构要素上的劳动力、材料和机械数量上的标准，是编制概算定额的基础。预算定额代表社会平均水平，是常用的计价定额。

（3）概算定额　又称"扩大结构定额"或"综合预算定额"，是预算定额的合并与扩大，是编制扩大初步设计概算、确定建设项目投资额的依据。将预算定额中有联系的若干个分项工程项目综合为一个概算定额项目。即确定完成合格的单位扩大分项工程或单位扩大结构构件所需消耗的人工、材料和机械台班的数量限额。

（4）概算指标　是在概算定额基础上进一步综合扩大与合并，是以整个建筑物和构筑物为编制对象，概算指标的设定和初步设计的深度相适应，是设计单位编制设计概算或建设单位编制年度投资计划的依据，也可作为编制估算指标的基础。

（5）投资估算指标　通常是以独立的单项工程或完整的工程项目为计算对象编制确定的生产要素消耗的数量标准或项目费用标准，是根据已建工程或现有工程的价格数据和资料，经分析、归纳和整理编制而成的。投资估算指标是在项目建议书和可行性研究阶段编制投资估算、计算投资需要量时使用的一种指标，是合理确定建设工程项目投资的基础。

3. 按编制单位和执行范围分类

（1）全国统一定额　由国家建设行政主管部门根据全国各专业工程的生产技术与组织管理情况而编制的、在全国范围内执行的定额。

（2）地方统一定额　按照国家定额分工管理的规定，由各省、直辖市、自治区建设行政主管部门根据本地区情况编制的，在其管辖的行政区域内执行的定额。

（3）行业定额按照国家定额分工管理的规定，由各行业部门根据本行业情况编制的、只在本行业和相同专业性质使用的定额。

（4）企业定额　由企业根据自身具体情况编制，在本企业使用的定额。

（5）一次性定额　当现行定额项目不能满足生产需要时，根据现场实际情况一次性补充定额，并报当地造价管理部门批准或备案，可作为以后修订定额的基础。

4．按专业分类

各个不同专业都分别有相应的主管部门颁发的在本系统使用的定额，如建筑安装工程定额（亦称土建定额），设备安装工程定额，给排水工程定额，公路工程定额，铁路工程定额，房屋修缮工程定额，仿古建筑与园林工程定额等。

（三）定额的作用

（1）它是编制工程计划、组织和管理施工的重要依据。

（2）它是确定工程造价的依据。

（3）它是衡量技术方案和劳动生产率的尺度。

（4）它是贯彻按劳分配原则的依据。

（5）它是企业实行经济核算的依据。

二、园林工程预算定额

（一）预算定额的特点

仿古建筑与园林工程预算定额编制与计价方法，是遵照国家标准《建设工程工程量清单计价规范》（GB 50500—2013）精神及若干规定和通知精神，结合各省的实际情况，由各省区建设主管部门制定的作为编制各省仿古建筑与园林工程预算、标底和竣工结算时的依据，同时也是施工企业投标报价时确定费用计算规则的依据、确定费用标准及内部核算的参考。预算定额的特点如下。

（1）科学性与实践性。

（2）法令性与指导性。

（3）稳定性与时效性。

（4）权威性与统一性。

（二）预算定额的编制原则

（1）社会平均水平原则。

（2）简明适用的原则。

（3）坚持统一性和因地制宜的原则。

（4）专家编审责任制原则。

（5）与公路建设相适应的原则。

（6）贯彻国家政策、法规的原则。

（三）预算定额的作用

（1）它是编制概算定额和概算指标的基础材料。

（2）它是编制园林工程施工图预算，合理确定工程造价的依据。

（3）它是编制施工组织设计、确定劳动力、建筑材料、成品、半成品施工机械台班需要量的依据。

（4）它是建设工程招标投标中确定标底和标价的主要依据。

（5）它是建设单位和建设银行拨付工程价款、建设资金贷款和竣工结算的依据。

（6）它是拨付工程价款和进行工程竣工结算的依据。

（7）它是设计部门对设计方案进行技术经济分析的工具。

（四）预算定额的内容和编排形式

1. 预算定额手册的组成内容

预算定额一般由总说明、分部定额、附录三部分组成，有些地区还编制了预算定额配套的定额基价，反映单位项目的货币价值，如图 2-1-1 所示。

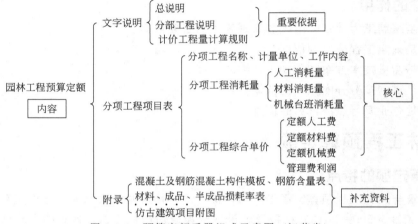

图 2-1-1　预算定额手册组成示意图（江苏省）

不难看出，预算定额的主要内容是分项工程定额表，表 2-1-2 为《江苏省仿古建筑与园林工程计价表》的主要内容。

表 2-1-2　《江苏省仿古建筑与园林工程计价表》（2007 年）的主要内容

章节		分部工程名称	章节		分部工程名称
		费用计算规划	第二册营造法原作法项目	第一章	砖细工程
		总说明		第二章	石作工程
		仿古建筑面积计算规划		第三章	屋面工程
第一册通用项目	第一章	土石方、打桩、基础垫层工程		第四章	抹灰工程
	第二章	砌筑工程		第五章	木作工程
	第三章	混凝土及钢筋混凝土工程		第六章	油漆工程
	第四章	木作工程		第七章	彩画工程
	第五章	楼地面及屋面防水工程	第三册园林工程	第一章	绿化种植
	第六章	抹灰工程		第二章	绿化养护
	第七章	脚手架工程		第三章	假山工程
	第八章	模板工程		第四章	园路及园桥工程
				第五章	园林小品工程

现以《江苏省仿古建筑与园林工程计价表》（2007 年）有关内容进行简要说明。

（1）总说明内容

一、为了贯彻执行建设部《建设工程工程量清单计价规范》，适应我省建设工程计价改革的需要，我厅组织有关人员，对《江苏省仿古建筑及园林工程单位估价表》（1990年）进行修订，形成了《江苏省仿古建筑与园林工程计价表》（2007年）（以下简称本计价表）。本计价表共上、下二卷，与2007年《江苏省仿古建筑与园林工程费用计算规则》配套使用。

二、本计价表由四册二十章及八个附录组成。本计价表中的第一册通用项目与第二、三册项目配套使用。第二册主要适用于以《营造法原》为主设计、建造的仿古建筑工程及其他建筑工程的仿古部分；第三册适用于城市园林工程，也适用于厂矿、机关、学校、宾馆、居住小区等的园林工程，以及市政工程中的景观绿化工程。

三、本计价表适用于我省行政区域范围内新建、扩建的仿古建筑与园林工程，同时也适用于市政工程中的景观绿化工程，不适用于改建和临时性工程，修缮工程预算定额缺项项目，可以参考本计价表相应子目使用。

本计价表中未包括的拆除、零星修补等项目，应按照1999年《江苏省房屋修缮工程预算定额》及其配套费用定额执行；未包括的安装工程项目，应按照2004年《江苏省安装工程计价表》及其配套费用计算规则执行。

四、本计价表的主要编制依据：

1.《江苏省仿古建筑及园林工程单位估价表》（1990年）。

2. 建设部《仿古建筑及园林工程预算定额》（1988年）。

3.《江苏省建筑与装饰工程计价表》（2004年）。

4. 部分外省市《仿古建筑及园林工程预算定额》。

5. 国家《古建筑修建工程施工及验收规范》（送审稿）。

6. 南京、苏州、无锡等市2007年上半年工程材料指导价及信息价。

五、本计价表的作用：

1. 编制工程标底、招标工程结算审核的指导；

2. 工程投标报价、企业内部核算、制定企业定额的规则和消耗量的参考；

3. 一般工程（依法不招标工程）编制与审核工程预结算的依据；

4. 编制仿古建筑与园林工程设计概算的依据；

5. 建设行政主管部门调解工程造价纠纷的依据。

六、本计价表中的综合单价由人工费、材料费、机械费、管理费、利润等五项费用组成。仿古建筑与园林工程的管理费与利润，已按照三类工程标准计入综合单价内；一、二类工程应根据《江苏省仿古建筑与园林工程费用计算规则》规定，对管理费和利润进行调整后计入综合单价内。

计价表项目中带括号的定额项目和材料价格供选用，未包含在综合单价内。

部分计价表项目在引用了其他项目综合单价时，引用的项目综合单价列入材料费一栏，但其五项费用数据在项目汇总时已作拆解分列，使用中应予注意。

七、每个仿古建筑的单位工程（不包括一般建筑带有部分仿古装饰的单位工程），建筑面积在50m² 以内时，人工乘系数1.25。

八、本计价表是按正常的施工条件，合理施工组织设计、使用合格的材料、成品、半成品、以我省现行的常规施工做法进行编制；本计价表中规定的工作内容，均包括完成该项目过程的全部工序以及施工过程中所需的人工、材料、半成品和机械台班数量，次要工序虽未一一说明，但已包括在内。除计价表中有规定允许调整外，其余不得因具体工程的施工组织设计、施工方法和工、料、机等耗用与计价表有出入而调整计价表用量。

九、本计价表中的檐高是指设计室外地面至檐口屋面板底或橡子上表面的高度（重檐以最上一层檐口为准）。

十、本计价表人工工资，第一册与第三册为 37.00 元/工日、第二册为 45.00 元/工日；工日中包括基本用工、材料场内运输用工、部分项目的材料加工及人工幅度差等。

十一、本计价表中石构件按照成品考虑，定额仅编制了成品石构件安装项目。计价表中砖件和石料加工、砖浮雕与石浮雕部分的定额项目，仅作为参考性定额使用，实际工作中应考虑当时的市场行情，由双方协商后确定其价格。

十二、材料说明及有关规定

1. 本计价表中材料预算价格的组成：材料预算价格＝[采购原价（包括供销部门手续费和包装费）＋场外运输费]×1.02（采购保管费）。

2. 本计价表项目中主要材料、成品、半成品均按合格的品种、规格加施工场内运输损耗及操作损耗以数量列入定额，次要和零星材料以"其他材料费"按"元"列入。

3. 本计价表中的材料、成品、半成品、除注明者外，均包括了施工现场范围以内的全部水平运输及檐高在 20 米以内的垂直运输，场内水平运输，除另有规定外，实际距离不论远近，不作调整，但遇工程上山或过河等特殊情况，应另行处理。

4. 工地以外集中加工或加工厂制作的钢筋混凝土构件、金属构件、木构件、石作及砖细加工好的成品件，运到施工现场的费用，需要另行计算时，按照第一册第三章相关定额项目执行。

5. 周转性材料已按规范及操作规程的要求以推销量列入定额项目中。

6. 本计价表中，混凝土以现场搅拌常用的强度等级列入项目。本计价表按 C25 以下的混凝土以 32.5 级水泥、C25 以上的混凝土以 42.5 级水泥、砌筑砂浆与抹灰砂浆以 32.5 级水泥的配合比列入综合单价；混凝土实际使用水泥级别与计价表取定不符，竣工结算时以实际使用的水泥级别按配合比的规定进行调整；砌筑、抹灰砂浆使用水泥级别与计价表取定不符，水泥用量不调整，价差应调整。本计价表各章项目综合单价取定的混凝土、砂浆强度等级，设计与计价表不符时可以调整。抹灰砂浆厚度、配合比与计价表取定不符，除各章已有规定外均不调整。

7. 计价表项目中的粘土材料，如就地取土者，应扣除黏土价格，另增挖、运土方人工费用。

8. 现浇、预制混凝土构件内的预埋铁件，应另列预埋铁件项目进行计算。

9. 本计价表中，凡注明规格的木材及周转木材单价中，均已包括方板材改制成定额规格木材或周转木材的加工费。方板材改制成定额规格木材或周转木材的出材率按 91% 计算（所购置方板材＝定额用量×1.0989），圆木改制成方板材的出材率及加工费按各审造价处（站）规定执行。

10. 本计价表项目中的综合单价、附录中的材料及苗木预算价格是作为编制预算的参考，工程实际发生（确定）的价格与定额取定价格之价差，计算时应列入综合单价内。

11. 凡建设单位供应的材料，其税金的计算基础按税务部门规定执行。建设单位完成了采购和运输并将材料运至施工工地仓库交施工单位保管的，施工单位退价时应按材料预算价格除以 1.01 退给建设单位（1% 作为施工单位的现场保管费）；凡甲供木材中板材（25mm

厚以内）到现场退价时，按计价表分析用量和每立方米预算价格除以 1.01 再减 49 元后的单价退给甲方。

12. 使用商品混凝土时，应按本计价表中的相应规定和项目执行。

十三、施工机械台班及进（退）场费和组装、拆卸费的说明及规定。

1. 本计价表机械费用是综合考虑编制的。不论实际使用何种机械或不使用机械，均不得调整。

2. 本计价表的机械台班单价中的人工工资单价为 37.00 元/工日；汽油 5.70 元/kg；柴油 5.30 元/kg；煤 0.58 元/kg；电 0.75 元/kwh；水 4.10 元/m³。工程实际发生的燃料动力价差由各市造价处（站）另行处理。

3. 中小型机械的进（退）场费和组装、拆卸费已包括在机械费定额内。

4. 大型机械的进（退）场费和组装、拆卸费按照本定额附录二中的有关项目执行。

5. 垂直运输机械使用费，分部分项工程项目已采用括号形式列出，实际工作中其作为措施费用应另行计列；措施项目已列入定额机械费中，不得另外计算。

6. 凡檐高在 3.6m 内的平房、围墙等，不得计取垂直运输机械费。

十四、本计价表各章节均按檐口高度在 20m 以内编制，檐口高度超过 20m 时，超过 20m 部分的工程项目增加人工与机械降效系数：20～30m 为 5%，20～40m 为 7.5%，20～50m 为 10%，以此类推檐口高度每升高 10m，降效系数递增 2.5%。

十五、为方便发承包双方的工程量计量，本计价表在附录一中列出了混凝土构件模板与钢筋含量表，供参考使用。按设计图纸计算模板接触面积或使用混凝土含模量折算模板面积，同一工程两种方法仅能使用其中一种，不得混用。竣工结算时，使用含模量者，模板面积不调整；使用含钢量者，钢筋应按设计图纸计算的重量进行调整。

十六、钢材理论重量与实际重量不符时，钢材数量可以调整；调整系数由施工单位提出资料与建设单位、设计单位共同研究确定。

十七、市区沿街建筑在现场堆放材料有困难、汽车不能将材料运入巷内的建筑、材料不能直接运到单位工程周边需再次中转，建设单位不能按正常合理的施工组织设计提供材料、构件堆放场地和临时设施用地的工程而发生的二次搬运费用，按照《江苏省仿古建筑与园林工程费用计算规则》规定计算。

十八、工程施工用水、电，应由建设单位在现场装置水、电表、交施工单位保管使用，施工单位按电表读数乘以预算单价付给建设单位；如无条件装表计量，由建设单位直接提供水电，在竣工结算时按定额含量乘以预算单价付给建设单位。生活用水、电按实际发生金额支付。

十九、同时使用两个或两个以上系数时，采用连乘方法计算。

二十、本计价表未列定额项目的工程量及消耗量可以按照建设部《仿古建筑及园林工程预算定额》（1988 年）执行；计价表（定额）缺项项目，由施工单位提出实际耗用的人工、材料、机械含量测算资料，经工程所在市工程造价管理处（定额站）批准并报省定额总站备案后方可执行。

二十一、本计价表中凡注有"×××以内"均包括×××本身，"×××以上"或"××以外"均不包括×××本身。

二十二、本计价表由江苏省建设工程造价管理总站负责解释与管理。

（2）分部工程说明、计价工程量计算规则（以脚手架部分的内容为例）

第七章 脚手架工程

说 明

一、本定额已按扣件钢管脚手架与竹脚手架综合编制，实际施工中不论使用何种脚手架材料，均按本定额执行。

二、本定额的脚手架高度编至20m。

三、室内净高超过3.60m，既钉间壁、面层、抹灰，又钉天棚龙骨、面层、抹灰，脚手架应合并计算一次满堂脚手架，按满堂脚手架相应定额基价乘系数1.2计算。

四、脚手架工程不得重复计算（如室内计算了满堂脚手架后，墙面抹灰脚手架就不再计算）。

五、砖细、石作安装如没有脚手架可利用，当安装高度超过1.50m以上，在3.60m以内时可按里架子计算，在3.60m以上时，按外架子计算。

六、本定额不适用于宝塔脚手，如发生按实计算。

工程量计算规则

一、脚手架工程量计算一般规则

1. 凡砌筑高度超过1.5m的砌体，均需计算脚手架。

2. 砌墙脚手架均按墙面（单面）垂直投影面积以平方米计算。

3. 计算脚手架时，不扣除门、窗洞口、空圈、车辆通道、变形缝等所占面积。

二、砌筑脚手架工程量计算规则

1. 外墙脚手架按外墙外边线长度乘以外墙高度以平方米计算。外墙高度系指室外设计地坪至檐口高度。

2. 内墙脚手架以内墙净长乘内墙净高计算。有山尖者算至山尖1/2处的高度；有地下室时，自地下室内地坪至墙顶面高度。

3. 山墙自设计室外地坪（楼层内墙以楼面）至山尖1/2处，高度超过3.60m时，整个山墙按外脚手架计算。

4. 砌体高度在3.60m以内者，套用砌墙里架子定额；高度超过3.60m者，套用外脚手架定额。

5. 云墙高度从室外地坪至云墙突出部分的1/2处，高度超过3.60m者，整个云墙按外脚手架计算。

6. 独立砖石柱高度在3.60m以内者，脚手架以柱的结构外围周长乘以柱高计算，执行砌墙脚手架里架子定额；柱高度超过3.60m者，以柱的结构外围周长加3.60m乘以柱高计算，执行砌墙脚手架外架子定额。

7. 砌石墙到顶的脚手架，工程量按砌墙相应脚手架乘系数1.5。

8. 外墙脚手架包括一面抹灰脚手架在内，另一面当墙高度在3.60m以内的抹灰脚手架费用，已包括在抹灰定额子目内，墙高度超过3.60m，可计算抹灰脚手架。

9. 砖基础自设计室外地坪至垫层（或混凝土基础）上表面的深度，超过1.5m时，以垂直面积按相应砌墙脚手架执行。

三、现浇钢筋混凝土脚手架工程量计算规则

1. 钢筋混凝土基础自设计室外地坪至垫屋层上表面的深度超过1.5m，同时带形基础混凝土底宽超过3.0m、独立基础或满堂基础混凝土底面积超过16平方米的混凝土浇捣脚手架，应按槽、坑土方规定放工作面后的底面积计算，按高5m以内的满堂脚手架定额乘0.3系数计算脚手架费用。

2. 现浇钢筋混凝土独立柱、单梁、墙高度超过 3.60m 应计算浇捣脚手架。柱的浇捣脚手架以柱的结构周长加 3.60m 乘以柱高计算；梁的浇捣脚手架按梁的净长乘以地面（或楼面）至梁顶面的高度计算；墙的浇捣脚手架以墙的净长乘以墙高计算。套柱、梁、墙混凝土浇捣脚手架。

3. 层高超过 3.60m 的钢筋混凝土框架柱、墙（楼板、屋面板为现浇）所增加的混凝土浇捣脚手架费用，以每 10 平方米框架轴线水平投影面积，按满堂脚手架相应定额乘以 0.3 系数执行；层高超过 3.60m 的钢筋混凝土框架柱、梁、墙（楼板、屋面板为预制）所增加的混凝土浇捣脚手架费用，以每 10 平方米框架轴线水平投影面积，按满堂脚手架相应定额乘以 0.4 系数执行。

四、抹灰脚手架、满堂脚手架工程量计算规则

1. 抹灰脚手架

（1）钢筋混凝土单梁、柱、墙，高度超过 3.60m 时，按以下规定计算脚手架：

① 单梁：以梁净长乘以地面（或楼面）至梁顶面高度计算脚手架；

② 柱：以柱结构外围周长加 3.60m 乘以柱高计算；

③ 墙：以墙净长乘以地面（或楼面）至板底（墙顶无板时至墙顶）高度计算。

（2）墙面抹灰：以墙净长乘以净高计算（高度超过 3.60m 时）。

2. 满堂脚手架：天棚抹灰高度超过 3.60m 时，按室内净面积计算满堂脚手架，不扣除柱、垛所占面积。

（1）基本层：分为 5m 内、8m 内；

（2）增加层：高度超过 8m，每增加 2m，计算一层增加层，计算公式如下：

$$增加层数 = \frac{室内净高(m) - 8m}{2m}$$

余数在 0.60m 以内，不计算增加层；超过 0.60m 按增加一层计算。

3. 满堂脚手架高度以地面（或楼面）至天棚面或屋面板的底面为准（斜天棚或斜屋面按平均高度计算）。室内挑廊栏板外侧共享空间的装饰如无满堂脚手架利用时，按地面（或楼面）至顶层栏板顶面高度乘以栏板长度以平方米计算，套相应抹灰脚手架定额。

4. 室内净高超过 3.60m 的屋面板下、楼板下油漆、刷浆可另行计算一次脚手架费用，按满堂脚手架相应项目乘以 0.1 计算；墙、柱、梁面刷浆、油漆的脚手架按抹灰脚手架相应项目乘以 0.1 计算。

五、石作工程脚手架工程量计算规则

1. 石牌坊安装：按边柱外围各加 1.5m 的水平投影面积计算满堂脚手架。高度自设计地面至楼（枋）顶面。

2. 石柱、石屋面板安装：按屋面板水平投影面积计算满堂脚手架。

3. 桥两侧石贴面：超 1.50m 时，按里架子计算；超 3.60m 时，按外架子计算。

4. 平桥板安装：按桥两侧各加 2m 范围，按高 5m 以内的满堂脚手架定额乘以 0.5 系数执行。

六、屋面檐口安装工程脚手架工程量计算规则

1. 檐高 3.60m 以下屋面檐口安装：按屋面檐口周长乘设计室外标高至檐口高度面积以平方米计算。执行里架子定额。

2. 檐高 3.60m 以上屋面檐口安装：按屋面檐口周长乘檐口高度面积以平方米计算；重檐屋面按每层分别计算。

3. 屋脊高度超过1m时按屋脊高度乘延长米的面积，计算一次高12m以内双排外脚手架。

七、木作工程脚手架工程量计算规则

1. 檐口高度超过3.60m时，安装立柱、架、梁、木基屋、桃檐，按屋面水平投影面积计算满堂脚手架一次。檐高在3.60m以内时不计算脚手架；但檐高在3.60m以内的戗（翼）角安装，按戗（翼）角部分的水平投影面积计算一次满堂脚手架。

2. 高度在3.60m以内的钉间壁，钉天棚用的脚手架费用已包括在各相应定额内，不再计算。室内（包括地下室）净高超过3.60m时，钉天棚应按满堂脚手架计算。

3. 室内净高超过3.60m的钉间壁以其净长乘以高度的面积，可计算一次抹灰脚手架；天棚吊筋、龙骨与面层按其水平投影面积计算一次满堂脚手架（室内净高在3.60m内的脚手架费用已包括在相应定额内）。

4. 天棚面层高度在3.60m内，吊筋与楼层的连接点高度超过3.60m，应按满堂脚手架相应项目的定额基价乘以0.60计算。

（3）分项工程价目表（以堆砌假山的项目表为例，见表2-1-3）

表2-1-3　预算定额项目表（堆砌假山）

堆砌假山

工作内容：放样，选石，运石，调、制、运混凝土（砂浆），堆砌，搭、拆简单脚手架，塞垫嵌缝，清理，养护。

计量单位：t

定额编号			3-460		3-461		3-462		3-463	
项目			湖石假山							
			高度（m以内）							
			1		2		3		4	
综合单价/元			457.33		502.87		665.82		806.50	
其中	人工费/元		97.68		124.69		170.94		195.36	
	材料费/元		323.46		331.96		432.76		539.62	
	机械费/元		4.93		6.32		7.42		9.01	
	管理费/元		17.58		22.44		30.77		35.16	
	利润/元		13.69		17.46		23.93		27.35	
名称		单位	单价/元	数量	合计	数量	合计	数量	合计	数量	合计
综合人工（人工费）		工日	37.00	2.64	97.68	3.37	124.69	4.62	170.94	5.28	195.36
材料	104050301 湖石	t	300.00	1.00	300.00	1.00	300.00	1.00	300.00	1.00	300.00
	301001 C20混凝土16mm32.5	m³	186.30	0.048	8.94	0.064	11.92	0.064	11.92	0.08	14.90
	302014 水泥砂浆1：2.5	m³	207.03	0.032	6.62	0.04	8.28	0.04	8.28	0.04	8.28
	104030101 条石	m³	2000.00					0.05	100.00	0.10	200.00
	104010102 块石（二片）	t	31.50	0.165	5.20	0.165	5.20	0.099	3.12	0.099	3.12
	501080200 钢管	kg	3.80			0.39	1.48	0.54	2.05	0.78	2.96
	402020701 木脚手板	m³	1100.00			0.0018	1.98	0.0025	2.75	0.0035	3.85
	305010101 水	m³	4.10	0.17	0.70	0.17	0.70	0.17	0.70	0.25	1.03
	木撑费	元							1.04		2.08
	其他材料费	元			2.00		2.40		2.90		3.40

续表

	名称		单位	单价/元	数量	合计	数量	合计	数量	合计	数量	合计
机械	06016	灰浆拌和机200L	台班	65.18	0.013	0.85	0.016	1.04	0.016	1.04	0.016	1.04
	13072	滚筒式混凝土搅拌机(电动)400L	台班	97.14	0.006	0.58	0.008	0.78	0.008	0.78	0.01	0.97
		其他机械费	元			3.50		4.50		5.60		7.00

注：1. 基础按照第一册相应定额项目执行。

2. 如无条石时，可采用钢筋混凝土代用，数量与条石体积相同。

3. 如使用铁件，按实增加。

4. 超3m假山如发生机械吊装，按实计算。

从该定额表可以查出，堆砌一座3m高的湖石假山，需用人工费170.94元，材料费432.76元，综合人工4.62工日，水0.17m³，综合单价665.82元。

（4）附录（以附录一、附录二为例，见表2-1-4、表2-1-5）

表 2-1-4　附录一　混凝土及钢筋混凝土构件模板、钢筋含量表

构件类别	项目名称	混凝土计量单位	模板含量/m²	钢筋含量/t
		（一）现浇构件		
带形基础	混凝土墙基础防潮层	m³	8.33	
	混凝土垫层	m³	1.00	
	毛石混凝土	m³	2.86	
	无筋混凝土	m³	3.33	
	有梁式钢筋混凝土	m³	2.76	0.070
	无梁式钢筋混凝土	m³	0.98	0.070
独立基础	毛石混凝土	m³	3.08	
	无筋混凝土	m³	3.85	
	钢筋混凝土	m³	2.67	0.040
	杯形基础	m³	2.85	0.030
满堂基础	垫层	m³	0.20	
	无梁式	m³	0.26	0.080
	有梁式	m³	1.52	0.113

表 2-1-5　附录二　施工机械预算价格取定表

机械台班预算单价

编码	机械名称	规格型号		单位	单价/元
01002	履带式推土机	功率/kW	75	台班	575.31
01003			90	台班	685.49
01004			105	台班	699.64
01005			135	台班	857.54

续表

编码	机械名称	规格型号		单位	单价/元
01016	拖式铲运机	堆装斗容量/m³	3	台班	356.75
01017			7	台班	672.69
01043	履带式单斗挖掘机(液压)	斗容量/m³	1	台班	990.40
01044			1.25	台班	1046.11
01068	夯实机(电动)	夯击能力/Nm	20-62	台班	24.16
02008	轨道式柴油打桩机	冲击部分质量/t	1.8	台班	567.92
02009			2.5	台班	840.89
03017	汽车式起重机	提升质量/t	5	台班	468.27
03018			8	台班	658.19
03019			12	台班	834.04
03020			16	台班	892.15
03021			20	台班	1000.55
03022			25	台班	1059.69

2.预算定额项目的编排形式（见图2-1-2）

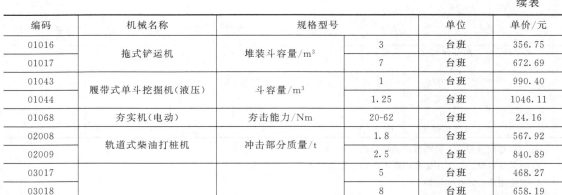

图2-1-2　预算定额项目的编排形式（园林工程/绿化种植）

江苏省仿古建筑与园林工程计价表（2007年版）分第一册　通用项目、第二册　营造法原作法项目（适用于仿古建筑工程的预结算编制）及第三册　园林工程（适用于园林工程的预结算编制）；根据园林结构及施工程序等将园林工程分为5个分部工程：绿化种植、绿化养护、假山工程、园路及园桥工程、园林小品工程。

每个分部工程又分有若干个分项工程。它是将单位工程中某些性质相近、材料大致相同的施工对象归纳在一起。绿化种植分部工程中分有：苗木起挖、苗木栽植、假植、栽植技术措施、人工换土。分部工程以下，又按工程性质、工程内容、施工方法及使用材料等，分成许多分项工程。苗木起挖又分：起挖乔木、起挖灌木、起挖绿篱、起挖竹类、起挖攀缘植物及水生植物、起挖露地花卉及草皮。分项工程（节）以下，再按工程性质、规格、不同材料类别等分成若干项子目。起挖乔木又分：带土球（土球直径在 20cm、30cm、40cm、50cm、60cm、70cm、80cm、100cm、120cm、140cm、160cm 等）、裸根（胸径在 4cm、6cm、8cm、10cm、12cm、14cm、16cm、18cm 等）共 32 项子目。为了查阅方便并正确使用定额，每个子目都有统一的编号，编号为×-×××；即我们常采用的两个符号编号法：前位号码表示分部工程编号，后位号码表示具体工程项目即子目顺序号（见表 2-1-6）。

表 2-1-6　两个符号编号

起挖乔木

工作内容：起挖、包扎、出塘、搬运集中、回土填塘、清理场地。

计量单位：10 株

定额编号		3-1	3-2	3-3	3-4
项目		起挖乔木（带土球）			
		土球直径在（cm 内）第三册的第 3 子目			
		20	30	40	50
综合单价/元		10.64	25.23	44.72	96.88
其中	人工费/元	5.18	14.80	28.12	64.75
	材料费/元	3.80	5.70	7.60	11.40
	机械费/元	—	—	—	—
	管理费/元	0.93	2.66	5.06	11.66
	利润/元	0.73	2.07	3.94	9.07

（五）预算定额的应用

预算定额的单价是预算定额的核心内容，预算定额单价即定额基价，其表现形式有分部分项工程直接费单价和综合费用单价两种形式。

$$分部分项工程直接费单价＝分部分项工程人工费＋材料费＋机械费 \qquad (2-6)$$

其中：人工费＝分部分项工程人工工日数×人工工日预算单价

材料费＝分部分项工程材料耗用量×材料预算单价

机械费＝分部分项工程机械台班耗用量×机械台班预算单价

分部分项工程综合费用单价即在定额基价中除了直接费以外，还综合了其他费用，如综合了管理费、利润。

$$分部分项工程综合费用单价＝分部分项工程直接费＋管理费＋利润 \qquad (2-7)$$

1. 定额的直接套用

使用预算定额前，应根据施工图纸、设计要求、做法说明、技术特征、施工方法等，核对分部分项工程的工程内容、做法、计量单位等与预算定额中规定的相应内容是否一致。当施工图设计的分部分项工程内容与所选套的相应定额项目内容一致时，可直接套用定额项目的预算基价及工料消耗量，计算该分项工程的直接费和工料用量。这是编制施工图预算中的大多数情况。

【例 2-1】 某小区建造一座湖石假山，如图 2-1-3 所示，高度 2m，该湖石假山体积 6m³，湖石比重 2.2t/m³，试计算其人工费、材料费、机械费、管理费、利润及该项工程的直接费（不含湖石费用，小数点保留两位数）。

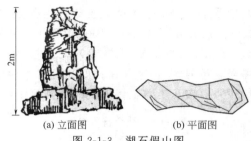

(a) 立面图　　　　　　(b) 平面图

图 2-1-3　湖石假山图

【解】 ① 峰石、景石、散点石等工程量的计算公式为

$$W_单 = LBHR \tag{2-8}$$

式中　$W_单$——山石单体质量，t；

　　　L——长度方向的平均值，m；

　　　B——宽度方向的平均值，m；

　　　H——高度方向的平均值，m；

　　　R——石料比重。

计算湖石假山工程量：$6 \times 2.2 = 13.2(t)$

② 查阅《江苏省仿古建筑与园林工程计价表》（2007 年版），从表 2-1-3 预算定额项目表中找到与项目内容描述一致的对应栏 3-461 定额编号（湖石假山）

③ 计算：人工费 $= 124.69 \times 13.2 = 1645.91(元)$

　　　　　材料费 $= 331.96 \times 13.2 = 4381.87(元)$

　　　　　机械费 $= 6.32 \times 13.2 = 83.42(元)$

　　　　　管理费 $= 22.44 \times 13.2 = 246.84(元)$

　　　　　利润 $= 17.46 \times 13.2 = 192.06(元)$

由公式：直接费 ＝ 人工费 ＋ 材料费 ＋ 机械费，可知：

该项工程的直接费 $= 1645.91 + 4381.87 + 83.42 = 6111.20(元)$

2. 定额的换算

当施工图中的分项工程项目不能直接套用预算定额时，就产生了定额的换算。即工程项目的设计要求与定额项目的内容和条件不完全一致时，应根据定额的规定进行换算。而定额总说明和分部说明中所规定的换算范围和方法，是换算的依据，应严格执行。当采用换算后定额基价时，应在原定额编号右下角注明"换"字以示区别；常用的换算方法如下。

（1）材料换算

① 找出设计的分项工程项目与其相应定额规定不相符，并需要进行换算的不同品种、性质的材料单价。

② 计算两种不同性质的材料单价的价差。

③ 从定额项目表中查出完成定额计量该分项工程需要换算的材料定额消耗量以及该分项工程的定额基价。

④ 计算该分项工程换算的定额基价＝原定额基价＋材料定额用量×（换入材料单价－换出材料单价）。

⑤ 计算分项工程换算后的预算价值。

分项工程或结构构件换算后的预算价值＝分项工程或结构构件工程量×相应换算后的定额基价。

【例 2-2】 某小区砌筑空花墙的工程量为 $90m^3$，设计要求采用黏土标准砖、M7.5 混合砂浆砌筑，试计算该分项工程预算综合单价是多少？（小数点保留两位数）

【解】 ① 根据《江苏省仿古建筑与园林工程计价表》（2007 年版），从表 2-1-7 预算定额项目表中查出 1-223 定额项目为空花墙砌筑。

表 2-1-7　预算定额项目表（空花墙）

工作内容：1. 调运、铺砂浆、运砖（基础包括清基槽及基坑）。2. 安装砌体内钢筋、预制过梁板、垫块。3. 砖过梁、砖平拱模板制、安、拆。4. 砌窗台虎头砖、腰线、门窗套。

计量单位：m^3

定额编号			1-223	1-224	1-225	1-226
项目			空花墙		填充墙（1 砖半）	
			m^3 外形体积		轻质混凝土	
			标准砖	八五砖	标准砖	八五砖
综合单价/元			249.80	264.33	241.03	251.59
其中	人工费/元		75.85	84.36	46.25	51.43
	材料费/元		129.40	130.34	162.70	164.62
	机械费/元		1.83	2.09	4.29	4.68
	管理费/元		33.40	37.17	21.73	24.13
	利润/元		9.32	10.37	6.06	6.73

	名称	单位	单价/元	数量	合计	数量	合计	数量	合计	数量	合计
	综合人工（人工费）	工日	37.00	2.05	75.85	2.28	84.36	1.25	46.25	1.39	51.43
材料	302006　混合砂浆 M5	m^3	130.04	0.11	14.30	0.127	16.52	0.166	21.59	0.191	24.84
	201010101　标准砖 240×115×53mm	百块	28.20	4.07	114.77			4.21	118.72		
	201010201　八五砖 216×105×43mm	百块	19.50			5.82	113.49			6.02	117.39
	305010101　水	m^3	4.10	0.08	0.33	0.08	0.33				
	301081　C3.5 炉渣混凝土	m^3	93.31					0.24	22.39	0.24	22.39
机械	06016　灰浆拌和机 200L	台班	65.18	0.028	1.83	0.032	2.09	0.042	2.74	0.048	3.13
	13072　滚筒式混凝土搅拌机（电动）400L	台班	97.14					0.016	1.55	0.016	1.55
措施	13131　卷扬机带塔 1t（$H＝40m$）	台班	116.48					(0.04)	(4.66)	(0.04)	(4.66)

注：填充墙包括填料。

② 经过对比可知，发现该项目与 1-223 定额规定的内容相似，但不完全一致，该项目

是按 M5 混合砂浆确定其定额基价的，M5 混合砂浆的单价为 130.04 元/m³。

③ 通过本省造价网，查得所用到的 M7.5 混合砂浆单价为 225.05 元/m³。

④ 根据相关规定，需要对该项目预算定额项目进行材料换算，计算两种不同强度等级水泥砂浆的单价价差：225.05 元/m³－130.04 元/m³＝95.01 元/m³。

⑤ 从定额表中查得定额编号 1-223 的砌筑空花墙每 m³ 的 M5 混合砂浆消耗量为 0.110，定额综合单价为 249.80 元/m³。

⑥ 计算换算后的定额基价：

$$1-223(换)＝249.80＋0.110×95.01＝260.25（元/m³）$$

⑦ 计算采用 M7.5 混合砂浆砌筑的空花墙的预算综合单价：

$$260.25×90＝23422.5（元）$$

（2）价格换算　当设计使用的材料价格随着市场情况出现变化，导致实际价格与定额价格出现价差，为了准确计算出造价，要根据市场行情，采用现行当地的人工、材料、机械单价，有时会同时调整人工、材料、机械价格。

其换算公式为：

$$换算后的定额基价＝换算前定额基价＋定额用量×（换入人工、材料、\qquad(2-9)$$
$$机械单价－换出人工、材料、机械单价）$$

【例 2-3】　某小区砌筑空花墙的工程量为 90m³，设计要求采用 M5 水泥石灰砂浆砌筑，如果市场价人工费为 65 元/工日，黏土标准砖市场价为 35 元/百块，试计算该项目的预算直接费是多少？（小数点保留两位数）

【解】　① 根据《江苏省仿古建筑与园林工程计价表》（2007 年版），从表 2-1-7 预算定额项目表中查出 1-223 定额项目为空花墙砌筑，其中人工费为 37 元/工日，黏土标准砖为 28.2 元/百块

② 计算：新人工费＝65×2.05＝133.25（元/m³）

　　　　换出机砖费用＝28.2×4.07＝114.77（元/m³）

　　　　换入机砖费用＝35×4.07＝142.45（元/m³）

　　　　新材料费＝129.40－114.77＋142.45＝157.08（元/m³）

③ 计算调整后的定额计价：

$$1-223(换)＝133.25＋157.08＋1.83＝291.16（元/m³）$$

④ 计算预算直接费：291.16×90＝26204.4（元）

（3）系数换算　通过对定额项目的人工、机械乘以规定的系数来调整定额的人工费和机械费，进而调整定额单价适应设计要求和条件的变化，使定额项目满足不同的需要。

【例 2-4】　某小区铺种草皮，设计要求采用花格铺草镶草，只是栽种不翻土，试计算该项目的综合单价是多少？（小数点保留两位数）

【解】　① 根据《江苏省仿古建筑与园林工程计价表》（2007 年版）第三册《园林工程》中项目二"苗木栽植"7 子目"铺种草皮"项目表下方的文字说明，可知单纯栽种不翻土的花格铺草镶草，人工乘系数 0.5。

② 查阅表 2-1-8 预算定额项目表，可知定额编号 3-211 为花格铺草镶草，其综合单价为 21.58 元/10m³。

③ 则该项目的综合单价：3-211(换)＝21.58－14.80＋14.80×0.5＝14.18（元）

表 2-1-8　预算定额项目表（铺种草皮）

工作内容：翻土整地、清除杂物、搬运草皮、铺草、镶草、浇水、清除垃圾。

计量单位：10m²

定额编号			3-211	3-212	3-213
项目			铺种草皮		
			花格铺草镶草	栽种（书带草等） 25 株内/m²	植生带
综合单价/元			21.58	47.64	36.24
其中	人工费/元		14.80	33.30	25.90
	材料费/元		2.05	3.69	2.05
	机械费/元		—	—	—
	管理费/元		2.66	5.99	4.66
	利润/元		2.07	4.66	3.63

	名称	单位	单价/元	数量	合计	数量	合计	数量	合计
	综合人工	工日	37.00	0.40	14.80	0.90	33.30	0.70	25.90
材料	806041001　草皮	m²	1.24	(3.57)	(4.43)	(10.20)	(12.65)	(10.20)	(12.65)
	806041301　书带草等	m²	0.55			(10.20)	(5.61)		
	807012401　基肥	kg	15.00	(0.20)	(3.00)	(0.20)	(3.00)	(0.20)	(3.00)
	305010101　水	m³	4.10	0.50	2.05	0.90	3.69	0.50	2.05

3. 套用定额时应注意的几个问题

（1）查阅定额前，要认真阅读定额总说明、分部工程说明以及有关附注的内容，熟悉和掌握有关定额的适用范围、定额已考虑和未考虑的因素以及有关规定。

（2）认真阅读定额各章说明及有关附录（附表）的相关内容，透彻理解各章定额子目的具体适用条件及相关配套使用的规定，要理解定额中的用语以及符号的含义。

（3）浏览各章定额子目，建立对定额项目划分及计量单位进行初步认识的框架；认真阅读定额子目的工作内容，将工作内容与定额子目密切联系起来。通过使用定额子目和阅读定额子目中人工消耗量、材料消耗量和机械台班消耗量的相关信息，进一步加深理解各定额子目的关系，在熟悉施工图的基础上，准确、迅速地计算出每个子目的合价。

（4）要熟练掌握各分项工程的工程量计算规则。在掌握工程量计算规则及进行工程量计算时，只有熟悉定额子目及所包括的工作内容，才能使工程量计算在合理划分项目的前提下进行，保证工程量计算与定额子目相对应，做到不重算、不漏算。

（5）要明确定额换算范围，正确应用定额附录资料，熟练地进行定额项目的换算与调整。

知识延伸

企 业 定 额

1. 概念

施工企业根据本企业的施工技术和管理水平，以及有关工程造价资料制定的，并供本企业使用的人工、材料和机械台班消耗量标准。企业定额只在企业内部使用，是企业素质的一个标志。企业定额水平一般应高于国家现行定额，才能满足生产技术发展、企业管理和市场

竞争的需要。企业定额是施工企业进行施工管理和投标报价的基础和依据。

2．企业定额的性质

是企业按照国家有关政策、法规以及相应的施工技术标准、验收规范、施工方法的资料，根据现行自身的机械装备状况、生产工人技术操作水平、企业生产（施工）组织能力、管理水平、机构的设置形式和运作效率以及可能挖掘的潜力情况，自行编制的，供企业内部进行经营管理、成本核算和投标报价的企业内部文件。

3．企业定额的作用

（1）是编制施工组织设计和施工作业计划的依据；

（2）是企业内部编制施工预算的统一标准，也是加强项目成本管理和主要经济指标考核的基础；

（3）是施工队和施工班组下达施工任务书和限额领料、计算施工工时和工人劳动报酬的依据；

（4）是企业走向市场参与竞争，加强工程成本管理，进行投标报价的主要依据。

4．企业定额的编制依据

（1）现行劳动定额和施工定额；

（2）现行设计规范、施工及验收规范、质量评定标准和安全操作规程；

（3）国家统一的工程量计算规则、分部分项工程项目划分、工程量计量单位；

（4）新技术、新工艺、新材料和先进的施工方法；

（5）有关的科学试验、技术测定和统计、经验资料；

（6）市场人工、材料、机械价格信息；

（7）各种费用、税金的确定资料等。

5．企业定额与施工定额比较（见表2-1-9）

表 2-1-9　企业定额与施工定额比较表

内容	企业定额	施工定额
编制主体	企业总部	各地区、各行业、各部门
适用范围	企业内部	社会范围
主要作用	企业内部施工管理； 工程投标报价的基础	企业定额编制的依据； 行业部门控制投标报价的依据
定额水平	企业平均先进	社会平均先进
定额性质	生产性、计价性定额	生产性定额

工作任务

使用园林工程预算定额工具书，进行园林工程定额查阅与计算。

注：根据课堂实践练习的情况，如时间充裕，可适当增加实践操作练习项目。

（1）完成表2-1-10的定额编号、计量单位与基价。

注：江苏省仿古建筑与园林工程计价表（2007）相关的预算定额见表2-1-11～表2-1-24。可供查阅。

表 2-1-10　某园林工程预算定额项目

定额编号	分项工程名称	计量单位	基价
	起挖乔木(带土球、土球直径 80cm)		
	起挖灌木(裸根、冠幅在 200cm)		
	大树起挖(带土球、土球直径 240cm)		
	草绳绕树干,胸径 20cm		
	起挖草皮(满铺,带土厚度 2.5cm)		
	栽植草皮,满铺		
	栽植单排绿篱,高 150cm		
	绿地平整(人工)		
	单排绿篱Ⅱ养护,高 150cm		
	黄石假山堆砌,高度 3.5cm		
	自然式湖石护岸堆砌		
	园路混凝土垫层		
	花式金属栏杆制作、安装		
	原木屋面制作、安装,檐口直径 9cm		
	石凳安装,规格 600mm		

注:本书的预算项目表均参照《江苏省仿古建筑与园林工程计价表》(2007 年版)。

表 2-1-11　起挖乔木

工作内容:起挖、包扎、出塘、搬运集中、回土填塘、清理场地。

计量单位:10 株

定额编号			3-5		3-6		3-7		3-8	
项目			起挖乔木(带土球)							
			土球直径在(cm 内)							
			60		70		80		100	
综合单价/元			176.37		263.20		373.37		691.70	
其中	人工费/元		122.10		185.00		262.70		432.90	
	材料费/元		15.20		19.00		26.60		38.00	
	机械费/元		—		—		—		82.27	
	管理费/元		21.98		33.30		47.29		77.92	
	利润/元		17.09		25.90		36.78		60.61	

	名称		单位	单价/元	数量	合计	数量	合计	数量	合计	数量	合计
综合人工			工日	37.00	3.30	122.10	5.00	185.00	7.10	262.70	11.70	432.90
材料	608011501	草绳	kg	0.38	40.00	15.20	50.00	19.00	70.00	26.60	100.00	38.00
机械	03018	汽车式起重机 8t	台班	658.19							0.125	82.27

表 2-1-12　起挖灌木

工作内容：起挖、出塘、修剪、打浆、搬运集中、回土填塘、清理场地。

计量单位：10 株

定额编号			3-51		3-52		3-53	
项目			起挖灌木（裸根）					
			冠幅在（cm 内）					
			200		250		300	
综合单价/元			217.82		325.76		463.98	
其中	人工费/元		165.02		246.79		351.50	
	材料费/元		—		—		—	
	机械费/元		—		—		—	
	管理费/元		29.70		44.42		63.27	
	利润/元		23.10		34.55		49.21	
名称	单位	单价/元	数量	合计	数量	合计	数量	合计
综合人工	工日	37.00	4.46	165.02	6.67	246.79	9.50	351.50

表 2-1-13　起挖乔木

工作内容：起挖、包扎、出塘、搬运集中、回土填塘、清理场地。

计量单位：10 株

定额编号				3-13		3-14		3-15		3-16	
项目				起挖乔木（带土球）							
				土球直径在（cm 内）							
				200		240		280		300	
综合单价/元				6204.69		8581.89		11101.54		14730.66	
其中	人工费/元			3988.60		5494.50		7133.60		9512.70	
	材料费/元			342.00		437.00		570.00		684.00	
	机械费/元			597.74		892.15		1115.19		1489.89	
	管理费/元			717.95		989.01		1284.05		1712.29	
	利润/元			558.40		769.23		998.70		1331.78	
名称		单位	单价/元	数量	合计	数量	合计	数量	合计	数量	合计
综合人工		工日	37.00	107.80	3988.60	148.50	5494.50	192.80	7133.60	257.10	9512.70
材料	608011501 草绳	kg	0.38	900.00	342.00	1150.00	437.00	1500.00	570.00	1800.00	684.00
机械	03020 汽车式起重机 16t	台班	892.15	0.67	597.74	1.00	892.15	1.25	1115.19	1.67	1489.89

表 2-1-14　栽植技术措施

工作内容：搬运、绕杆至第一分枝点、余料清理。

计量单位：10m

定额编号			3-255		3-256		3-257		3-258	
项目			草绳绕树干							
			胸径在(cm 以内)							
			10		15		20		25	
综合单价/元			25.92		35.82		51.84		71.64	
其中	人工费/元		13.88		18.50		27.75		37.00	
	材料费/元		7.60		11.40		15.20		22.80	
	机械费/元		—		—		—		—	
	管理费/元		2.50		3.33		5.00		6.66	
	利润/元		1.94		2.59		3.89		5.18	
名称		单位	单价/元	数量	合计	数量	合计	数量	合计	数量	合计
综合人工		工日	37.00	0.375	13.88	0.50	18.50	0.75	27.75	1.00	37.00
材料	608011501 草绳	kg	0.38	20.00	7.60	30.00	11.40	40.00	15.20	60.00	22.80

表 2-1-15　起挖落地花卉及草皮

工作内容：起挖、出塘、搬运集中、回土填塘、清理场地。

计量单位：10m²

定额编号			3-97		3-98		3-99	
项目			起挖草坪				栽种(散铺)	
			满铺					
			草皮带土 2cm 内		草皮带土 2cm 外			
综合单价/元			13.27		16.39		9.10	
其中	人工费/元		9.25		11.47		6.29	
	材料费/元		1.05		1.25		0.80	
	机械费/元		—		—		—	
	管理费/元		1.67		2.06		1.13	
	利润/元		1.30		1.61		0.88	
名称		单位	单价/元	数量	合计	数量	合计	数量	合计
综合人工		工日	37.00	0.25	9.25	0.31	11.47	0.17	6.29
材料	608011501 草绳	kg	0.38	2.75	1.05	3.30	1.25	2.10	0.80

注：散铺按占地面积计算。

表 2-1-16 铺种草皮

工作内容：1. 铺种 翻土整地、消除杂物、精细平整、草籽播种、撒细土（营养膜覆盖）、浇水、清除垃圾。2. 散（满）铺 翻土整地、清除杂物、搬运草皮、铺草、镶草、浇水、清除垃圾。

计量单位：10m²

定额编号				3-208		3-209		3-210	
项目				铺种草皮					
				播种（膜覆盖）		散铺		满铺	
综合单价/元				58.86		31.84		38.69	
其中	人工费/元			29.97		22.57		27.75	
	材料费/元			19.30		2.05		2.05	
	机械费/元			—		—		—	
	管理费/元			5.39		4.05		5.00	
	利润/元			4.20		3.16		3.89	
名称		单位	单价/元	数量	合计	数量	合计	数量	合计
综合人工		工日	37.00	0.81	29.97	0.61	22.57	0.75	27.75
材料	806041001 草皮	m²	1.24	(10.20)	(12.65)	(3.06)	(3.79)	(10.20)	(12.65)
	806040801 草种子	kg	0.38	10.20	3.88				
	807012401 基肥	kg	15.00	(0.20)	(3.00)			(0.20)	(3.00)
	305010101 水	m³	4.10	0.20	0.82	0.50	2.06	0.50	2.05
	105020501 细土	m³	30.00	0.20	6.00				
	605120102 塑料薄膜	m²	0.86	10.00	8.60				

注：1. 精细平整系指草坪播种前的土壤再次地击碎及找坡，土壤颗粒直径为 0.5～1cm。

2. 定额子目中均包括 0.05 工日/m² 的平整场地费用。

3. 如播种时，不实施膜覆盖，扣除塑料薄膜，每 10m² 减少人工 0.02 工日。

4. 在暖季型草处追播冷季型草时每 10m² 增加人工 0.01 工日，追播冷季型草用量按设计规定确定。

5. 散铺所需草皮面积按实际绿化面积 30% 计算，工程量按铺种面积计算，如设计要求不同时可换算，散铺草皮不扣除空隙面积。

表 2-1-17 栽植绿篱

工作内容：开沟排苗、扶正回土、筑水围浇水、复土保墒、整形、清理。

计量单位：10m

定额编号		3-159	3-160	3-161	3-162
项目		栽植单排绿篱			
		高度在（cm 内）			
		40	80	120	160
		每米 5 棵	每米 3 棵	每米 2 棵	每米 1 棵
综合单价/元		10.80	18.24	56.19	79.27
其中	人工费/元	7.40	12.58	40.70	57.72
	材料费/元	1.03	1.64	2.46	3.08
	机械费/元	—	—	—	—
	管理费/元	1.33	2.26	7.33	10.39
	利润/元	1.04	1.76	5.70	8.08

续表

名称		单位	单价/元	数量	合计	数量	合计	数量	合计	数量	合计
综合人工		工日	37.00	0.20	7.40	0.34	12.58	1.10	40.70	1.56	57.72
材料	800000000　苗木	株		(51.00)		(30.60)		(20.40)		(10.20)	
	807012401　基肥	kg	15.00	(0.19)	(2.85)	(1.50)	(22.50)	(2.00)	(30.00)	(1.00)	(15.00)
	305010101　水	m³	4.10	0.25	1.03	0.40	1.64	0.60	2.46	0.75	3.08

表 2-1-18　人工换土

工作内容：厚度在±30cm 以内的找平、松翻、整平。

计量单位：10m²

定额编号		3-267	3-268	3-269
项目		绿地平整（人工）	绿地平整（机械）	压实土翻松
综合单价/元		24.42	4.11	6.11
其中	人工费/元	18.50	0.37	4.63
	材料费/元	—	—	—
	机械费/元	—	3.62	—
	管理费/元	3.33	0.07	0.83
	利润/元	2.59	0.05	0.65

名称		单位	单价/元	数量	合计	数量	合计	数量	合计
综合人工		工日	37.00	0.50	18.50	0.01	0.37	0.125	4.63
机械	01002　履带式推土机 75kW	台班	575.31			0.0063	3.62		

表 2-1-19　屋面

工作内容：选料、放样、划线、砍节子、截料、开榫、就位、安装校正。

计量单位：m³

定额编号		3-559	3-560	3-561
项目		原木屋面（檐口直径在 cm 内）		
		6~8	8~10	10~12
综合单价/元		1112.52	1079.20	1047.46
其中	人工费/元	119.14	95.46	71.41
	材料费/元	955.25	953.20	953.20
	机械费/元	—	—	—
	管理费/元	21.45	17.18	12.85
	利润/元	16.68	13.36	10.00

续表

名称		单位	单价/元	数量	合计	数量	合计	数量	合计
综合人工		工日	37.00	3.22	119.14	2.58	95.46	1.93	71.41
材料	401010404	杉原木 梢径 60～80	m³	900.00	1.05	945.00				
	401010403	杉原木 梢径 80～100	m³	900.00			1.05	945.00	1.05	945.00
	508091502	铁钉	kg	4.10	2.50	10.25	2.00	8.20	2.00	8.20

表 2-1-20　Ⅱ级养护

工作内容：修剪、整形、病虫害防治、施肥、灌溉、除草、切边、保洁、清除枯枝、死树处理、环境清理。

计量单位：10m

定额编号			3-376	3-377	3-378	3-379
项目			单排绿篱			
			高度（cm 以内）			
			50	100	150	200
综合单价/元			19.78	24.30	30.58	38.05
其中	人工费/元		7.22	8.44	10.32	12.47
	材料费/元		7.38	9.78	12.82	16.51
	机械费/元		2.87	3.38	4.14	5.08
	管理费/元		1.30	1.52	1.86	2.24
	利润/元		1.01	1.18	1.44	1.75

名称		单位	单价/元	数量	合计	数量	合计	数量	合计	数量	合计
综合人工		工日	37.00	0.195	7.22	0.228	8.44	0.279	10.32	0.337	12.47
材料	807012901	肥料	kg	2.00	1.95	3.90	2.70	5.40	3.75	7.50	4.95	9.90
	807013001	药剂	kg	26.00	0.11	2.86	0.14	3.64	0.17	4.42	0.21	5.46
	305010101	水	m³	4.10	0.15	0.62	0.18	0.74	0.22	0.90	0.28	1.15
机械	04035	洒水汽车 8000L	台班	471.53	0.0054	2.55	0.0065	3.06	0.0081	3.82	0.0101	4.76
	04005	载重汽车 5t	台班	358.08	0.0009	0.32	0.0009	0.32	0.0009	0.32	0.0009	0.32

表 2-1-21　堆砌假山

工作内容：放样，选石，运石，调、制、运混凝土（砂浆），堆砌，搭、拆简单脚手架，塞垫嵌缝，清理，养护。

计量单位：t

定额编号		3-483	3-484	3-485
项目		散铺河滩石		自然式护岸
		坐浆	干摆	
综合单价/元		131.76	89.44	388.92
其中	人工费/元	61.05	30.71	57.35
	材料费/元	48.77	46.70	310.08
	机械费/元	2.40	2.20	3.14
	管理费/元	10.99	5.53	10.32
	利润/元	8.55	4.30	8.03

续表

名称		单位	单价/元	数量	合计	数量	合计	数量	合计
综合人工		工日	37.00	1.65	61.05	0.83	30.71	1.55	57.35
材料	104010501 河滩石	t	45.00	1.00	45.00	1.00	45.00		
	104050301 湖石	t	300.00					1.00	300.00
	104050401 黄石	t	140.00					(1.00)	(140.00)
	302014 水泥砂浆1:2.5	m³	207.03	0.01	2.07			0.04	8.28
	其他材料费	元			1.70		1.70		1.80
机械	06016 灰浆拌和机200L	台班	65.18	0.003	0.20			0.016	1.04
	其他机械费	元			2.20		2.20		2.10

注：自然式护岸，如用黄石砌筑，则湖石换算黄石，数量不变。

表 2-1-22　石作小品

工作内容：挖基坑、铺碎石垫层、混凝土基础浇捣、调运砂浆、石桌和石凳场内运输、安装、校正、修面。

计量单位：10 组

定额编号	3-568	3-569
项目	石桌、石凳安装	
	700 以内	900 以内
综合单价/元	15201.91	16320.13

	其中			
	人工费/元	615.68	654.16
其中	材料费/元	14377.22	15439.60
	机械费/元	11.99	17.04
	管理费/元	110.82	117.75
	利润/元	86.20	91.58

名称		单位	单价/元	数量	合计	数量	合计
综合人工		工日	37.00	16.64	615.68	17.68	654.16
材料	108011901 石桌700以内	个	800.00	10.20	8160.00		
	108011902 石桌900以内	个	900.00			10.20	9180.00
	108012001 石凳	个	150.00	40.80	6120.00	40.80	6120.00
	102010304 碎石5~40mm	t	36.50	0.51	18.62	0.724	26.43
	301001 C20混凝土16mm32.5	m³	186.30	0.34	63.34	0.483	89.98
	302013 水泥砂浆1:2	m³	221.77	0.067	14.86	0.102	22.62
	305010101 水	m³	4.10	0.097	0.40	0.139	0.57
机械	06016 灰浆拌和机200L	台班	65.18	0.011	0.72	0.017	1.11
	13072 滚筒式混凝土搅拌机（电动）400L	台班	97.14	0.116	11.27	0.164	15.93

注：石桌、石凳按成品考虑。

表 2-1-23 金属小品

工作内容：1. 放样、划线、截料、平直、钻孔、拼装、焊接成品矫正、除锈、刷防锈漆一遍及成品编号堆放。2. 构件加固、安装校正、电焊或螺栓固定。

计量单位：t

定额编号			3-586	3-587	3-588	3-589
项目			亭、廊、架、柱、栏杆等		挂落、异形窗、吴王靠、装饰品等	
			制作	安装	制作	安装
综合单价/元			6783.25	918.31	8030.55	1288.91
其中	人工费/元		1017.50	577.20	1920.30	684.50
	材料费/元		4548.36	60.70	4566.25	126.62
	机械费/元		891.79	95.70	929.51	258.75
	管理费/元		183.15	103.90	345.65	123.21
	利润/元		142.45	80.81	268.84	95.83

名称		单位	单价/元	数量	合计	数量	合计	数量	合计	数量	合计
综合人工		工日	37.00	27.50	1017.50	15.60	577.20	51.90	1920.30	18.50	684.50
材料	501040000 钢筋（综合）	t	3800.00	0.213	809.40			0.21	798.00		
	501010001 型钢（综合）	t	3900.00	0.837	3264.30			0.84	3276.00		
	508030000 螺栓	kg	11.72					7.50	87.90		
	507030101 电焊条	kg	4.80	32.80	157.44	5.28	25.34	28.95	138.96	5.03	24.14
	612020801 氧气	m³	2.60	15.60	40.56			6.39	16.61	1.07	2.78
	612021001 乙炔气	m³	13.60	6.60	89.76	2.60	35.36	3.10	42.16	0.50	6.80
	601120201 红丹防锈漆	kg	14.50	7.80	113.10			9.20	133.40		
	406010201 木柴	kg	0.35					2.29	0.80		
	105060701 焦炭	kg	0.69					23.80	16.42		
	五金配件费	元			39.80						
	其他材料费	元			34.00				56.00		92.90
机械	07046 摇臂钻床 ⌀25mm	台班	63.20	0.80	50.56			0.05	3.16		
	07049 剪板机 6.3×2000	台班	94.60	0.56	52.98			0.25	23.65		
	13096 交流弧焊机 30kVA	台班	125.00	6.29	786.25	0.70	87.50	7.10	887.50	2.05	256.25
	其他机械费	元			2.00		8.20		15.20		2.50

表 2-1-24　园路

工作内容：拌和、铺设、找平、震实、养护。

计量单位：m³

定额编号			3-495	3-496
项目			基础垫层	
			碎石	混凝土
综合单价/元			97.08	258.79
其中	人工费/元		27.01	67.34
	材料费/元		60.23	159.42
	机械费/元		1.20	10.48
	管理费/元		4.86	12.12
	利润/元		3.78	9.43

名称			单位	单价/元	数量	合计	数量	合计
综合人工			工日	37.00	0.73	27.01	1.82	67.34
材料	301024	C10 混凝土 40mm32.5	m³	154.28			1.02	157.37
	102010304	碎石 5～40mm	t	36.50	1.65	60.23		
	305010101	水	m³	4.10			0.50	2.05
机械	13072	滚筒式混凝土搅拌机（电动）400L	台班	97.14			0.078	7.58
		其他机械费	元			1.20		2.90

（2）已知表 2-1-25 中的各分项工程的工程量，完成其定额编号，并试计算各分项工程合价。

表 2-1-25　分项工程的工程量

定额编号	分项工程名称	工程量	分项工程合价
	起挖乔木(带土球,土球直径 80cm)	8 株	
	起挖灌木(裸根、冠幅在 200cm)	6 株	
	大树起挖(带土球,土球直径 240cm)	2 株	
	草绳绕树干,胸径 20cm	125m	
	起挖草皮(满铺,带土厚度 2.5cm)	45m²	
	栽植草皮,满铺	50m²	
	栽植单排绿篱,高 150cm	65m	
	绿地平整(人工)	160m²	
	单排绿篱Ⅱ养护,高 150cm	65m	
	黄石假山堆砌,高度 3.5m	8t	
	自然式湖石护岸堆砌	6t	
	园路混凝土垫层	215m³	
	花式金属栏杆制作、安装	8t	
	原木屋面制作、安装,檐口直径 9cm	15m³	
	石凳安装,规格 600mm	2 组	

（3）现需要栽植 1650m² 金叶女贞花坛工程（25 株/m²，冠幅 80cm），请查阅预算定额项目表（表 2-1-26），计算其人工费、材料费、机械费以及工程直接费（不包含苗木价格费用）。

表 2-1-26　栽植灌木

工作内容：挖塘栽植、扶正回土、捣实、筑水围浇水、复土保墒、整形、清理。

计量单位：10 株

定额编号				3-153		3-154		3-155	
项目				栽植灌木（裸根）					
				冠幅在（cm 内）					
				50		100		150	
综合单价/元				8.71		46.44		199.46	
其中	人工费/元			6.29		33.63		148.00	
	材料费/元			0.41		2.05		4.10	
	机械费/元			—		—		—	
	管理费/元			1.13		6.05		26.64	
	利润/元			0.88		4.71		20.72	
名称		单位	单价/元	数量	合计	数量	合计	数量	合计
综合人工		工日	37.00	0.17	6.29	0.909	33.63	4.00	148.00
材料	800000000　苗木	株		(10.20)		(10.20)		(10.50)	
	807012401　基肥	kg	15.00	(0.50)	(7.50)	(1.00)	(15.00)	(4.00)	(60.00)
	305010101　水	m³	4.10	0.10	0.41	0.50	2.05	1.00	4.10

（4）某公园内修筑一条 10m，宽 1.5m，厚 20cm 的水刷混凝土路面，如果市场价人工费为 80 元/工日，试计算该项工程的人工费、材料费及综合单价，并完成该项目的综合单价分析表（所需表格参见表 2-1-27、表 2-1-28）。

表 2-1-27　园路（预算定额项目表）

工作内容：放线、整修路槽、夯实、修平垫层、调浆、铺面层、嵌缝、清扫。

10m²

定额编号		3-497	3-498	3-499
项目		纹形混凝土路面	水刷混凝土路面	水刷、纹形混凝土路面
		厚 12cm		每增减 1cm
综合单价/元		370.93	537.14	25.33
其中	人工费/元	98.42	205.72	5.11
	材料费/元	226.15	248.56	17.32
	机械费/元	14.86	17.03	1.26
	管理费/元	17.72	37.03	0.92
	利润/元	13.78	28.80	0.72

名称		单位	单价/元	数量	合计	数量	合计	数量	合计
综合人工		工日	37.00	2.66	98.42	5.56	205.72	0.138	5.11
材料	301009	C15混凝土 20mm 32.5	m³	165.63	1.224	202.73	1.066	176.56	0.101	16.73
	305010101	水	m³	4.10	1.40	5.74	1.40	5.74	0.12	0.49
	302045	水泥石屑浆 1∶1.5	m³	304.29			0.158	48.08		
	402010901	周转成材	m³	1065.00	0.015	15.98	0.015	15.98		
		其他材料费	元			1.70		2.20		0.10
机械	06016	灰浆拌和机200L	台班	65.18			0.063	4.11		
	13072	滚筒式混凝土搅拌机(电动)400L	台班	97.14	0.153	14.86	0.133	12.92	0.013	1.26

表 2-1-28　工程量清单综合单价分析表

工程名称：某园路工程　　　　　　　　标段：　　　　　　　　第1页　共1页

项目编码	050201001001	项目名称	园路	计量单位	m²

清单综合单价组成明细

定额编号	定额名称	定额单位	数量	单价/元					合价/元				
				人工费	材料费	机械费	管理费	利润	人工费	材料费	机械费	管理费	利润
3-499	园路 水刷、纹形混凝土路面 每增减1cm	10m²	0.1	5.11	17.32	1.26	0.97	0.72	0.51	1.73	0.13	0.1	0.07
3-498	园路 水刷混凝土路面 厚12cm	10m²	0.1	205.72	248.56	17.03	39.09	28.8	20.57	24.86	1.7	3.91	2.88
综合人工工日				小计					21.08	26.59	1.83	4.01	2.95
0.5698工日				未计价材料费									
清单项目综合单价/元									56.46				

材料费明细	主要材料名称、规格、型号	单位	数量	单价/元	合价/元	暂估单价/元	暂估合价/元
	现浇混凝土、现场预制混凝土碎石最大粒径20mm 坍落度35~50mm混凝土强度等级C15	m³	0.1167	165.63	19.33		
	水	m³	0.152	4.1	0.62		
	抹灰砂浆水泥石屑浆1∶1.5	m³	0.0158	304.29	4.81		
	周转成材	m³	0.0015	1065	1.6		
	其他材料费			—		—	
	材料费小计			—	26.36	—	

能力训练题

1. 选择题

（1）在初步设计阶段编制设计概算或技术设计阶段编制修正概算时，确定建设工程项目投资额的依据是（　　）。

A. 施工定额　　　　　B. 概算指标　　　　　C. 概算定额　　　　　D. 估算指标

（2）已知某挖土机的一次正常循环工作时间是 3min，每循环一次挖土 0.8m³，工作班的延续时间为 8h，机械正常利用系数为 0.85，则其产量定额为（　　）立方米/台班。

A. 96　　　　　　　B. 122.6　　　　　　C. 108.8　　　　　　D. 150.6

（3）施工定额的编制原则是（　　）。

A. 平均水平原则　　　　　　　　　　B. 平均先进水平原则

C. 简明适用原则　　　　　　　　　　D. 科学性原则

（4）概算指标是概算定额的扩大和合并，是以（　　）为对象。

A. 单项工程　　　　　　　　　　　　B. 分部分项工程

C. 整个房屋或构筑物　　　　　　　　D. 扩大的分部分项工程

（5）下列工作中，应以预算定额作为编制依据的是（　　）。

A. 编制施工作业计划　　　　　　　　B. 编制单位估价表

C. 建设单位编制年度投资计划　　　　D. 结算计件工资

（6）以独立的单项工程或完整的工程项目为计算对象编制确定的生产要素消耗的数量标准或项目费用标准是（　　）。

A. 概算定额　　　　B. 概算指标　　　　C. 投资估算指标　　　　D. 预算定额

（7）在下列定额中，定额水平需要反映施工企业生产与组织的技术水平和管理水平的是（　　）。

A. 施工定额　　　　　B. 预算定额　　　　　C. 概算定额　　　　　D. 概算指标

（8）概算定额是以扩大的分部分项工程为对象编制的，其作用主要有（　　）。

A. 计算措施费用的基础　　　　　　　B. 编制扩大初步设计概算的依据

C. 编制投资估算的依据　　　　　　　D. 确定建设项目投资额的依据

E. 编制预算定额的依据

（9）在概算指标编制时，关于不同类型工程应选取的计算单位，下列说法中符合要求的是（　　）。

A. 安装工程以占设备购置费的百分比表示

B. 建筑工程以综合生产能力的单位投资表示

C. 构筑物以每立方米的投资表示

D. 建设项目以实用功能的单位投资表示

（10）预算定额是以建筑物或构筑物（　　）为编制对象编制的定额。

A. 扩大的单位工程　　　　　　　　　B. 单位工程

C. 分部分项工程　　　　　　　　　　D. 单项工程

2．思考题

（1）列表分析各种定额关系（见表2-1-29）。

表 2-1-29　分析各种定额关系

项目	施工定额	预算定额	概算定额	概算指标	投资估算指标
编制对象					
定额用途					
项目划分					
定额水平					
定额性质					

（2）列表分析全国定额、地区定额、企业定额（见表2-1-30）。

表 2-1-30　分析全国定额、地区定额、企业定额

项目	全国定额	地区定额	企业定额
编制内容			
定额水平			
编制单位			
适用范围			
定额作用			

（3）简述园林工程预算定额的编制原则。

（4）简述园林建设工程概预算定额中空花墙、填充墙（1砖半）的内容和分项内容。

（5）套用定额一般有哪几种情况？

选择题参考答案：C，C，BCD，C，B，C，A，BD，A，C

任务二　园林工程费用计算

教学目标

　　学习园林工程费用的基本组成、划分形式及各自含义，掌握常用的基本公式、会进行相关内容的计算；理解并掌握两种计价模式下的园林工程费用的确定，会进行园林工程费用的手工计算，会正确分析两种计价模式的异同。

课程内容

一、园林工程费用的组成

（一）按费用构成要素划分

　　为适应深化工程计价改革的需要，国家住建部、财政部根据国家有关法律、法规及相关政策，在总结原建标［2003］206号文执行情况的基础上，修订了《建筑安装工程费用项目组成》，且有按费用构成要素划分，按造价形成划分两种形式，同时还制订了《建筑安装工程费用参考计算方法》、《建筑安装工程计价程序》，明确规定自2013年7月1日起施行。

　　根据建标［2013］44号《建筑安装工程费用项目组成》，建筑安装工程费按照费用构成要素划分，由人工费、材料费、施工机具使用费、企业管理费、利润、规费、税金组成。其中人工费、材料费、施工机具使用费、企业管理费和利润包含在分部分项工程费、措施项目费、其他项目费中（见图2-2-1）。

　　（1）人工费　指按工资总额构成规定，支付给从事建筑安装工程施工的生产工人和附属生产单位工人的各项费用。主要内容见表2-2-1。

表 2-2-1　人工费

序号	项目名称	含义
1	计时工资或计件工资	按计时工资标准和工作时间或对已做工作按计件单价支付给个人的劳动报酬
2	奖金	对超额劳动和增收节支支付给个人的劳动报酬
3	津贴补贴	为了补偿职工特殊或额外的劳动消耗和因其他特殊原因支付给个人的津贴，以及为了保证职工工资水平不受物价影响支付给个人的物价补贴
4	加班加点工资	按规定支付的在法定节假日工作的加班工资和在法定日工作时间外延时工作的加点工资
5	特殊情况下支付的工资	根据国家法律、法规和政策规定，因病、工伤、产假、计划生育假、婚丧假、事假、探亲假、定期休假、停工学习、执行国家或社会义务等原因按计时工资标准或计时工资标准的一定比例支付的工资

　　【例2-5】　栽植10m²红花继木花坛工程（15株/m²）需要2.55工日，人工日工资单价为40元/工日，则人工费：2.55×40＝102（元）。

　　注：正常条件下一名工人工作8h为一工日。

　　（2）材料费　指施工过程中耗费的原材料、辅助材料、构配件、零件、半成品或成品、工程设备的费用，见表2-2-2。

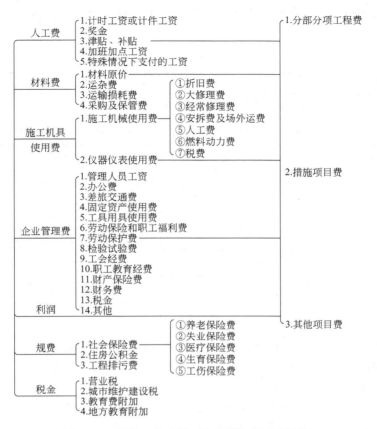

图 2-2-1　园林工程费用（按费用构成要素划分）

表 2-2-2　材料费

序号	项目名称	含义
1	材料原价（或供应价格）	材料、工程设备的出厂价格或商家供应价格
2	材料运杂费	材料、工程设备自来源地运至工地仓库或指定堆放地点所发生的全部费用
3	运输损耗费	材料在运输装卸过程中不可避免的损耗
4	采购及保管费	为组织采购、供应和保管材料、工程设备的过程中所需要的各项费用。包括采购费、仓储费、工地保管费、仓储损耗
5	材料包装费	为了便于储运材料，保护材料，使材料不受损失而发生的包装费用，主要指耗用包装品的价值和包装费用

常用公式：

① 材料基价＝[（供应价格＋运杂费）×（1＋运输损耗率）]×（1＋采购保管费率）　　（2-10）

② 材料采购及保管费＝（材料加权平均原价＋供销部门手续费＋包装费＋运杂费）×采购及保管费率　　　　（2-11）

③ 材料包装费＝发生包装品的数量×包装品单价　　（2-12）

④ 包装品回收价值＝材料包装费×包装品回收率×包装品残值率　　（2-13）

（3）施工机械使用费　指施工作业所发生的施工机械、仪器仪表使用费或其租赁费等，见表 2-2-3。

表 2-2-3　施工机械使用费

序号	项目名称	含　义
1	折旧费	施工机械在规定的使用年限内，陆续收回其原值的费用
2	大修理费	施工机械按规定的大修理间隔台班进行必要的大修理，以恢复其正常功能所需的费用
3	经常修理费	施工机械除大修理以外的各级保养和临时故障排除所需的费用
4	安拆费及场外运费	施工机械（大型机械除外）在现场进行安装与拆卸所需的人工、材料、机械和试运转费用以及机械辅助设施的折旧、搭设、拆除等费用；施工机械整体或分体自停放地点运至施工现场或由一施工地点运至另一施工地点的运输、装卸、辅助材料及架线等费用
5	人工费	机上司机（司炉）和其他操作人员的人工费
6	燃料动力费	施工机械在运转作业中所消耗的各种燃料及水、电等
7	税费	施工机械按照国家规定应缴纳的车船使用税、保险费及年检费等

常用公式：

① 施工机械使用费＝∑（施工机械台班消耗量×机械台班单价）　　　　　　　（2-14）

② 台班折旧费＝［机械预算价格×（1－残值率）］÷耐用总台班数　　　　　　（2-15）

③ 耐用总台班数＝折旧年限×年工作台班　　　　　　　　　　　　　　　　　（2-16）

④ 台班大修理费＝（一次大修理费×大修次数）÷耐用总台班数　　　　　　　（2-17）

【例 2-6】　某施工机械预算价格为 100 万元，折旧年限为 10 年，年平均工作 225 个台班，残值率为 4%，试计算该机械的折旧费。

【解】　套用公式（2-15）：$1000000×(1-4\%)÷(10×225)=426.67$（元）。

（4）企业管理费　施工企业组织施工生产和经营管理所需费用，表 2-2-4。

表 2-2-4　企业管理费

1	管理人员工资	按规定支付给管理人员的计时工资、奖金、津贴补贴、加班加点工资及特殊情况下支付的工资等
2	办公费	企业管理办公用的文具、纸张、账表、印刷、邮电、书报、办公软件、监控、会议、水电、燃气、采暖、降温等费用
3	差旅交通费	职工因公出差、调动工作的差旅费、住勤补助费，市内交通费和误餐补助费，职工探亲路费，劳动力招募费，职工离退休、退休一次性路费，工伤人员就医路费，工地转移费以及管理部门使用的交通工具的油料、燃料等费用
4	固定资产使用费	企业及其附属单位使用的属于固定资产的房屋、设备、仪器等的折旧、大修、维修或租赁费
5	工具用具使用费	企业施工生产和管理使用的不属于固定资产的工具、器具、家具、交通工具和检验、试验、测绘、消防用具等的购置、维修和摊销费，以及支付给工人自备工具的补贴费
6	劳动保险和职工福利费	由企业支付的职工退职金、按规定支付给离休干部的经费，集体福利费、夏季防暑降温、冬季取暖补贴、上下班交通补贴等
7	劳动保护费	企业按规定发放的劳动保护用品的支出
8	工会经费	企业按《工会法》规定的全部职工工资总额比例计提的工会经费

续表

9	职工教育经费	职工工资总额的规定比例计提,企业为职工进行专业技术和职业技能培训,专业技术人员继续教育、职工职业技能鉴定、职业资格认定以及根据需要对职工进行各类文化教育所发生的费用
10	财产保险费	企业管理用财产、车辆的保险费用
11	财务费	企业为施工生产筹集资金或提供预付款担保、履约担保、职工工资支付担保等所发生的各种费用
12	税金	企业按规定缴纳的房产税、车船使用税、土地使用税、印花税等
13	意外伤害保险费	企业为从事危险作业的建筑安装施工人员支付的意外伤害保险费
14	工程定位复测费	工程施工过程中进行全部施工测量放线和复测工作的费用
15	检验试验费	施工企业按规定进行建筑材料、构配件等试样的制作、封样、送达和其他为保证工程质量进行的材料检验试验工作所发生的费用
16	企业技术研发费	企业为转型升级、提高管理水平所进行的技术转让、科技研发,信息化建设等费用
17	其他	业务招待费、远地施工增加费、劳务培训费、绿化费、广告费、公证费、法律顾问费、审计费、咨询费、投标费、保险费、联防费、施工现场生活用水电费等

常用公式:

① 企业管理费费率=生产工人年平均管理费÷(年有效施工天数×人工单价)×人工费占直接费比例(以分部分项工程费为计算基础) (2-18)

② 企业管理费费率=$\dfrac{生产工人年平均管理费}{年有效施工天数×(人工单价+每一工日机械使用费)}×100\%$ (以人工费和机械费合计为计算基础)

(2-19)

③ 企业管理费费率=$\dfrac{生产工人年平均管理费}{年有效施工天数×人工单价}×100\%$(以人工费为计算基础) (2-20)

(5) 规费　有权部门规定必须缴纳的费用,见表2-2-5。

表 2-2-5　规费

1	工程排污费	包括废气、污水、固体及危险废物和噪声排污费等内容
2	社会保险费	企业应为职工缴纳的养老保险、医疗保险、失业保险、工伤保险和生育保险五项社会保障方面的费用
3	住房公积金	企业按规定标准为职工缴纳的住房公积金

江苏省:规费费率取定为41.3%,其中:养老保险费21%、失业保险费2%、医疗保险费9.8%(含生育保险0.8%)、住房公积金8%、工伤保险费0.5%。

(6) 利润　也称净利润或净收益,是施工企业完成所承包工程获得的盈利。利润按其形成过程,分为税前利润(利润总额)和税后利润;税前利润减去所得税费用,即为税后利润。

(7) 税金　指企业发生的除企业所得税和允许抵扣的增值税以外的企业缴纳的各项税金及其附加。主要包括如下。

① 营业税:是指以产品销售或劳务取得的营业额为对象的税种。

② 城市建设维护税:是为加强城市公共事业和公共设施的维护建设而开征的税,它以附加形式依附于增值税。

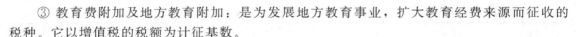

③ 教育费附加及地方教育附加：是为发展地方教育事业，扩大教育经费来源而征收的税种。它以增值税的税额为计征基数。

    a. 应纳增值税额＝计税营业额×3%　（建筑安装企业增值税税率为3%）　　　(2-21)

$$计税营业额＝直接费＋间接费＋利润＋税金 \qquad (2-22)$$

    b. 城市维护建设税额＝应纳增值税额×适用税率

$$适用税率：\begin{cases}增值税的7\%（纳税人所在地为市区）\\ 增值税的5\%（纳税人所在地为县镇）\\ 增值税的1\%（纳税人所在地为农村）\end{cases}$$

    c. 教育费附加税额＝应纳增值税额×3%　（教育费附加是按应纳增值税额乘以3%确定）

在工程造价计算程序中，税金计算在最后进行。

$$税金＝（直接费＋间接费＋利润）×税率（\%） \qquad (2-23)$$

在税金的实际计算过程，为了计算方便，通常是以上四种税金综合计算，又由于在计算税金时，往往已知条件是税前造价，因此税金的计算公式可以表达为：

$$税金＝税前造价×综合税率\% \qquad (2-24)$$

综合税率的计算因纳税地点所在地的不同而不同。

    a. 纳税地点在市区的企业综合税率的计算：

$$综合税率（\%）=\frac{1}{1-3\%-(3\%×7\%)-(3\%×3\%)-(3\%×2\%)}-1 \qquad (2-25)$$

    b. 纳税地点在县城、镇的企业综合税率的计算：

$$综合税率（\%）=\frac{1}{1-3\%-(3\%×5\%)-(3\%×3\%)-(3\%×2\%)}-1 \qquad (2-26)$$

    c. 纳税地点不在市区、县城、镇的企业综合税率的计算

$$综合税率（\%）=\frac{1}{1-3\%-(3\%×1\%)-(3\%×3\%)-(3\%×2\%)}-1 \qquad (2-27)$$

（二）按工程造价形成划分

建设工程费用内容参照《建筑安装工程费用项目组成》，按造价形成划分，由分部分项工程费、措施项目费、其他项目费、规费和税金组成。其中，分部分项工程费、措施项目费、其他项目费包含人工费、材料费、施工机具使用费、企业管理费和利润（见图2-2-2）。安全文明施工措施费、规费和税金为不可竞争费，应按规定标准计取。

$$分部分项工程费＝\sum（分部分项工程量×综合单价） \qquad (2-28)$$
$$措施项目费＝\sum（措施项目工程量×综合单价） \qquad (2-29)$$

（1）分部分项工程费　它是指各专业工程的分部分项工程应予列支的各项费用。

① 专业工程：是指按现行国家计量规范划分的园林绿化工程、房屋建筑与装饰工程、仿古建筑工程、通用安装工程、市政工程、矿山工程、构筑物工程、城市轨道交通工程、爆破工程等各类工程。

② 分部分项工程：指按现行国家计量规范对各专业工程划分的项目。如房屋建筑与装饰工程划分的土石方工程、地基处理与桩基工程、砌筑工程、钢筋及钢筋混凝土工程等。

各类专业工程的分部分项工程划分见现行国家或行业计量规范。

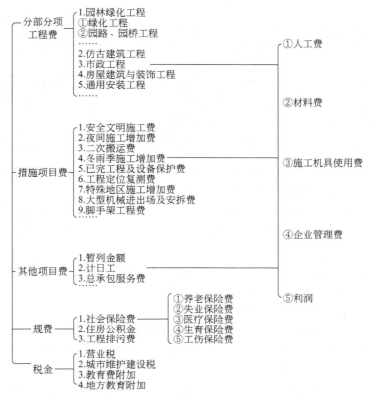

图 2-2-2　园林工程费用组成（按造价形成划分）

（2）措施项目费　它是指为完成建设工程施工，发生于该工程施工前和施工过程中的技术、生活、安全、环境保护等方面的费用。由施工技术措施费和施工组织措施费组成。根据现行工程量清单计算规范，措施项目费分为单价措施项目与总价措施项目。

① 单价措施项目是指在现行工程量清单计算规范中有对应工程量计算规则，按人工费、材料费、施工机具使用费、管理费和利润形式组成综合单价的措施项目。如：园林绿化工程包括：脚手架工程，模板工程，树木支撑架、草绳绕树干、搭设遮阴（防寒）棚工程，围堰、排水工程。

② 总价措施项目是指在现行工程量清单计算规范中无工程量计算规则，以总价（或计算基础乘费率）计算的措施项目。其中各专业都可能发生的通用的总价措施项目如表 2-2-6 所示。

表 2-2-6　通用措施费

1	安全文明施工费	为满足施工安全、文明、绿色施工以及环境保护、职工健康生活所需要的各项费用。本项为不可竞争费用
2	夜间施工费	规范、规程要求正常作业而发生的夜班补助、夜间施工降效、夜间照明设施的安拆、摊销、照明用电以及夜间施工现场交通标志、安全标牌、警示灯安拆等费用
3	二次搬运费	由于施工场地限制而发生的材料、成品、半成品等一次运输不能到达堆放地点，必须进行的二次或多次搬运费用
4	冬雨季施工费	在冬雨季施工期间所增加的费用
5	地上、地下设施、建筑物的临时保护设施费	在工程施工过程中，对已建成的地上、地下设施和建筑物进行的遮盖、封闭、隔离等必要保护措施

6	已完工程及设备保护费	对已完工程及设备采取的覆盖、包裹、封闭、隔离等必要保护措施所发生的费用
7	临时设施费	施工企业为进行工程施工所必须的生活和生产用的临时建筑物、构筑物和其他临时设施的搭设、使用、拆除等费用
8	赶工措施费	施工合同工期比江苏省现行工期定额提前，施工企业为缩短工期所发生的费用
9	工程按质论价费	施工合同约定质量标准超过国家规定，施工企业完成工程质量达到经有权部门鉴定或评定为优质工程所必须增加的施工成本费
10	特殊条件下施工增加费	地下不明障碍物、铁路、航空、航运等交通干扰而发生的施工降效费用

总价措施项目中，除通用措施项目外，各工程也有各自的专业措施项目。

如：仿古建筑及园林绿化工程，其专业措施项目如下。

① 非夜间施工照明：为保证工程施工正常进行，仿古建筑工程在地下室、地宫等、园林绿化工程在假山石洞等特殊施工部位施工时所采用的照明设备的安拆、维护及照明用电等。

② 反季节栽植影响措施：因反季节栽植在增加材料、人工、防护、养护、管理等方面采取的种植措施以及保证成活率措施。

（3）其他项目费

① 暂列金额：建设单位在工程量清单中暂定并包括在工程合同价款中的一笔款项。

② 暂估价：建设单位在工程量清单中提供的用于支付必然发生但暂时不能确定价格的材料的单价以及专业工程的金额。

③ 计日工：是指在施工过程中，施工企业完成建设单位提出的施工图纸以外的零星项目或工作所需的费用。

④ 总承包服务费：是指总承包人为配合、协调建设单位进行的专业工程发包，对建设单位自行采购的材料、工程设备等进行保管以及施工现场管理、竣工资料汇总整理等服务所需的费用。

（4）措施项目的常用公式

环境保护费＝直接工程费×环境保护费费率（％）　　　　　　　　　　　　　　　　（2-30）

文明施工费＝直接工程费×文明施工费费率（％）　　　　　　　　　　　　　　　　（2-31）

安全施工费＝直接工程费×安全施工费费率（％）　　　　　　　　　　　　　　　　（2-32）

临时设施费＝（周转使用临建费＋一次性使用临建费）×（1＋其他临时设施所占比例）

（2-33）

a. 周转使用临建费＝∑{[（临时面积×每平方米造价）÷（使用年限×365×利用率）]×工期（天）}＋一次性拆除费　　　　　　　　　　　　　　　　　　　　　　　　　　（2-34）

b. 一次性使用临建费＝∑临建面积×每平方米造价×[1－残值率（％）]＋一次性拆除费

（2-35）

c. 其他临时设施在临时设施费中所占比例，可由各地区造价管理部门依据典型施工企业的成本资料经分析后综合测定。

夜间施工增加费＝直接工程费×夜间施工费费率　　　　　　　　　　　　　　　　（2-36）

二次搬运费＝直接工程费×二次搬运费费率（％）　　　　　　　　　　　　　　　　（2-37）

混凝土、钢筋混凝土模板及支架：

a. 自有模板及支架费＝模板摊销量×模板价格＋支、拆、运输费　　　　　　　　　（2-38）

摊销量＝一次使用量摊销＋每次补损量摊销－回收量的摊销　　　　　　　　(2-39)

一次使用量摊销＝一次使用量÷周转次数　　　　　　　　　　　　　　　　(2-40)

每次补损量摊销＝[一次使用量×(周转次数－1)×补损率(％)]÷周转次数　　(2-41)

回收量的摊销＝[一次使用量×(1－补损率)×50％]÷周转次数　　　　　　　(2-42)

b. 租赁费＝模板使用量×使用日期×租赁价格＋支、拆、运输费　　　　　　(2-43)

脚手架搭拆费＝脚手架摊销量×脚手架价格＋搭、拆、运输费　　　　　　　(2-44)

租赁费＝脚手架每日租金×搭设周期＋搭、拆、运输费　　　　　　　　　　(2-45)

已完工程及设备保护费＝成品保护所需机械费＋材料费＋人工费　　　　　　(2-46)

排水降水费＝∑排水降水机械台班费×排水降水周期＋排水降水使用材料费、人工费

(2-47)

（三）工程费用取费标准及计算的有关规定

工程费用取费标准规定见表 2-2-7～表 2-2-10。

表 2-2-7　仿古建筑及园林绿化工程企业管理费和利润取费标准表

序号	项目名称	计算基础	企业管理费率/％			利润率/％
			一类工程	二类工程	三类工程	
一	仿古建筑工程	人工费＋施工机具使用费	47	42	37	12
二	园林绿化工程	人工费	29	24	19	14
三	大型土石方工程	人工费＋施工机具使用费	6			4

表 2-2-8　仿古建筑及园林绿化工程措施项目费取费标准表

项目	夜间施工	非夜间施工照明	冬雨季施工	已完工程及设备保护费	临时设施	赶工措施	按质论价
计算基础	分部分项工程费＋单价措施项目费－工程设备费						
仿古(园林)工程费率	0～0.1	0.3	0.05～0.2	0～0.1	1.5～2.5 (0.3～0.7)	0.5～2	1～2.5

表 2-2-9　仿古建筑及园林绿化工程安全文明施工措施费取费标准表

专业工程	计费基础	基本费率/％	省级标化增加费/％
仿古建筑工程	分部分项工程费＋单价措施项目费－工程设备费	2.5	0.5
园林绿化工程		0.9	—
大型土石方工程		1.4	—

表 2-2-10　仿古建筑与园林绿化工程社会保险费及公积金取费标准

专业工程	计费基础	社会保险费率/％	公积金费率/％
仿古建筑与园林绿化	分部分项工程费＋单价措施项目费＋其他项目费－工程设备费	3	0.5
大型土石方工程		1.2	0.22

二、工程造价计算程序

（一）工程量清单法计算程序（包工包料）（见表 2-2-11）

表 2-2-11　工程量清单法计算程序（包工包料）

序号	费用名称		计算公式
一	分部分项工程费		清单工程量×综合单价
	其中	1. 人工费	人工消耗量×人工单价
		2. 材料费	材料消耗量×材料单价
		3. 施工机具使用费	机械消耗量×机械单价
		4. 管理费	(1＋3)×费率或(1)×费率
		5. 利润	(1＋3)×费率或(1)×费率
二	措施项目费		
	其中	单价措施项目费	清单工程量×综合单价
		总价措施项目费	(分部分项工程费＋单价措施项目费－工程设备费)×费率或以项计费
三	其他项目费		
四	规费		
	其中	1. 工程排污费	
		2. 社会保险费	(一＋二＋三－工程设备费)×费率
		3. 住房公积金	
五	税金		(一＋二＋三＋四－按规定不计税的工程设备金额)×费率
六	工程造价		一＋二＋三＋四＋五

（二）工程量清单法计算程序（包工不包料）（见表 2-2-12）

表 2-2-12　工程量清单法计算程序（包工不包料）

序号	费用名称		计算公式
一	分部分项工程费中人工费		清单人工消耗量×人工单价
二	措施项目费中人工费		
	其中	单价措施项目中人工费	清单人工消耗量×人工单价
三	其他项目费		
四	规费		
	其中	工程排污费	(一＋二＋三)×费率
五	税金		(一＋二＋三＋四)×费率
六	工程造价		一＋二＋三＋四＋五

三、计价的基本模式

定额计价与清单计价是确定工程造价的两种计价模式。传统的定额计价模式是定额加费用的指令性计价模式，不能真实反映投标企业的实际消耗量和单价和费用发生的真实情况；依据政府统一发布的预算定额、单位估价表确定人工、材料、机械费，再以当地造价部门发布的市场信息对材料价格补差，按统一发布的收费标准计算各种费用，形成工程造价。工程量清单计价采用的是市场计价模式，由企业自主定价，实行市场调节的"量价分离"的计价模式。根据招标文件统一提供的工程量清单，将实体项目与非实体项目分开计价。实体性项目采用相同的工程量，由投标企业根据自身的特点及综合实力自主填报单价。而非实体项目则由施工企业自行确定，采用的价格完全由市场决定能够结合施工企业的实际情况，与市场经济相适应。

　　注：按规定，凡使用国有资金投资的工程项目必须采用清单计价模式；其他情况下的工程项目具体是使用清单模式还是定额模式由项目业主即建设单位自己来决定。以后的趋势是鼓励逐步走向清单计价模式。

（一）定额计价与清单计价的差别（见表 2-2-13）

表 2-2-13　定额计价与清单计价的差别

内容	定额计价	清单计价
计价过程	是国家（省、市、行业等）颁布的作为报价参考的标准，有材料价格、人工费、机械费、措施费等	是建设单位（或招标单位）提供的，项目所使用材料的数量、规格、档次等的列表，以供投标单位作为报价参考，一般清单只有量，没有价格，施工单位只照单填写
适用范围	工程建设的各个阶段均可采用	目前主要用于工程招投标阶段，即工程结算时，结算单价按投标人的投标价格，工程量依照实际完成的工程量
工程量计算规则	按定额工程量计算规则	按清单工程量计算规则
工程风险	工程量由投标人计算和确定，差价一般可调整，投标人一般只承担工程量计算风险，不承担材料价格风险	招标人编制工程量清单，计算工程量，投标人报价应考虑多种因素，由于单价通常不调整，故投标人要承担组成价格的全部因素风险
项目编码	预算定额项目编码，全国各省市采用不同的定额子目	全国实行统一编码，项目编码采用 12 位阿拉伯数字表示
项目设置	子目一般按施工工序进行设置，所包含的工程内容较为单一、细化	以一个"综合实体"考虑，包括多个子目工程内容；能直观地反映出该实体的基本价格
	计价项目的工程实体与措施合二为一，即项目既有实体因素又包含措施因素在内	将实体部分与措施部分分离，业主、企业视工程实际自主组价，实现了个别成本控制
定价原则	工程造价管理机构发布的有关规定及定额中的基价定价，即政府定价	企业自主报价，"企业定额"，即市场竞争定价
计价程序	首先按施工图计算单位工程的分部分项工程量，并乘以相应的人工、材料、机械台班单价，再汇总相加得到单位工程的人工、材料和机械使用费之和，然后在此和的基础上按规定的计费程序和指导费率计算其他直接费、间接费、计划利润、独立费用和税金，最终形成单位工程造价 公式：直接费＋间接费＋利润＋差价＋规费＋税金＝工程造价	首先计算工程量清单，其次是编制综合单价，再将清单各分项的工程量与综合单价相乘，得到各分项工程造价，最后汇总分项造价，形成单位工程造价 公式：各分项工程费＋措施项目费＋其他项目费＋规费＋税金＝工程造价
人工、材料、机械消耗量	人工、材料、机械消耗量按"综合定额"标准计算，"综合定额"标准按社会平均水平编制	人工、材料、机械消耗量由投标人根据企业的自身情况或"企业定额"自定，它真正反映企业的自身水平

续表

内容	定额计价	清单计价
价差调整	工程承发包双方约定的价格与定额价对比，调整价差	工程承发包双方约定的价格直接计算，除招标文件规定外，不存在价差调整问题
工程量计算规则	不仅包含净用量，还包含施工操作的损耗量和采取技术措施的增加量，计算工程量时，要根据不同的损耗系数和各种施工措施分别计量，不同的企业得出的工程量都不一样，容易引起不必要的争议 定额计价的工程量计算规则全国各地都不相同，差别较大	按照国家统一颁布的计算规则，根据设计图样计算得出的工程净用量。不包含施工过程中的操作损耗量和采取技术措施的增加量，其目的在于将投标价格中的工程量部分固定不变，由投标单位自报单价，减少工程量计算失误，节约投标时间 工程量清单的计算规则是全国统一的，确定工程量时不存在地域上的差别，给招投标工作带来很大便利
招标办法	采用定额计价招标，标底的计算与投标报价的计算是按同一定额，同一工程量，同一计算程序进行计价，因而评标时对人工、材料、机械消耗量和价格的比较是静态的，是工程造价计算准确度的比较，而非投标企业的施工技术、管理水平、企业优势等综合实力的比较	采用的是市场计价模式，投标单位根据招标人统一给出的工程量清单，按国家统一发布的实物消耗量定额，结合企业本身的实际消耗定额进行调整，以市场价格进行计价，完全由施工单位自行定价，充分实现投标报价与工程实际和市场价格相吻合，作到科学、合理的反映工程造价
评标方式	百分制评分法	合理低价中标法
合同价调整方式	变更签证、定额解释、政策性调整	索赔

注：评标时对报价的评定，不再以接近标底为最优，而是以"合理低价标价，不低于企业成本价"的标准进行评定。评标的重点是对报价的合理性进行判断，找出不低于企业成本的合理低标价，将合同授予合理低标者。这样一来，可促使投标单位把投标的重点转移到如何合理的确定企业的标价上来，有利于招投标的公平竞争、优胜劣汰。

（二）计算程序

1. 定额计价的计算程序（见表 2-2-14）

表 2-2-14　定额计价的计算程序

序号	费用名称	计算方法
一	直接费	（一）＋（二）
	（一）直接工程费	工程量×∑［（定额工日消耗量×人工单价）＋（定额材料消耗量×材料单价）＋（定额机械台班消耗量×机械台班单价）］
	其中人工费 R_1	∑工程量×定额工日消耗数量×人工单价
	（二）措施费	1＋2
	1. 参照定额规定计取的措施费	按定额规定计算
	2. 参照费率计取的措施费	R_1×相应费率
	其中人工费 R_2	R_2＝（1＋2）中人工费
二	企业管理费	(R_1+R_2)×管理费率
三	利润	(R_1+R_2)×利润费率
四	规费	（一＋二＋三）×规费费率
五	税金	（一＋二＋三＋四）×税率
六	合计	一＋二＋三＋四＋五

2. 清单计价的计算程序（见表 2-2-15）

表 2-2-15　工程量清单计价的计算程序

序号	费用项目名称	计算方法
一	分部分项工程费合价	$\sum_{i=1}^{n} J_i \times L_i$
	分部分项工程费单价(J_i)	1＋2＋3＋4＋5
	1. 人工费	∑清单项目每计量单位工日消耗量×人工单价
	2. 材料费	∑清单项目每计量单位材料消耗量×材料单价
	3. 施工机械使用费	∑清单项目每计量单位施工机械台量消耗量×施工机械工台班单价
	4. 企业管理费	1×管理费率
	5. 利润	1×利润费率
	6. 分部分项工程量(L_i)	按工程量清单数量计算
二	措施项目费	∑单项措施费
三	基本项目费(Q_i)	1＋2＋3＋4
	1. 暂列金额	
	2. 暂估价	
	材料暂估单价	
	专业工程暂估价	
	3. 计日工	
	4. 总承包服务费用	
四	规费	（一＋二＋三）×规费费率
五	税金	（一＋二＋三＋四）×税率
六	合计	一＋二＋三＋四＋五

四、编制内容

（一）定额计价的编制内容

1. 编制说明书
  （1）工程概况；
  （2）编制依据；
  （3）编制方法；
  （4）技术经济指标分析。
2. 工程概（预）算书
  （1）单项（单位）工程概（预）算书（建设工程和安装工程）；
  （2）其他工程和费用概（预）算书；
  （3）综合概（预）算书；
  （4）总概（预）算书。

（二）清单计价的编制内容

采用"清单计价"法时，工程量清单由招标人或委托有工程造价咨询资质的单位编制。

工程量清单的组成（由招标人编制）内容如下：

（1）工程量清单总说明（项目工程概况、现场条件、编制工程量清单的依据及有关资料、对施工工艺材料的特殊要求、其他）；

（2）分部分项工程量清单与计价表；

（3）工程量清单综合单价分析表；

（4）措施项目清单与计价表；

（5）其他项目清单与计价表；

（6）规费、税金项目清单与计价表。

（三）费用组成

1. 工程量清单计价费用

其组成包括如下。

（1）分部分项工程费

人工费、材料费、机械使用费、管理费、利润、风险金。

（2）措施项目费

脚手架、模板及支架、夜间施工费用、临时设施费用、大型机械设备进场安拆、垂直运输机械使用、环境保护、安全施工、文明施工。

（3）其他项目费

招标人部分：预留金、材料购置费。

投标人部分：总承包服务费、零星工作项目费。

（4）规费

工程排污费、工程定额测定费、养老保险费、失业保险费、医疗保险费、住房公积金、危险作业意外伤害保险。

（5）税金

2. 定额计价法的费用

其组成包括如下。

（1）直接费

直接工程费：人工费、材料费、施工机械使用费。

措施费：环境保护、文明施工、安全施工、临时设施、夜间施工、二次搬运、大型机械设备进出场及安拆、混凝土、钢筋混凝土模板及支架、脚手架、已完工程及设备保护、施工排水和降水、风雨季施工增加费、生产工具用具使用费、工程点交、场地清理费、其他措施费。

（2）间接费

规费：工程排污费、工程定额测定费、社会保障费、住房公积金、危险作业意外伤害保险。其中，社会保障费：养老保险费、失业保险费、医疗保险费、工伤保险费、生育保险费。

企业管理费：管理人员工资、办公费、差旅交通费、固定资产使用费、工具用具使用费、劳动保险费、工会经费、职工教育经费、财产保险费、财务费、税金、其他。

间接费的计算方法按取费基数的不同分为以下三种。

① 以直接费为计算基础。

$$间接费＝直接费合×间接费费率（\%） \tag{2-48}$$

② 以人工费和机械费合计为计算基础。

$$间接费＝人工费和机械费合计×间接费费率（\%） \tag{2-49}$$

$$间接费费率（\%）＝规费费率（\%）＋企业管理费费率（\%） \tag{2-50}$$

③ 以人工费为计算基础。

$$间接费＝人工费合计×间接费费率（\%） \tag{2-51}$$

（3）利润

（4）税金

知识延伸

"营改增"的问题

"营改增"是我国税制改革进程中的一大标志性事件，自2012年开展试点以来在完善税制、产业结构调整、减轻企业税收负担等诸多方面已经取得了显著成效。营业税改征增值税，简称"营改增"，即将现行征收营业税的应税劳务、转让无形资产或销售不动产由营业税改征增值税。"营改增"其目的是为规范税制，合理负担，在保证增值税规范运行的前提下，根据财政承受能力和不同行业发展特点，合理设置税制要素，行业总体税负不增加或略有下降，基本消除重复征税。2012年1月1日起，上海市率先开展营业税改征增值税改革试点。

"营改增"将冲击原有造价模式，解构目前的造价体系，其课税对象、计税方式以及计税依据都将发生重大变化，工程计价规则、计价依据、造价信息、合约规划等都发生深刻的变革。

营改增对园林企业的影响分析。

（1）营改增对园林企业设计部分的影响分析

营改增对园林企业设计部分的影响分析对分析园林企业营改增后的应对策略具有重要意义。首先就园林企业设计部分小规模纳税人而言，即年销售额小于500万元的设计服务企业，营改增前的纳税税率5%，而营改增后的纳税税率为3%，且其附加税也在减少，这在一定程度上减轻了企业的税负。其次就园林企业设计部分一般纳税人而言，单纯以税率角度思考营改增的税负影响，第一，营改增前的税率为5%，而营改增后的名义税率为6%，但是鉴于增值税为价外税，实际税率为5.66%［即$1/(1＋6\%)×6\%$］，增加了0.66%；第二，在设计部分的人工费用比例很大，但是这部分很可能因为没有增值税发票而难以抵扣进项税额；第三，对于设计部分的分包业务而言，营改增前的纳税基础是总收入减去分包业务收入，而营改增后的纳税基础是总收入。总之，营改增对园林企业设计部分而言，小规模纳税人税负减少，而一般纳税人税负增加。

（2）营改增对园林企业施工部分的影响分析

营改增对园林企业施工部分的影响分析是分析园林企业营改增后的应对策略的关键第二步。首先就园林企业施工部分的小规模纳税人而言，当下是按照3%征收营业税，2016年5月1日起开始也是实行简易征收办法，税率为3%，没有变化，但是这在一定程度上鼓励小型企业的快速发展。其次就园林企业施工部分的一般纳税人而言，一方面营改增前的税率为3%，而营改增后的名义税率为11%，实际税率为9.91%［即$1/(1＋11\%)×11\%$］，单以税率而言，增加税负；另一方面营改增后的增值税需要增值税发票进行抵扣，而这一环节很可

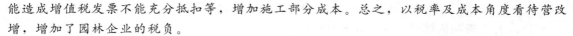

能造成增值税发票不能充分抵扣等，增加施工部分成本。总之，以税率及成本角度看待营改增，增加了园林企业的税负。

（3）营改增对园林企业综合影响分析

营改增对园林企业的综合影响分析是基于以上两步的总结和再分析。首先以上两部分是单一以成本和税率视角剖析营改增前后的影响，但是营改增的影响远远不只是税率，例如营改增可以有效避免重复征税问题，还可以完善企业的内控与财务创新。这只是营改增对园林企业带来的积极影响，但是也存在一些消极影响，例如流动资金紧张，税款比工程款先行支付，公司的财务核算难度增加。园林绿化企业的发展需要对营改增税制改革作出充分的了解，这就会增加财务人员的培训成本，以及对财务优秀人才的引进成本。

课税对象：

营业税的课税对象包括在我国境内提供应税劳务、转让无形资产或销售不动产三个方面。

增值税的课税对象，主要包括以下三个方面：

（1）销售货物。这里指的是有偿转让货物的所有权。货物指有形动产，包括电力、热力、气体在内，但不包括无形资产和不动产。另外，为了平衡商品之间的税负，对下列情况视为销售，征收增值税。

1）将货物交付他人代销；

2）销售代销货物；

3）货物在实行统一核算的两个以上机构之间转送；

4）将自产、委托加工或购买的货物用于非应税项目、集体福利、无偿赠送他人以及分配给股东或投资者。

（2）进口货物。

（3）提供加工、修理修配劳务。加工指受托加工，即委托方提供原料、主要材料，受托方按照委托的要求加工货物并收取加工费并代垫辅助材料；修理修配指受托方对损伤和丧失功能的货物进行修复，使其恢复原状和功能。

目前，我国工程造价并没有实现价税分离。在营业税下，工程造价的费用项目以含税价款计算，如图2-2-3所示。由于"营改增"的实施，增值税税率相比营业税税率3%大幅提高，按照现行计价规则计算，施工企业税负将提高，工程造价将增加。同时增值税进项税可以抵扣销项税，工程造价计算费用与实际不相符。这种情况下，价税分离计价可适应税制变化的根本要求，工程造价的费用项目以除税价款计算，如图2-2-4所示。

由图2-2-4可以看出，虽然"营改增"后税率有提高，但各费用项目除税后税前造价有所降低，当增值税工程造价中进项税取适当值时，工程造价与营业税下相同。

工程造价与应纳税额增减平衡点分析。

按照现行工程税金计算公式，以营业税3%，增值税11%，城市维护税5%，教育附加费3%，地方教育附加费2%为例，计算工程税金税率如下：

营业税下工程税金税率＝1/[1－营业税率×(1＋城市维护税＋教育附加费＋地方教育附加费)]－1＝3.41%

增值税下工程税金税率＝1/[1－增值税率×(1＋城市维护税＋教育附加费＋地方教育附加费)]－1＝13.77%

为了便于分析，假设自身业务费＋进项业务费（含税）＝A，进项业务费（含税）＝$\alpha \times A$，

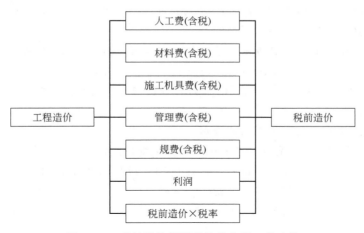

图 2-2-3　现行计价规则下的营业税工程造价

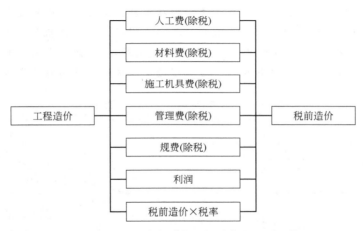

图 2-2-4　价税分离计价下的增值税工程造价

进项业务综合税率＝β。则：进项业务费＋进项税＝进项业务费＋进项业务费×β＝$(1+\beta)$×进项业务费＝$\alpha \times A$

进项业务费＝$\alpha \times A/(1+\beta)$

进项税＝$\alpha \times A\beta/(1+\beta)$

（1）现行计价规则下工程造价增减分析

营业税下工程造价 $C1$＝［自身业务费＋进项业务费（含税）］×$(1+3.41\%)$＝$A×$
$(1+3.41\%)$

增值税下工程造价 $C2$＝［自身业务费＋进项业务费（含税）］×$(1+13.77\%)$＝$A×$
$(1+13.77\%)$

因为 $1+3.41\%$ 恒小于 $1+13.77\%$，营业税改增值税后，工程造价显然增加。

（2）现行计价规则下应纳税额增减分析

营业税下应纳税额 $S1$＝［自身业务费＋进项业务费（含税）］×3.41%＝$A×3.41\%$

增值税下应纳税额 $S2$＝［自身业务费＋进项业务费（含税）］×13.77%－进项税＝$A×$
$13.77\%-A×\alpha\beta/(1+\beta)$＝$A×[13.77\%-\alpha\beta/(1+\beta)]$

当 $S1 \geq S2$，$3.41\% \geq 13.77\% - \alpha\beta/(1+\beta)$ 时，即 $\alpha \geq 10.36\% \times (1+1/\beta)$ 应纳税额未增加。

（3）价税分离计价下工程造价增减分析

增值税下工程造价 $C3 = [$自身业务费 $+$ 进项业务费（含税）$-$ 进项税$] \times (1+13.77\%) = A[1 - \alpha \times \beta/(1+\beta)] \times (1+13.77\%)$

当 $C1 \geq C3$，$1+3.41\% \geq [1-\alpha\beta/(1+\beta)] \times (1+13.77\%)$ 时，即：$\alpha \geq 9.11\% (1+1/\beta)$ 工程造价未增加。

（4）价税分离计价下应纳税额增减分析

增值税下应纳税额 $S3 = [$自身业务费 $+$ 进项业务费（含税）$-$ 进项税$] \times 13.77\% -$ 进项税 $= A[1-\alpha\beta/(1+\beta)] \times 13.77\% - A\alpha\beta/(1+\beta) = A \times [13.77\% - 113.77\% \times \alpha\beta/(1+\beta)]$

当 $S1 \geq S3$，$3.41\% \geq 13.77\% - 113.77\% \times \alpha\beta/(1+\beta)$ 时，即 $\alpha \geq 9.11\% \times (1+1/\beta)$ 应纳税额未增加。

对施工企业而言，"营改增"后税率由营业税 3% 增加至增值税 11%，两者相差 8%，增加的税额需要进项业务金额计取税率为 β 的进项税额来弥补，当进项业务含税额占比 α 较小时，计取的进项税额抵扣较少时，企业应纳税额将增长，工程造价将增加。当进项业务含税额占比 α 和进项业务综合税率 β 在图 2-2-5 中曲线上时，"营改增"后工程造价和应纳税金较原来相同，此时的 α 和 β 为"营改增"后工程造价与应纳税额增减平衡点。

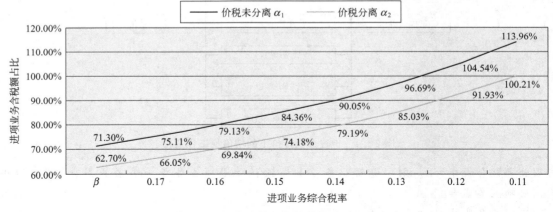

图 2-2-5　工程造价与应纳税额增减平衡点

工作任务

1. 计算园林工程费用。某块地草皮铺种，满铺，工程量为 100m^2，已知草皮铺种定额如表 2-2-16 所示。

表 2-2-16　草皮铺种定额　　　　　　　　　　　　　　　　　　　　　10m^2

定额编号			1-184	1-185
项目		单位	散铺	满铺
单价		元	61.14	82.64
其中	人工费	元	58.05	79.55
	机械费	元	3.09	3.09

草皮单价为 10 元/m²，草皮消耗量为 11m²/10m²。求草皮铺种的直接工程费。

2. 已知某园林工程经过初步计算求得工程直接费为 20 万元，根据全国统一定额和地方配套定额得知：工程间接费（含现场管理费、临时设施费、其他间接费等）的费率为 5%，地方税率为 3.5%，某施工企业制定的计划利润率为 10%，其他不可预见费用为 5 万元。试求该施工企业经过计算得出的该项工程的总造价。

3. 某建筑工程，根据施工图按照 2016 年预算定额计算出工程的直接工程费为 1867860元，其中：人工费 308836 元，材料费 1260429 元。若该工程以人工费和机械费为计算基础，按照表 2-2-17 所给费率，试计算该工程的工程造价。（小数点后保留两位）

表 2-2-17　费率

费用名称	临时设施费	现场经费	企业管理费	利润	规费	税金
费率/%	3.8	4.9	5.7	8	29	3.44

能力训练题

1. 选择题

（1）工程定额计价和工程量清单计价是目前我国并存的两种计价模式，二者的主要区别在于（　　）。

A. 定额计价的价格介于国家指导价和国家调控价之间，工程量清单计价价格反映市场价

B. 定额计价所依据的各种定额具有指导性，工程量清单计价所依据的"清单计价规范"含有强制性条文

C. 定额单价为直接费单价，清单综合单价包括直接费、管理费、利润和风险

D. 在定额计价法中，工程量由招标人和投标人分别按图计算，在清单计价法中，工程量由招标人统一计算

E. 定额计价只适用于建设前期各阶段使用，工程量清单计价只适用于招投标阶段使用

（2）关于工程定额计价模式的说法，不正确的是（　　）。

A. 编制建设工程造价的基本过程包括工程量计算和工程计价

B. 定额具有相对稳定性的特点

C. 定额计价中不考虑不可预见费

D. 定额在计价中起指导性作用

（3）工程量清单计价的基础公式正确的是（　　）。

A. 分部分项工程费＝∑分部分项工程量×相应分部分项综合单价

B. 其他项目费＝暂估价＋计日工＋总承包服务费

C. 单位工程报价＝分部分项工程费＋措施项目费＋其他项目费＋规费

D. 建设项目总报价＝∑单位工程报价

（4）分部分项工程单价按照编制依据划分，可分为（　　）。

A. 定额单价　　　B. 基本直接费单价　　　C. 补充单价

D. 全费用单价　　　E. 完全单价

（5）工程量清单计价中，措施项目的综合单价由完成规定计量单位工程量清单项目所需（　　）等费用组成。

A. 人工费、材料费、机械使用费   B. 管理费

C. 规费   D. 利润   E. 税金

(6) 工程量清单计价中，在进行分部分项工程量清单项目特征描述时，属于必须描述内容的是（   ）。

A. 土石方工程中使用的机械设备   B. 混凝土工程中浇筑方法

C. 管道的连接方式   D. 现浇混凝土柱采用模板类型

(7) 综合单价不包括（   ）。

A. 人工费   B. 材料费   C. 规费   D. 管理费

(8) 工程量清单项目编码的第 1 位和第 2 位表示（   ）。

A. 附录中的各章   B. 附录各专业工程

C. 由编制人自己确定   D. 附录中的各节

(9) 清单工程量是（   ）。

A. 非实体项目   B. 实体项目   C. 工程项目   D. 非工程项目

(10) 招标人应当采取必要的措施，保证评标在（   ）的情况下进行。

A. 公正   B. 公开   C. 公平   D. 严格保密

2. 思考题

(1) 运用树形结构图，列出园林工程费用的组成。

(2) 运用组织结构图，列出园林工程造价的组成。

(3) 绿化种植工程预算造价的计算方法是什么？

(4) 工程量清单计价方法与传统定额计价方法的区别是什么？

(5) 运用定额计价法，进行园林工程概预算的编制内容是什么？

(6) 运用清单计价法，进行园林工程概预算的编制内容是什么？

选择题参考答案：BD，C，A，AC，ABD，C，C，B，B，D

任务三 园林工程工程量计算

 **教学目标**

了解园林工程项目的划分，理解工程量的基本概念、特点，掌握园林工程量的计算规则、计算方法及计算步骤；能进行简单的工程量计算，理解计算步骤，能准确区分清单工程量与定额工程量；结合案例，重点掌握园林工程量计算的方法与步骤。

课程内容

一、园林工程项目划分

园林建设工程需要投入一定数量的人力、物力，经过工程施工创造出园林产品，根据工程设计要求以及编审建设预算、制定计划、统计、会计核算的需要，建设项目一般划分为单项工程、单位工程、分部工程及分项工程（见图 2-3-1）。

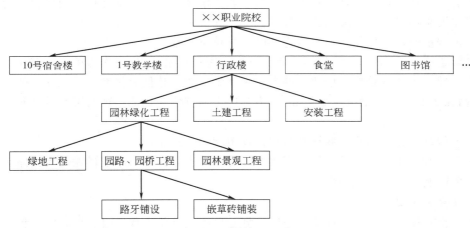

图 2-3-1 园林工程项目

（1）建设项目 经批准按照一个设计任务书的范围进行施工，经济上实行统一核算，行政上具有独立组织形式的建设工程实体。一个建设项目可以由一个单项工程组成，也可以由几个单项工程组成，如：某职业院校。

（2）单项工程 又称工程项目，是建设项目的组成部分，具有独立的设计文件，能单独施工，建成后可独立发挥生产能力或使用效益的工程。如某学校的教学 1 号楼工程等。

（3）单位工程 是单项工程的组成部分，具有单独设计的施工图和单独编制的施工图预算，可独立施工。如园林绿化工程，建筑装饰工程，给排水工程等。

（4）分部工程 是单位工程的组成部分。一般是按照单位工程的各个部位、主要结构、使用材料或施工方法等进行划分的工程。如园林工程中的园路园桥，园林景观工程等。

（5）分项工程 是分部工程的组成部分。根据分部工程的划分原则，将分部工程进一步划分成若干细部。如栽植桂花、卵石铺地、路牙铺设等。

此外，按照不同的施工方案，每个分项下面还能分若干个子目。

二、工程量概述

（一）工程量的概念

工程量：以物理计量单位或自然单位所表示的各个具体工程和结构配件的数量。物理计量单位，一般是指以公制度量表示的长度、面积、体积、重量等，如花架的面积，堆塑假山的面积等。自然计量单位是指以施工对象本身自然组成情况为计量单位，如台、套、组、个等。

工程量计算：指建设工程项目以工程设计图样、施工组织设计或施工方案及有关技术经济文件为依据，按照相关工程国家标准的计算规则、计量单位等规定，进行工程数量的计算活动，在工程建设中简称工程计量。

（二）工程量的计算原则

（1）熟悉基础资料。

在工程量计算前，应熟悉现行预算定额、施工图纸、施工组织设计等资料。

（2）计算工程量的项目应与预算定额的项目一致。

如水磨石分项工程，预算定额中已包括了刷素水泥浆一层，则计算该项工程量时，不应另列刷素水泥浆项目，以免造成重复计算。

（3）工程量的计量单位要与预算定额的计量单位一致。

如预算定额是以 m^3 作为单位的，所计算的工程量也必须以 m^3 作为单位。定额中有许多采用扩大定额（按计量单位的倍数）的方法来计量，如：整理绿化地分项工程一般计量单位是 m^2，而在定额中的计量单位是 $10m^2$，为套用定额方便绿化地整理的工程量计量单位，要换算成 $10m^2$。

（4）工程量计算所用原始数据必须和设计图纸相一致。

以施工图所标注尺寸（另有规定者除外）为依据进行计算，不能任意加大或缩小各构件尺寸，以免影响工程量的准确性。

（5）计算顺序要合理。

为了防止漏项、减少重复计算，一般先划分单项或单位工程项目，再确定工程分部分项内容。

（6）计算规则与预算定额要一致。

如工程中一砖半墙的厚度，无论施工图中标注的尺寸是"360"或"370"，都应以预算定额计算规定的"365"进行计算。

（7）计算精度要一致。

一般应精确到小数点后三位；汇总时取两位；钢材（以 t 为单位）、木材（以 m^3 为单位）精确到三位小数，kg、件取整数。

（三）工程量的计算方法

（1）按工程施工顺序计算。

在计算一个综合的园林工程的工程量时，一般按整地工程、园路工程、园桥工程、园林景观工程、绿化工程的顺序进行计算。

（2）按定额项目顺序计算。

　　按当地定额中所列分部分项工程编排顺序计算工程量，从定额的第一分部第一项开始，对照施工图纸，凡遇定额所列项目，在施工图中有的，就按该分部工程量计算规则算出工程量。若没有的就忽略，继续看下一个项目，若遇到有的项目，其计算数据与其他分部的项目数据有关，则先将该项目列出，其工程量待有关项目工程量计算完成后，再进行计算。

　　（3）按图样拟定一个有规律的顺序依次计算。

　　① 按顺时针方向计算。

　　从平面图左上角开始，按顺时针方向依次计算。如，园路从左上角开始，依箭头所指的次序计算，绕一周后又回到左上角。此方法适用于园路、园桥、驳岸、护岸、屋面、园林小品等工程量的计算。

　　② 按先横后竖，先上后下，先左后右的顺序计算。

　　以平面图上的横竖方向分别从左到右或从上到下依次计算，此方法适用于园路、园桥、驳岸、护岸、屋面、园林小品等工程量的计算。

　　③ 按照图纸上构、配件的编号顺序计算。

　　在图纸上注明记号，按照各类不同的构、配件，如花架的柱、梁、檩等编号，按柱 Z1、Z2、Z3、Z4、…，梁 L1、L2、L3…顺序进行计算。

　　④ 根据平面图上的定位轴线编号顺序计算。

　　对于复杂工程，计算柱子及内外粉刷时，仅按上述顺序计算还可能发生重复或遗漏，这时，可按图纸上的轴线顺序进行计算，并将其部位以轴线号表示出来。如位于 A 轴线上的柱子，轴线长为①～②，可标记为 A①～②。此方法适用于绿化工程、园路、园桥等工程量的计算。

（四）工程量的计算步骤

　　（1）列出分项工程项目名称

　　（2）列出工程量计算公式

　　（3）调整计量单位

　　（4）套用计算定额进行换算

　　（5）编制工程预算书

三、工程量清单概述

　　工程量清单（见图 2-3-2）是按照招标要求和施工设计图纸要求规定将拟建招标工程的全部项目和内容，依据统一的工程量计算规则、统一的工程量清单项目编制规则要求，计算拟建招标工程的分部分项工程数量的表格。主要包括如下内容。

（一）分部分项工程量清单（见表 2-3-1）

　　（1）分部分项工程量清单的编制，首先要实行四统一的原则，即统一项目编码、统一项目名称、统一计量单位、统一工程量计算规则。在四统一的前提下编制清单项目。清单编码统一按 12 位阿拉伯数字表示。其中 1、2 位是专业工程顺序码，3、4 位是附录顺序码，5、6 位是分部工程顺序码，7、8、9 位是分项工作顺序码，10、11、12 位是清单项目名称顺序码。其中前 9 位是《清单规范》给定的全国统一编码，根据规范附录 A、附录 B、附录 C、附录 D、附录 E 的规定设置，不得变动；后 3 位清单项目名称顺序码由编制人根据图纸的设计要求设置，同一招标工程的项目编码不得有重码，从 001 开始编制（见图 2-3-3）。

园林工程预决算

封-1 工程量清单
表-01 总说明
表-08 分部分项工程量清单与计价表
表-10 措施项目清单与计价表（一）
表-11 措施项目清单与计价表（二）
表-12 其他项目清单与计价汇总表
表-12-1 暂列金额明细表
表-12-2 材料暂估价格表
表-12-3 专业工程暂估价表
表-12-4 计日工表
表-12-5 总承包服务费计价表
表-13 规费、税金项目清单与计价表
表-15-1 发包人供应材料一览表

图 2-3-2　工程量清单包括的报表

表 2-3-1　分部分项工程量清单与计价表

工程名称：绿化工程　　　　　　　　　　标段：　　　　　　　　　　第 1 页　共 1 页

序号	项目编码	项目名称	项目特征描述	计量单位	工程量	金额/元		
						综合单价	合价	其中:暂估价
1	050301004001	竹柱	1. 竹种类：毛竹 2. 竹梢径：10cm 内 3. 连接方式：竹篾绑定 4. 防护材料种类：防水材料	m	15			
2	050301004002	竹梁	1. 竹种类：毛竹 2. 竹梢径：15cm 内 3. 连接方式：竹篾绑定 4. 防护材料种类：防水材料	m	10.8			
			本页小计					
			合计					

注：根据建设部、财政部发布的《建筑安装工程费用组成》（建标〔2003〕206 号）的规定，为计取规费等，可在表中增设其中："直接费"、"人工费"或"人工费＋机械费"。

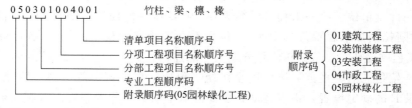

图 2-3-3　项目编码为"050301004001 竹柱、梁、檩、椽"的工程项目含义

（2）工程计量时每一项目汇总的有效位数应遵守下列规定：

以"t"为单位，应保留小数点后三位数字，第四位小数四舍五入；

以"m"、"m²"、"m³"为单位，应保留小数点后两位数字，第三位小数四舍五入；

以"株"、"丛"、"缸"、"套"、"个"、"支"、"只"、"块"、"根"、"座"等为单位，应取整数。

（3）编制工程量清单出现附录中未包括的项目，编制人应做补充，并报省级或行业工程造价管理机构备案，省级或行业工程造价管理机构应汇总报住房和城乡建设部标准定额研究所。

补充项目的编码由本规范的代码 05 与 B 和三位阿拉伯数字组成，并应从 05B001 起顺序编制，同一招标工程的项目不得重码（以 05 园林绿化工程为例说明）。

补充的工程量清单需附有补充项目的名称、项目特征、计量单位、工程量计算规则、工作内容。不能计量的措施项目，需附有补充项目的名称、工作内容及包含范围。

（二）措施项目清单（见表 2-3-2）

表 2-3-2　措施项目清单与计价表

工程名称：绿化工程　　　　　标段：　　　　　第 1 页　共 1 页

序号	项目名称	计算基础	费率/%	金额/元
	通用措施项目			
1	现场安全文明施工			
1.1	基本费		1.5	
1.2	考评费		0.8	
1.3	奖励费		0.5	
2	夜间施工			
3	冬雨季施工			
4	已完工程及设备保护			
5	临时设施			
6	材料与设备检验试验			
7	赶工措施			
8	工程按质论价			
	专业工程措施项目			
	合计			

注：本表适用于以"费率"计价的措施项目。

措施项目清单是为完成分项实体工程而必须采取的一些措施性的清单；计价应根据拟建工程的施工组织设计；可计算工程量的措施项目，应按分部分项工程量清单的方式采用综合单价计价；其余措施项目可以"项"为单位的方式计价，应包括除规费、税金外的全部费用。

措施项目清单中的安全文明施工费应按照国家或省级、行业建设主管部门的规定计价，不得作为竞争性费用。

通用措施项目可按表2-3-2选择列项，专业工程的措施项目可根据工程实际情况补充。

（三）其他项目清单（见表2-3-3）

表 2-3-3　其他项目清单与计价汇总表

工程名称：绿化工程　　　　　　　　　　标段：　　　　　　　　　第1页　共1页

序号	项目名称	计量单位	金额/元	备注
1	暂列金额	元		
2	暂估价	元		
2.1	材料暂估价	元		
2.2	专业工程暂估价	元		
3	计日工	元		
4	总承包服务费	元		
	合计			

注：材料暂估单价进入清单项目综合单价，此处不汇总。

其他项目清单是招标人提出的一些与拟建工程有关的特殊要求的项目清单。主要包括：暂列金额、专业工程暂估价、计日工、总承包服务费。

（四）规费项目清单

见表2-3-4，具体内容详见项目二任务二部分。

表 2-3-4　规费、税金项目清单与计价表

工程名称：绿化工程　　　　　　　　　　标段：　　　　　　　　　第1页　共1页

序号	项目名称	计算基础	费率/%	金额/元
1	规费	工程排污费＋建筑安全监督管理费＋社会保障费＋住房公积金		
1.1	工程排污费	分部分项工程＋措施项目＋其他项目	0.1	
1.2	建筑安全监督管理费	分部分项工程＋措施项目＋其他项目	0	
1.3	社会保障费	分部分项工程＋措施项目＋其他项目	3	
1.4	住房公积金	分部分项工程＋措施项目＋其他项目	0.5	
2	税金	分部分项工程＋措施项目＋其他项目＋规费	3.48	
	合计			

四、园林工程量计算

目前，我国建设工程通常实行综合单价法，各种定额也是以综合单价编制的，任何一项工程的工程费用＝∑工程量×综合单价；其中工程量可根据图纸计算或招标文件给定，而综

合单价可由定额手册或计价软件查阅。可见，计算工程费用，关键是准确计算出工程量。

下面就《园林绿化工程工程量清单计算规范》（GB 50858—2013）做简单说明。

（一）绿化工程

（1）绿地整理（见表 2-3-5）

表 2-3-5　绿地整理工程量计算表

项目名称	计量单位	工程量计算规则
砍伐乔木	株	按数量计算
挖树根（蔸）		
砍挖灌木丛及根	1. 株 2. m²	1. 以株计量，按数量计算 2. 以 m² 计量，按面积计算
砍挖竹或根	株（丛）	按数量计算
砍挖芦苇（或其他水生植物）及根	m²	按面积计算
清除草皮		
清除地被植物		
屋面清理		按设计图示尺寸以面积计算
种植土回（换）填	1. m³ 2. 株	1. 以立方米计量，按设计图示回填面积乘以回填厚度以体积计算 2. 以株计量，按设计图示数量计算
整理绿化用地	m²	按设计图示尺寸以面积计算
绿地起坡造型	m³	按设计图示尺寸以体积计算
屋顶花园基底处理	m²	按设计图示尺寸以面积计算

注：整理绿化用地项目，厚度≤300mm回填土、厚度＞300mm回填土，应按现行国家标准《房屋建筑与装饰工程工程量计算规范》（GB 50854）编码列项。

【例 2-7】　某公园内原有一休闲绿地（绿地内为普坚土），面积为 280m²，如图 2-3-4 所示，现重新布置，把以前所种植的植物全部更新（表 2-3-6）：绿地中心孝顺竹林（1.5 株/m²），占地面积 40m²；金叶女贞（4 株/m²）灌木丛，占地面积 28m²；紫叶小檗（4 株/m²）灌木丛，占地面积 30m²，场地重新平整，挖出土方量为 110m³，植物栽植后还剩余 26m³，试求其工程量。

表 2-3-6　绿化苗木表

序号	植物名称	植物规格	数量/株
1	香樟	胸径 7～8cm，高度 450cm	12
2	金叶女贞	冠幅 30cm，高度 40cm	112
3	紫叶李	胸径 4～5cm，高度 220cm	18
4	白玉兰	胸径 6～7cm，高度 350cm	6
5	孝顺竹	胸径 3cm	60
6	马尼拉草	长 3～4cm，宽 1.5～2.5mm；草皮带土 2cm	182
7	紫叶小檗	冠幅 30cm，高度 40cm	120

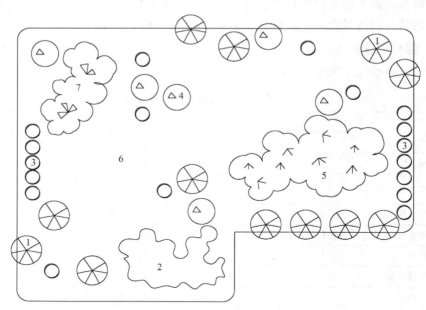

图 2-3-4　某公园休闲绿地

【解】　（1）清单工程量（表 2-3-7）

表 2-3-7　清单工程量计算表

序号	项目编码	项目名称	项目特征描述	计量单位	工程量
1	050101001001	伐树、挖树根	香樟，胸径 7~8cm，高度 450cm	株	12
2	050101001002	伐树、挖树根	紫叶李，胸径 4~5cm，高度 220cm	株	18
3	050101001003	伐树、挖树根	白玉兰，胸径 6~7cm，高度 350cm	株	6
4	050101002001	砍挖灌木林	金叶女贞，冠幅 30cm，高度 40cm	株	112
5	050101002002	砍挖灌木林	紫叶小檗，冠幅 30cm，高度 40cm	株	120
6	050101003001	挖竹根	孝顺竹，胸径 3cm	株	60
7	050101005001	清除草皮	马尼拉草，长 3~4cm，宽 1.5~2.5cm；草皮带土 2cm	m²	182
8	050101006001	整理绿化用地	土壤类别：普坚土	m²	280
9	010101002001	挖土方		m³	110
10	010103001001	土(石)方回填		m³	84

① 项目编码：050101001　　　项目名称：砍伐乔木

工程量计算规则：按数量计算

香樟——12 株（项目编码 050101001001）　　紫叶李——18 株（项目编码 050101001002）
白玉兰——6 株（项目编码 050101001003）

② 项目编码：050101002　　　项目名称：砍挖灌木林

工程量计算规则：按数量计算

金叶女贞——112 株（项目编码 050101002001）　　紫叶小檗——120 株（项目编码

050101002002）

③ 项目编码：050101003　　项目名称：挖竹根

孝顺竹——60 株

④ 项目编码：050101005　　项目名称：清除草皮

草皮面积＝总的绿化面积－灌木丛的面积－竹林的面积

即：草皮面积＝280－28－30－40＝182（m²）

⑤ 项目编码：050101006　　项目名称：整理绿化用地

人工整理绿化用地　280m²

项目编码：010101002　　项目名称：挖土方

挖出的土方＝110m³

项目编码：010103001　　项目名称：土（石）方回填

剩余的土方＝26m³

填入的土方＝110－26＝84（m³）

（2）定额工程量（表 2-3-8）

查阅定额项目表，查找符合项目内容的定额编号进行套用。

表 2-3-8　定额项目工程量表

序号	定额号	子目名称	单位	工程量
1	3-19	起挖乔木（裸根）　胸径在 8cm 内	10 株	1.2
2	3-18	起挖乔木（裸根）　胸径在 6cm 内	10 株	1.8
3	3-19	起挖乔木（裸根）　胸径在 8cm 内	10 株	0.6
4	3-48	起挖灌木（裸根）　冠幅在 50cm 内	10 株	11.2
5	3-48	起挖灌木（裸根）　冠幅在 50cm 内	10 株	12
6	3-70	起挖散生竹类　胸径在 4cm 内	10 株	6
7	3-97	起挖草坪　满铺　草皮带土 2cm 内	10m²	18.2
8	1-121	平整场地	10m²	28
9	1-1	人工挖土方	m³	110
10	1-125	回填土夯填	m³	84

由此可见，两者的主要区别如下。

项目	编号	单位
清单工程量	12 位	株、m²、m³
定额工程量	2 个符号法	10 株、10m²、m³

（2）栽植花木（表 2-3-9）

表 2-3-9　栽植花木工程量计算表

项目名称	计量单位	工程量计算规则
栽植乔木	株	按设计图示数量计算
栽植灌木	1. 株 2. m²	1. 以株计量，按设计图示数量计算 2. 以 m² 计量，按设计图示尺寸以绿化水平投影面积计算
栽植竹类	株（丛）	按设计图示数量计算
栽植棕榈类	株	

项目名称	计量单位	工程量计算规则
栽植绿篱	1. m 2. m²	1. 以米计量，按设计图示长度以延长米计算 2. 以m²计量，按设计图示尺寸以绿化水平投影面积计算
栽植攀缘植物	1. 株 2. m	1. 以株计量，按设计图示数量计算 2. 以米计量，按设计图示种植长度以延长米计算
栽植色带	m²	按设计图示尺寸以绿化水平投影面积计算
栽植花卉	1. 株（丛、缸） 2. m²	1. 以株（丛、缸）计量，按设计图示数量计算 2. 以m²计量，按设计图示尺寸以水平投影面积计算
栽植水生植物	1. 丛（缸） 2. m²	
垂直墙体绿化种植	1. m² 2. m	1. 以m²计量，按设计图示尺寸以绿化水平投影面积计算 2. 以米计量，按设计图示长度以延长米计算
花卉立体布置	1. 单体（处） 2. m²	1. 以单体（处）计量，按设计图示数量计算 2. 以m²计量，按设计图示尺寸以面积计算
铺种草皮	m²	按设计图示尺寸以绿化投影面积计算
喷播植草（灌木）籽		
植草砖内植草		
挂网	m²	按设计图示尺寸以挂网投影面积计算
箱/钵栽植	个	按设计图示箱/钵数量计算

注：苗木移（假）植按栽植花木项目编码列项；墙体绿化浇灌系统按A.3绿地喷灌编码列项。

【例 2-8】 某主干道路两侧各栽植金叶女贞单排绿篱，如图 2-3-5 所示，求栽植绿篱的工程量（Ⅱ级养护，养护期为一年）。

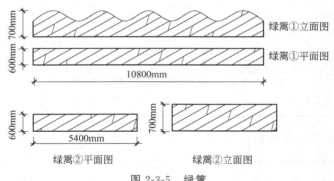

图 2-3-5　绿篱

【解】 （1）清单工程量　由清单工程量计算规则可知。

① 以 m 计量，按设计图示长度以延长米计算。则 10.8＋5.4＝16.2（m）。

② 以 m² 计量，按设计图示尺寸以绿化水平投影面积计算。则 0.6×（10.8＋5.4）＝9.72（m²）。

用广联达计价软件进行清单工程量的编制（表 2-3-10），发现综合单价一栏为 0，可知清单只有工程量，没有单价。

若用清单计价计算合价，需套用定额或进行定额换算，以获得综合单价，进而计算合价；下面用广联达计价软件进行编制（表 2-3-11），发现无论是用第①种工程量×综合单价，还是用第②种工程量×综合单价，合价是一致的，原因：所套用的定额是一致的。

表 2-3-10　清单工程量的编制

序号	编码	类别	名称	项目特征	单位	工程量	综合单价/元
			整个项目			1	
1	050102005001	项	栽植绿篱	金叶女贞,单排绿篱,单排绿篱,单排绿篱,单排绿篱,高度 700mm,Ⅱ级养护,养护期一年	m	16.2	0

序号	编码	类别	名称	项目特征	单位	工程量	综合单价
			整个项目			1	
1	050102005001	项	栽植绿篱	金叶女贞,单排绿篱,单排绿篱,单排绿篱,高度 700mm,Ⅱ级养护,养护期一年	m²	9.72	0

表 2-3-11　分部分项工程量清单与计价表

序号	编码	类别	名称	项目特征	单位	工程量	综合单价/元	综合合价/元	汇总类别
			整个项目			1		328.7	
1	050102005001	项	栽植绿篱		m	16.2	20.29	328.7	
	3-160	定	栽植单排绿篱　高度在 80cm 内　每米 5 棵		10m	1.62	178.57	289.28	
	800000000@2	主	杜鹃		株	49.572			
	807012401	主	基肥		kg	2.43			
	3-377	定	Ⅱ级养护　单排绿篱　高度 100cm 以内　养护周期(十二个月内)		10m	1.62	24.38	39.5	

序号	编码	类别	名称	项目特征	单位	工程量	综合单价/元	综合合价/元	汇总类别
			整个项目			1		328.73	
1	050102005001	项	栽植绿篱		m²	9.72	33.82	328.73	
	3-160	定	栽植单排绿篱　高度在 80cm 内　每米 5 棵		10m	1.62	178.57	289.28	
	800000000@2	主	杜鹃		株	49.572			
	807012401	主	基肥		kg	2.43			
	3-377	定	Ⅱ级养护　单排绿篱　高度 100cm 以内　养护周期(十二个月内)		10m	1.62	24.38	39.5	

（2）定额工程量　查阅定额项目表（表 2-3-12），查找符合项目内容的定额编号进行套用。

表 2-3-12　定额项目表

序号	编码	类别	名称	单位	工程量	综合单价/元	综合合价/元	汇总类别
			整个项目				328.78	
1	3-160	定	栽植单排绿篱　高度在 80cm 内　每米 5 棵	10m	1.62	178.57	289.28	
	800000000@1	主	杜鹃	株	49.572			

续表

序号	编码	类别	名称	单位	工程量	综合单价/元	综合合价/元	汇总类别
	807012401	主	基肥	kg	2.43			
2	3-377	定	Ⅱ级养护 单排绿篱 高度100cm以内 养护周期（十二个月内）	10m	1.62	24.38	39.5	

可见，两者之间有区别，也有联系。试比较两者的异同。

注：在进行苗木计量时，还应注意以下定额计算规则。

① 绿篱按单行或双行，按不同篱高以延长米计算（单行3.5株/m，双行5株/m）；

② 草坪、地被和花卉分别以 m² 计算（宿根花卉9株/m²，木本花卉5株/m²）；

③ 色带按不同高度以 m² 计算（12株/m²）。

【例2-9】 栽植色带，如图2-3-6所示，苗木品种为杜鹃，高0.5m，共2条，圆弧半径为0.325m，求栽植色带的清单工程量（Ⅱ级养护，养护期为1年）及分部分项工程合价。

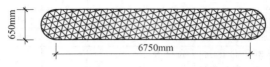

650mm 6750mm

图2-3-6 色带平面图

【解】 由清单规范可知工程量计算规则：按设计图示尺寸以绿化水平投影面积计算。

则：$6.75 \times 0.65 + 3.14 \times 0.325^2 = 4.72$（m²）

共有2条色带，则 $2 \times 4.72 = 9.44$（m²）

根据清单工程量（表2-3-13），套用定额（表2-3-14）。

其中，苗木价格、基肥价格，可通过查阅当地造价网进行补充，进而获得工程造价。

表2-3-13 清单工程量计算表

序号	项目编码	项目名称	项目特征描述	计量单位	工程量
1	050102007001	栽植色带	1. 苗木种类：杜鹃 2. 苗木株高：高0.5m 3. 养护期：养护期为1年，Ⅱ级养护	m²	9.44

表2-3-14 分部分项工程量清单与计价表

序号	编码	类别	名称	项目特征	单位	工程量	综合单价/元	综合合价/元
			整个项目			1		107.9
1	050102007001	项	栽植色带	杜鹃，高0.5m，共2条，圆弧半径为0.325m；Ⅱ级养护，养护期一年	m²	9.44	11.43	107.9
	3-196	定	露地花卉栽植 普通花坛6.3株内/m²		10m²	0.944	85.29	80.51
	800000001@1	主	杜鹃		m²	9.6288		
	807012401	主	基肥		kg	0.2832		
	3-402	定	Ⅱ级养护 露地花卉 草本类 养护周期（十二个月内）		10m²	0.944	29.06	27.43

（3）绿地喷灌

其见表 2-3-15。

表 2-3-15　绿地喷灌

项目名称	计量单位	工程量计算规则
喷灌管线安装	m	按设计图示管道中心线长度以延长米计算,不扣除检查(阀门)井、阀门、管件及附件所占的长度
喷灌配件安装	个	按设计图示数量计算

注：挖填土石方应按现行国家标准《房屋建筑与装饰工程工程量计算规范》 （GB 50854）编码列项。

阀门井应按现行国家标准《市政工程工程量计算规范》（GB 50857）编码列项。

【例 2-10】 某绿地地面下埋有喷灌设施（表 2-3-16），管道长 176m，埋于地下 120mm 处，采用镀锌钢管（公称直径为 80mm），阀门为低压塑料丝扣阀门，外径为 30mm，水表采用法兰连接（带弯通管及止回阀），公称直径为 40mm，喷头埋藏旋转散射，管道刷红丹防锈漆两道，喷灌管道系统如图 2-3-7 所示，求其工程量。

表 2-3-16　喷灌设施定额项目表

	编码	类别	名称	项目特征	单位	工程量	综合单价/元	综合合价/元
			整个项目			1		0
1	050103001001	项	喷灌设施	采用镀锌钢管,阀门为低压丝扣阀门,水表采用法兰连接(带弯通管及止回阀),喷头埋藏旋转散射,管道刷红丹防锈漆两道	m	176	0	0

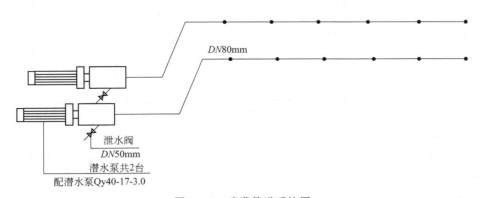

图 2-3-7　喷灌管道系统图

【解】 （1）清单工程量：176m（按设计图示管道中心线长度以延长米计算）

（2）定额工程量

定额计算规则如下。

1）管道安装

① 管道按图示管道中心线长度以 m 计算，不扣除阀门、管件及其等所占的长度。

② 直埋管道的土方工程。

a. 填土，按管道挖土体积计算，管径在500mm以内的管道所占体积不予扣除。

b. PVC给水管固筑应按设计图示以处计算。

2）阀门分压力、规格及连接方式以个计算。

3）水表分规格和连接方式以组计算。

4）喷头分种类以个计算。

5）管道刷油分管径以m计算，铁件刷油以公斤计算。

6）给水井砌筑以m³计算。

则：① 挖土方＝0.08×176×(0.12＋0.08)＝2.816(m³)

② 管道系统176m 镀锌钢管DN80

③ 阀门安装：泄水阀2个

由设计图示尺寸可知，低压丝扣阀门12个。

④ 水表安装2组法兰连接（带弯通管及止回阀）。

⑤ 由设计图示尺寸可知，喷灌喷头安装12个，喷头埋藏旋转散射（表2-3-17）。

⑥ 管道刷红丹防锈漆两道。

表2-3-17 定额项目工程量表

序号	定额号	子目名称	单位	工程量
1	7-829	室外镀锌钢管(丝接)$DN<80$mm	10m	17.6
2	7-921	管道刷红丹防锈漆第一遍	10m²	0.35369
3	7-922	管道刷红丹防锈漆第二遍	10m²	0.35369
4	7-840	丝扣阀门安装$DN<15$mm	个	2
5	7-841	丝扣阀门安装$DN<20$mm	个	2
6	7-842	丝扣阀门安装$DN<25$mm	个	2
7	7-843	丝扣阀门安装$DN<32$mm	个	2
8	7-844	丝扣阀门安装$DN<40$mm	个	2
9	7-845	丝扣阀门安装$DN<50$mm	个	2
10	5-358	法兰式水表组成与安装（有旁通管有止回阀）$DN<80$mm	组	2
11	补子目1	喷灌喷头安装	个	12
12	1-1	人工挖一、二类土方	100m³	0.02816

注：当套用定额时，定额库中找不到对应的定额编号时，可以补充子目的形式加入。

下面简单说明一下江苏省绿化种植与绿化养护的定额工程量计算规则。

（1）各种植物材料在运输、栽植过程中的合理损耗率：乔灌木土球直径在100cm以上，损耗系数为10%；乔灌木土球直径在40～100cm以内，损耗系数为5%；乔灌木土球直径在40cm以内，损耗系数为2%；其他苗木（花卉）等为2%。

（2）乔木树高、胸径对应表见表2-3-18。

表2-3-18 乔木树高、胸径对应表

树高/cm	300	400	500	600	700	800以上
胸径/cm	6	10	15	20	25	25以上

（3）起挖、种植绿篱，5排以内分排数不同以延长米计算；5排以上套用普通花坛以m²计算。

（4）起挖、铺种草、喷播草种，按实际面积以平方米计算。花格嵌草按铺花格砖面积计算，项目内嵌草面积是按 35％考虑的，实际嵌草面积不同时可以换算，工料不变。

（5）本定额苗木起挖和种植均以一、二类土为计算标准，若遇三类土人工乘以系数1.34，四类土人工乘以系数1.76。

（6）人工平整，凡高差超出 ±30cm 的，每 10cm 增加人工费 35％，不足 10cm 的按10cm 计算。

（7）灌木类以每丛折合1株，绿篱每延长1米折合一株，乔木不分品种规格一律按株计算。

（8）新树浇水。分两项：人工胶管浇水、汽车浇水。人工胶管浇水，距水源以 100m 以内为准，每超 50m 用工增加 14％。

（9）清理竣工现场。每株树木（不分规格）按 5m² 计算，绿篱每延长米按 3m² 计算。

（10）楼层间、阳台、露台、天台及屋顶花园的绿化，套用相应种植项目，人工乘以系数1.2，垂直运输费按施工组织设计计算。在大于30度的坡地上种植时，相应种植项目人工乘以系数1.1。

（11）本章种植绿篱项目分别按 1 株/m、2 株/m、3 株/m、5 株/m，花坛项目分别按6.3 株/m²、11 株/m²、25 株/m²、49 株/m²、70 株/m² 进行测算，实际种植单位株数不同时，绿篱及花卉数量可以换算，人工、其他材料及机械不得调整。

（12）起挖、栽植乔木，带土球时当土球直径大于120cm（含120cm）或裸根时胸径大于15cm（含15cm）以上的截干乔木，定额人工及机械乘以系数0.8。

（13）起挖或栽植带土球乔、灌木：以土球直径大小或树木冠幅大小选用相应子目。土球直径按乔木胸径的 8 倍、灌木地径的 7 倍取定（无明显干径，按自然冠幅的 0.4 倍计算）。棕榈科植物按地径的 2 倍计算（棕榈科植物以地径换算相应规格土球直径套乔木项目）。

（14）土坑换土。以实挖的土坑体积×系数 1.43 计算。

（15）绿篱起挖和种植：不论单、双排，均按延长米计算；二排以上视作片植，套用片植绿篱以平方米计算。

（16）种植穴、槽的挖掘规格见表 2-3-19～表 2-3-23。

表 2-3-19　常绿乔木种植穴规格　　　　　　　　　　　cm

树高	土球直径	种植穴深度	种植穴直径
150	40～50	50～60	80～90
150～250	70～80	80～90	100～110
250～400	80～100	90～110	120～130
400 以上	140 以上	120 以上	180 以上

表 2-3-20　落叶乔木类种植穴规格　　　　　　　　　　cm

胸径	种植穴深度	种植穴直径
2～3	30～40	40～60
3～4	40～50	60～70
4～5	50～60	70～80
5～6	60～70	80～90
6～8	70～80	90～100
8～10	80～90	100～110

表 2-3-21　花灌木类种植穴规格　　　　　　　　　　　　cm

冠径	种植穴深度	种植穴直径
200	70~90	90~110
100	60~70	70~90

表 2-3-22　竹类种植穴规格　　　　　　　　　　　　cm

种植穴深度	种植穴直径
盘根或土球深	比盘根或土球大
20~40	40~50

表 2-3-23　绿篱类种植槽规格　　　　　　　　　　　　cm

苗高　　深×宽	种植方式	
	单行	双行
50~80	40×40	40×60
100~120	50×50	50×70
120~150	60×60	60×80

（二）园路、园桥工程

（1）园路、园桥工程

其见表 2-3-24。

表 2-3-24　园路、园桥工程量计算表

项目名称	计量单位	工程量计算规则
园路	m²	按设计图示尺寸以面积计算,不包括路牙
踏(蹬)道		按设计图示尺寸以水平投影面积计算,不包括路牙
路牙铺设	m	按设计图示尺寸以长度计算
树池围牙、盖板(箅子)	m 套	1. 以米计量,按设计图示尺寸以长度计算 2. 以套计量,按设计图示数量计算
嵌草砖(格)铺装	m²	按设计图示尺寸以面积计算
桥基础	m³	按设计图示尺寸以体积计算
石桥墩、石桥台	m³	按设计图示尺寸以体积计算
拱券石		
石券脸	m²	按设计图示尺寸以面积计算
金刚墙砌筑	m³	按设计图示尺寸以体积计算
石桥面铺筑	m²	按设计图示尺寸以面积计算
石桥面檐板		
石汀步(步石、飞石)	m³	按设计图示尺寸以体积计算

续表

项目名称	计量单位	工程量计算规则
木制步桥	m²	按桥面板设计图示尺寸以面积计算
栈道	m²	按栈道面板设计图示尺寸以面积计算

注：园路、园桥工程的挖土方、开凿石方、回填土等应按现行国家标准《市政工程工程量计算规范》（GB 50857）编码列项。

某些构配件使用钢筋混凝土或金属构件时，应按现行国家标准《房屋建筑与装饰工程工程量计算规范》（GB 50854）或《市政工程工程量计算规范》（GB 50857）编码列项。

地伏石、石望柱、石栏杆、石栏板、扶手、撑鼓等应按现行国家标准《仿古建筑工程工程量计算规范》（GB 50855）编码列项。

台阶项目应按现行国家标准《房屋建筑与装饰工程工程量计算规范》（GB 50854）编码列项。

混合类构件园桥应按现行国家标准《房屋建筑与装饰工程工程量计算规范》（GB 50854）或《通用安装工程工程量计算规范》（GB 50856）编码列项。

亲水（小）码头各分部分项项目按园桥项目编码列项。

【例 2-11】　某公园园路，如图 2-3-8 所示，园路长 20m，试求其工程量。

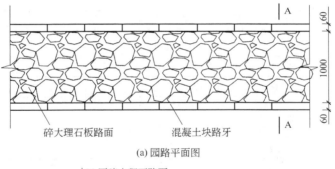

(a) 园路平面图

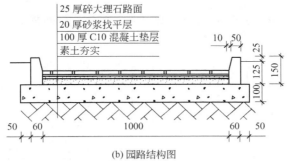

(b) 园路结构图

图 2-3-8　公园园路

【解】　（1）清单工程量（表 2-3-25）

① 项目编码：050201001001　　项目名称：园路

按设计图示尺寸以面积计算，不包括路牙

园路工程量：$20 \times 1 = 20 (\text{m}^2)$

② 项目编码：050201002001　　项目名称：路牙铺设

按设计图示尺寸以长度计算

园路路牙工程量：$20 \times 2 = 40$（m）

（2）定额工程量（表2-3-26）

① 基础

100厚C10混凝土垫层：$20 \times (1+0.06 \times 2) \times 0.1 = 2.24$（m³）

20厚砂浆找平层：$20 \times (1+0.06 \times 2) \times 0.02 = 0.448$（m³）

② 25厚碎大理石路面：$20 \times 1 = 20$（m²）

③ 混凝土块路牙：$20 \times 2 = 40$（m²）

表 2-3-25　清单工程量计算表

序号	项目编码	项目名称	项目特征描述	计量单位	工程量	金额/元		
						综合单价	合价	其中：暂估价
1	050201001001	园路	25厚碎大理石路面，20厚砂浆找平层，100厚C10混凝土垫层	m²	20			
2	050201002001	路牙铺设	混凝土块路牙	m	40			

表 2-3-26　定额工程量计算表

序号	定额号	子目名称	单位	工程量
1	3-496	园路　基础垫层　混凝土　换为【现浇混凝土、现场预制混凝土、碎石最大粒径20mm、坍落度35～50mm、混凝土强度等级C10】	m³	2.24
2	1-756	水泥砂浆厚20mm找平层　混凝土或硬基层上	10m²	0.0448
3	13131	卷扬机带塔 1t（$H=40$m）	台班	0.00296
4	1-783	拼碎块料　大理石　换为【抹灰砂浆　水泥砂浆1：3】	10m²	2
5	3-525	园路　花岗石路牙100×200　换为【混凝土块路牙】	10m	4

【例2-12】　现有一石桥，基础构造如图2-3-9所示，已知桥长12m，宽1.6m，试求石桥基础的工程量（杯形基础共有4个）。

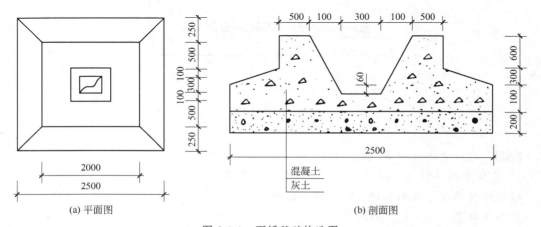

(a) 平面图　　　　　　　　　(b) 剖面图

图 2-3-9　石桥基础构造图

【解】　（1）清单工程量：按设计图示尺寸以体积计算。

① 垫层(灰土处理)：$4 \times 2.5 \times 2 \times 0.2 = 4(\mathrm{m}^3)$

② 由矩形梯台体积公式：$\frac{1}{3}h \times (S_{上底} + S_{下底} + \sqrt{S_{上底} \cdot S_{下底}})$

可知杯形基础：$2.5 \times 2 \times 0.1 + 1.5 \times 2 \times 0.6 + \frac{1}{3} \times 0.3 \times [2.5 \times 2 + 2 \times 1.5 + \sqrt{(2.5 \times 2) \times (2 \times 1.5)}] - \frac{1}{3} \times 0.96 \times [0.3 \times 0.3 + 0.5 \times 0.5 + \sqrt{0.3^2 \times 0.5^2}] = 3.33(\mathrm{m}^3)$

4 个杯形基础：$3.33 \times 4 = 13.32(\mathrm{m}^3)$

（2）定额工程量：计算方法同清单工程量计算，按图示尺寸以体积计算，可采用图形分割法来分块计算。即 [（大矩形＋小矩形＋梯台）－中间梯台] 获得杯形基础体积工程量为：$13.32\mathrm{m}^3$。见表 2-3-27。

表 2-3-27 定额工程量

序号	项目编码	项目名称	项目特征描述	计量单位	工程量	金额/元		
						综合单价	合价	其中:暂估价
1	050201005001	石桥基础	杯形基础 4 个	m³	13.32			

【例 2-13】 为丰富某广场景观，需在某地段设置台阶，以增加景观层次感，如图 2-3-10 所示，试求台阶工程量（该台阶为 6 级）。

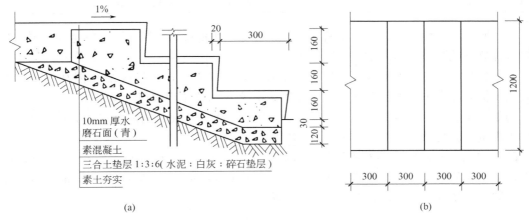

图 2-3-10 台阶

【解】 （1）清单工程量（见表 2-3-28）

项目名称：园路　　　项目编码：050201001

表 2-3-28 清单工程量计算表 （计价软件编制）

序号	项目编码	项目名称	项目特征描述	计量单位	工程量	金额/元		
						综合单价	合价	其中:暂估价
1	050201001001	园路	10mm 厚水磨石面（青），素混凝土，1：3：6 三合土垫层（水泥：白灰：碎石垫层），素土夯实	m²	2.16			

10mm 厚水磨石面（青）工程量：$0.3×1.2×6＝2.16（m^2）$

（2）定额工程量

① 垫层　素混凝土工程量：$1.2×\left(\dfrac{1}{2}×0.3×0.16×6+\sqrt{0.3^2+0.16^2}×6×0.03\right)=$ $0.2463（m^3）$

$1:3:6$ 三合土垫层（水泥：白灰：碎石垫层）工程量为 $\sqrt{0.3^2+0.16^2}×6×1.2×$ $0.12=0.2938（m^3）$

② 台阶　10mm 厚水磨石面（青）工程量：$0.3×1.2×6＝2.16（m^2）$

（2）驳岸、护岸（见表 2-3-29）

表 2-3-29　驳岸、护岸工程量计算表

项目名称	计量单位	工程量计算规则
石（卵石）砌驳岸	m^3	以 m^3 计量，按设计图示尺寸以体积计算
	t	以吨计量，按质量计算
原木桩驳岸	m	以米计量，按设计图示桩长（包括桩尖）计算
	根	以根计量，按设计图示数量计算
满（散）铺砂卵石护岸（自然护岸）	m^2	以 m^2 计量，按设计图示尺寸以护岸展开面积计算
	t	以吨计量，按卵石使用质量计算
点（散）布大卵石	块（个）	以块（个）计量，按设计图示数量计算
	t	以吨计量，按卵石使用质量计算
框格花木护岸	m^2	按设计图示尺寸展开宽度乘以长度以面积计算

注：驳岸工程的挖土方、开凿石方、回填土等应按现行国家标准《房屋建筑与装饰工程工程量计算规范》（GB 50854）编码列项。

木桩轩（梅花桩）按原木桩驳岸项目单独编码列项；塑松皮按附录 C 园林景观工程编码列项；框格花木护岸的铺草皮、撒草籽等按附录 A 绿化工程编码列项。

钢筋混凝土仿木桩驳岸，其钢筋混凝土及表面装饰应按现行国家标准《房屋建筑与装饰工程工程量计算规范》（GB 50854）编码列项。

【例 2-14】　某河流堤岸为散铺砂卵石护岸（自然护岸），长 90m，宽 8m，护岸表面铺卵石，60mm 厚混凝土栽小卵石，卵石层下为 40mm 厚 M3.0 混合砂浆，150mm 厚碎砖三合土，50mm 厚粗砂垫层，素土夯实，试求其工程量（如图 2-3-11 所示）。

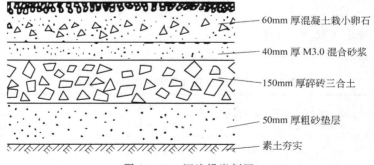

图 2-3-11　河流堤岸剖面

【解】　（1）清单工程量

其见表 2-3-30。

表 2-3-30 清单工程量计算表

序号	项目编码	项目名称	项目特征描述	计量单位	工程量	金额/元		
						综合单价	合价	其中:暂估价
1	050203003001	散铺砂卵石护岸(自然护岸)	长 90m,宽 8m	m²	720			

计算规则:

① 以 m² 计量,按设计图示尺寸以护岸展开面积计算。

护岸工程量:$90×8=720(m²)$

② 以 t 计量,按卵石使用质量计算

$$工程量=(图纸里的面积×厚度)×比重$$

注:常用比重有:

河砂 $1450kg/m^3$;

卵石 $2225\sim2238kg/m^3$;

硅酸盐水泥普通水泥的密度 $3000\sim3150kg/m^3$;

矿渣水泥、火山灰水泥、粉煤灰水泥的密度 $2800\sim3100kg/m^3$;

硅酸盐水泥普通水泥的堆积密度 $1000\sim1600kg/m^3$;

矿渣水泥的堆积密度 $1000\sim1200kg/m^3$;

火山灰水泥、粉煤灰水泥的堆积密度 $900\sim1000kg/m^3$;

水泥松方密度一般为 $1600\sim1800kg/m^3$;

水泥真密度约为 $3000\sim3200kg/m^3$;

水泥石密度约为 $2000\sim2200kg/m^3$。

(2)定额工程量

① 60mm 厚混凝土栽小卵石:$90×8×0.06=43.2(m²)$

② 40mm 厚 M3.0 混合砂浆:$90×8×0.04=28.8(m²)$

③ 150mm 厚碎砖三合土:$90×8×0.15=108(m²)$

④ 50mm 厚粗砂垫层:$90×8×0.05=36(m²)$

注:可试着自己用计价软件进行定额工程量的编制。

【例 2-15】 如图 2-3-12 所示为动物园驳岸的局部,该部分驳岸长 8m、宽 2m,求该部分驳岸的工程量。

【解】 (1)清单工程量

其见表 2-3-31。

表 2-3-31 清单工程量计算表

序号	项目编号	项目名称	项目特征描述	计量单位	工程量
1	050203001001	石砌驳岸	驳岸长 8m,宽 2m;驳岸截面 2m×5m	m³	60

计算规则:按设计图示尺寸以体积计算

项目编码:050203001   项目名称:石砌驳岸

工程量=长×宽×高=$8×2×(1.25+2.5)=60(m³)$

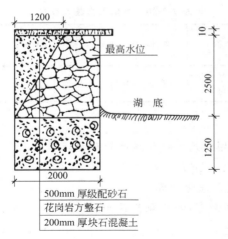

图 2-3-12　动物园驳岸局部剖面图

（2）定额工程量

① 平整场地：$S = 长 \times 宽 = 8 \times 2 = 16（m^2）$

② 挖地坑：$V = 长 \times 宽 \times 高 = 8 \times 2 \times（1.25 + 2.5）= 60（m^3）$

③ 块石混凝土：$V = 长 \times 宽 \times 高 = 2 \times 8 \times 1.25 = 20（m^3）$

④ 花岗岩方整石，从图中可知：花岗岩方整石构成的表面呈梯形

则 $V = S_梯 \times 长 = 1/2 \times（上底 + 下底）\times 高 \times 长$

$$= 1/2 \times [(2-1.2) + 2] \times 2.5 \times 8$$
$$= 28（m^3）$$

⑤ 500mm 厚级配砂石，从图中可知：级配砂石构成的表面呈三角形

则 $$V = \frac{1}{2}ab \times 长 = 1/2 \times 1.2 \times 2.5 \times 8 = 12（m^3）$$

注：可试着自己用计价软件进行定额工程量的编制，熟悉操作步骤。

（三）园林景观工程

（1）堆塑假山

堆塑假山工程量计算表见表 2-3-32。

表 2-3-32　堆塑假山工程量计算表

项目名称	计量单位	工程量计算规则
堆筑土山丘	m³	按设计图示山丘水平投影外接矩形面积乘以高度的 1/3 以体积计算
堆砌石假山	t	按设计图示尺寸以质量计算
塑假山	m²	按设计图示尺寸以展开面积计算
石笋	支	以块（支、个）计量，按设计图示数量计算
点风景石	块 t	以块（支、个）计量，按设计图示数量计算 以吨计量，按设计图示石料质量计算
池、盆景置石	座 个	以块（支、个）计量，按设计图示数量计算 以吨计量，按设计图示石料质量计算

续表

项目名称	计量单位	工程量计算规则
山(卵)石护角	m³	按设计图示尺寸以体积计算
山坡(卵)石台阶	m²	按设计图示尺寸以水平投影面积计算

注：假山（堆筑土山丘除外）工程的挖土方、开凿石方、回填土等应按现行国家标准《房屋建筑与装饰工程工程量计算规范》（GB 50854）编码列项。

某些构配件使用钢筋混凝土或金属构件时，应按现行国家标准《房屋建筑与装饰工程工程量计算规范》（GB 50854）或《市政工程工程量计算规范》（GB 50857）编码列项。

散铺河滩石按点风景石项目单独编码列项。

【例 2-16】 某公园内堆筑一土山丘的平面图（图 2-3-13），已知该山丘水平投影外接矩形长 10m，宽 3m，土山丘高度为 5m，在陡坡外用块石作护坡，每块块石重 0.3t，试求其工程量。

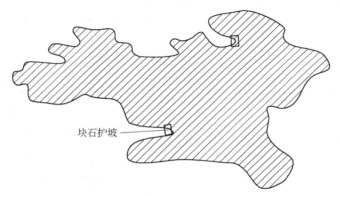

块石护坡

图 2-3-13　山丘水平投影图

【解】 （1）清单工程量（表 2-3-33）

按设计图示山丘水平投影外接矩形面积乘以高度的 1/3 以体积计算

项目编码：050202001　　项目名称：堆筑土山丘

堆筑土山丘工程量：$10 \times 3 \times 5 \times 1/3 = 50$（m³）

表 2-3-33　清单工程量

序号	项目编码	项目名称	项目特征描述	计量单位	工程量
1	050202001001	堆筑土山丘	1. 土丘高度：5m 内 2. 土丘坡度要求：块石作护坡，每块块石重 0.3t 3. 土丘底外接矩形面积	m³	50

（2）定额工程量

土山丘工程量（同清单工程量）：$10 \times 3 \times 5 \times 1/3 = 50$(m³)

块石护坡工程量：$2 \times 0.3 = 0.6$(t)

（2）原木、竹构件

其见表 2-3-34。

表 2-3-34　原木、竹构件工程量计算表

项目名称	计量单位	工程量计算规则
原木(带树皮)柱、梁、檩、椽	m	按设计图示尺寸以长度计算(包括榫长)
原木(带树皮)墙	m²	按设计图示尺寸以面积计算(不包括柱、梁)
树枝吊挂楣子		按设计图示尺寸以框外围面积计算
竹柱、梁、檩、椽	m	按设计图示尺寸以长度计算
竹编墙	m²	按设计图示尺寸以面积计算(不包括柱、梁)
竹吊挂楣子		按设计图示尺寸以框外围面积计算

注：木构件连接方式应包括：开榫连接、铁件连接、扒钉连接、铁钉连接。

竹构件连接方式应包括：竹钉固定、竹篾绑扎、铁丝连接。

【例 2-17】　某毛竹竹亭（图 2-3-14），是直径为 3m 的圆形结构，由 6 根直径 10cm 的毛竹作柱子，长 1.8m 的 6 根直径为 15cm 的毛竹作梁，长 1.5m 的 4 根直径为 8cm 的毛竹作檩条，54 根长 1.2m、直径 6cm 的毛竹作椽，并在檐枋下倒挂着毛竹做的斜万字纹的吊挂楣子，宽 14cm，试求其工程量。

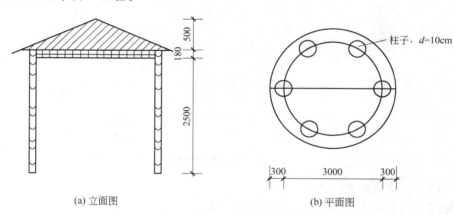

(a) 立面图　　　　　　　　　　(b) 平面图

图 2-3-14　竹亭构造示意图

【解】　（1）清单工程量（表 2-3-35）

项目编码：050301004　　　　项目名称：竹柱、梁、檩、椽

工程量计算规则：按设计图示尺寸以长度计算

表 2-3-35　清单工程量计算表

序号	项目编码	项目名称	项目特征描述	计量单位	工程量
1	050301004001	竹柱	1. 竹种类:毛竹 2. 竹梢径:10cm 内 3. 连接方式:竹篾绑定 4. 防护材料种类:防水材料	m	15
2	050301004002	竹梁	1. 竹种类:毛竹 2. 竹梢径:15cm 内 3. 连接方式:竹篾绑定 4. 防护材料种类:防水材料	m	10.8

序号	项目编码	项目名称	项目特征描述	计量单位	工程量
3	050301004003	竹檩	1. 竹种类:毛竹 2. 竹梢径:10cm 内 3. 连接方式:竹篾绑定 4. 防护材料种类:防水材料	m	6
4	050301004004	竹橼	1. 竹种类:毛竹 2. 竹梢径:10cm 内 3. 连接方式:竹篾绑定 4. 防护材料种类:防水材料	m	64.8
5	050301006001	竹吊挂楣子	1. 竹种类:毛竹 2. 竹梢径:15cm 内 3. 防护材料种类:防水材料	m²	1.32

竹柱工程量:$2.5 \times 6 = 15(\mathrm{m})$;

竹梁工程量:$1.8 \times 6 = 10.8(\mathrm{m})$;

竹檩条工程量:$1.5 \times 4 = 6(\mathrm{m})$;

竹橼工程量:$54 \times 1.2 = 64.8(\mathrm{m})$;

项目编码:050301006　　　项目名称:竹吊挂楣子

工程量计算规则:按设计图示尺寸以框外围面积计算

竹吊挂楣子工程量:$3.14 \times 3 \times 0.14 = 1.3188(\mathrm{m}^2)$

(2) 定额工程量:按木材体积计算

① 竹柱工程量:$6 \times 3.14 \times (0.1 \div 2)^2 \times 2.5 = 0.1178(\mathrm{m}^3)$;

② 竹梁工程量:$6 \times 3.14 \times (0.15 \div 2)^2 \times 1.8 = 0.1908(\mathrm{m}^3)$;

③ 竹檩条工程量:$4 \times 3.14 \times (0.08 \div 2)^2 \times 1.5 = 0.0301(\mathrm{m}^3)$;

④ 竹橼工程量:$54 \times 3.14 \times (0.06 \div 2)^2 \times 1.2 = 0.1831(\mathrm{m}^3)$;

⑤ 竹吊挂楣子工程量:$3.14 \times 3 \times 0.14 = 1.3188(\mathrm{m}^2)$。

(3) 亭廊屋面

其见表 2-3-36。

表 2-3-36　亭廊屋面工程量计算表

项目名称	计量单位	工程量计算规则
草屋面	m²	按设计图示尺寸以斜面计算
竹屋面		按设计图示尺寸以实铺面积计算(不包括柱、梁)
树皮屋面		按设计图示尺寸以屋面结构外围面积计算
油毡瓦屋面		按设计图示尺寸以斜面计算
预制混凝土穹顶	m³	按设计图示尺寸以体积计算。混凝土脊和穹顶的肋、基梁并入屋面体积
彩色压型钢板(夹芯板)攒尖亭屋面板	m²	按设计图示尺寸以实铺面积计算
彩色压型钢板(夹芯板)穹顶		
玻璃屋面		
木(防腐木)屋面		

注:柱顶石(磉蹬石)、钢筋混凝土屋面板、钢筋混凝土亭屋面板、木柱、木屋架、钢柱、钢屋架、屋面木基层和防水层等,应按现行国家标准《房屋建筑与装饰工程工程量计算规范》(GB 50854)编码列项。

膜结构的亭、廊，应按现行国家标准《仿古建筑工程工程量计算规范》（GB 50855）及《房屋建筑与装饰工程工程量计算规范》（GB 50854）编码列项。

（4）花架

其见表 2-3-37。

表 2-3-37　花架

项目名称	计量单位	工程量计算规则
现浇混凝土花架柱、梁	m³	按设计图示尺寸以体积计算
预制混凝土花架柱、梁		
金属花架柱、梁	t	按设计图示尺寸以质量计算
木花架柱、梁	m³	按设计图示截面乘长度（包括榫长）以体积计算
竹花架柱、梁	m	以长度计量，按设计图示花架构件尺寸以延长米计算
	根	以根计量，按设计图示花架柱、梁数量计算

注：花架基础、玻璃天棚、表面装饰及涂料项目应按现行国家标准《房屋建筑与装饰工程工程量计算规范》GB 50854 编码列项。

【例 2-18】　如图 2-3-15 所示为某木制花架局部平面，用刷喷涂料刷于各檩上，各檩厚150mm，求工程量。（小数点后保留两位）

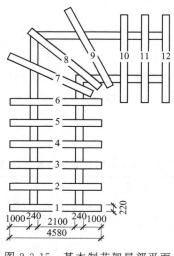

图 2-3-15　某木制花架局部平面

【解】（1）清单工程量：

根据工程量清单计价规范，可知木制花架表面刷防护涂料时，按设计图示截面乘长度（包括长度榫长）以体积计算。

共 12 根檩条，则 0.23×0.15×4.7×12＝1.95（m³）。

（2）定额工程量：同样也可以体积计算

0.23×0.15×4.7×12＝1.95（m³）。

【例 2-19】　如图 2-3-16 所示为某花架柱子局部平面和断面，各尺寸如图所示，共有 26 根柱子，求挖土方工程量及现浇混凝土柱子工程量。

【解】（1）清单工程量（表 2-3-38）

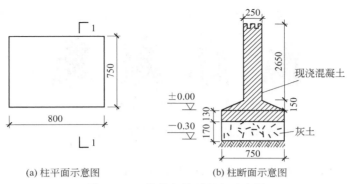

(a) 柱平面示意图	(b) 柱断面示意图

图 2-3-16　某花架柱子局部示意图

表 2-3-38　清单工程量计算表

序号	项目编码	项目名称	项目特征描述	计量单位	工程量
1	010101002001	挖土方	挖土深 0.3m	m³	4.68
2	050303001001	现浇混凝土花架柱、梁	柱截面 0.25m×0.3m，柱高 2.65m，共 26 根	m³	6.01

① 挖土方：$0.75 \times 0.8 \times 0.3 \times 26 = 4.68 (\text{m}^3)$

② 每根柱子现浇混凝土：

$$\left\{ \frac{1}{3} \times 3.14 \times 0.15 \times \left[\left(\frac{0.25}{2} \right)^2 + \left(\frac{0.75}{2} \right)^2 + \frac{0.25}{2} \times \frac{0.75}{2} \right] + 0.25 \times 0.3 \times 2.65 \right\}$$

$$= \left[\frac{1}{3} \times 3.14 \times 0.15 \times (0.015625 + 0.141 + 0.047) + 0.199 \right]$$

$$= \left(\frac{1}{3} \times 3.14 \times 0.15 \times 0.203625 + 0.199 \right)$$

$$= 0.231 (\text{m}^3)$$

共有 26 根柱子，则现浇混凝土清单工程量：$0.231 \times 26 = 6.01 (\text{m}^3)$

（2）定额工程量同清单工程量，也为 6.01m^3。

（5）园林桌椅（见表 2-3-39）

表 2-3-39　园林桌椅工程量计算表

项目名称	计量单位	工程量计算规则
预制钢筋混凝土飞来椅	m	按设计图示尺寸以座凳面中心线长度计算
水磨石飞来椅		
竹制飞来椅		
现浇混凝土桌凳	个	按设计图示数量计算
预制混凝土桌凳		
石桌石凳	个	按设计图示数量计算
水磨石桌凳		
塑树根桌凳		
塑树节椅		
塑料、铁椅、金属椅		

注：木制飞来椅按现行国家标准《仿古建筑工程工程量计算规范》GB 50855 编码列项。

【**例 2-20**】 园林建筑小品、塑树根桌凳如图 2-3-17 所示，求其工程量（桌凳直径为 0.8m）。

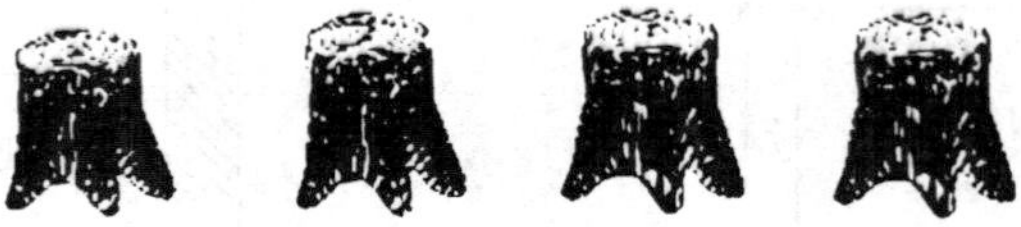

图 2-3-17 塑树根桌凳

【**解**】 （1）清单工程量：按设计图示数量计算树根凳子 4 个。

（2）定额工程量：

① 可按体积计算：先计算单个桌凳的体积，再乘以个数。

② 也可按数量计算

（6）喷泉安装（见表 2-3-40）

表 2-3-40 喷泉工程量计算表

项目名称	计量单位	工程量计算规则
喷泉管道	m	按设计图示管道中心线长度以延长米计算，不扣除检查（阀门）井、阀门、管件及附件所占的长度
喷泉电缆		按设计图示单根电缆长度以延长米计算
水下艺术装饰灯具	套	按设计图示数量计算
电气控制柜	台	
喷泉设备		

注：喷泉水池、管架项目应按现行国家标准《房屋建筑与装饰工程工程量计算规范》（GB 50854）编码列项。

（7）杂项

其见表 2-3-41。

表 2-3-41 杂项工程量计算表

项目名称	计量单位	工程量计算规则
石灯	个	按设计图示数量计算
石球		
塑仿石音箱		
塑树皮梁、柱	m²	以 m² 计量，按设计图示尺寸以梁柱外表面积计算
塑竹梁、柱	m	以 m 计量，按设计图示尺寸以构件长度计算
铁艺栏杆	m	按设计图示尺寸以长度计算
塑料栏杆		
钢筋混凝土艺术围栏	m² m	以 m² 计量，按设计图示尺寸以面积计算 以 m 计量，按设计图示尺寸以延长米计算
标志牌	个	按设计图示数量计算
景墙	m³ 段	以 m³ 计量，按设计图示尺寸以体积计算 以段计量，按设计图示尺寸以数量计算
景窗	m²	按设计图示尺寸以面积计算
花饰		

续表

项目名称	计量单位	工程量计算规则
博古架	m² m 个	以 m² 计量,按设计图示尺寸以面积计算 以 m 计量,按设计图示尺寸以延长米计算 以个计量,按设计图示以数量计算
花盆(坛、箱)	个	按设计图示尺寸以数量计算
摆花	m² 个	以 m² 计量,按设计图示尺寸以水平投影面积计算 以个计量,按设计图示数量计算
花池	m³ m 个	以 m³ 计量,按设计图示尺寸以体积计算 以 m 计量,按设计图示尺寸以池壁中心线处延长米计算 以个计量,按设计图示数量计算
垃圾箱	个	按设计图示尺寸以数量计算
砖石砌小摆设	m³ 个	以 m³ 计量,按设计图示尺寸以体积计算 以个计量,按设计图示尺寸以数量计算
其他景观小摆设	个	按设计图示尺寸以数量计算
柔性水池	m²	按设计图示尺寸以水平投影面积计算

注：砌筑果皮箱、放置盆景的须弥座等应按砖石砌小摆设项目编码列项。

混凝土构件中的钢筋项目应按现行国家标准《房屋建筑与装饰工程工程量计算规范》（GB 50854）编码列项。

石浮雕、石镌字（表 2-3-42）应按现行国家标准《仿古建筑工程工程量计算规范》（GB 50855）编码列项。

在进行一个园林工程项目的工程量计算时，所依据的计算规范不光是《园林绿化工程》，还涉及其他规范，如《仿古建筑工程工程量计算规范》（GB 50855）等。

表 2-3-42　工程量计算表

项目名称	计量单位	工程量计算规则
石浮雕	m²	按设计图示尺寸以雕刻底板外框面积计算
石板镌字	m² 个	以 m² 计量,按设计图示尺寸以镌字底板外框面积计算 以个计量,按设计图示尺寸镌字大小以镌字数量计算

注：安装方式采用干挂方式，钢骨架应单独按现行国家标准《房屋建筑与装饰工程工程量计算规范》（GB 50854）编码列项。

【例 2-21】　某景墙，宽 350mm，如图 2-3-18 所示，已知半弧长 500m，土壤类别为二类土，试计算其工程量。

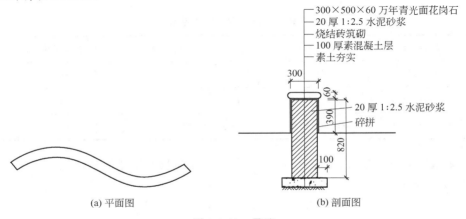

300×500×60 万年青光面花岗石
20 厚 1:2.5 水泥砂浆
烧结砖筑砌
100 厚素混凝土层
素土夯实

20 厚 1:2.5 水泥砂浆
碎拼

(a) 平面图　　　(b) 剖面图

图 2-3-18　景墙

【解】 景墙工程量：$500 \times 2 \times 0.35 \times 0.82 = 287 (m^3)$

【例2-22】 某花坛（栽植月季）如图2-3-19所示，外围长4500mm，宽4000mm，花坛边缘安装铁艺制作的栏杆，高180mm，试求其工程量。

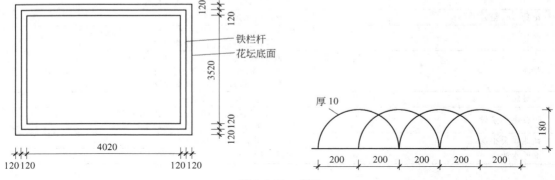

图2-3-19　花坛

【解】 铁艺栏杆工程量：$[(4.02 + 0.12 \times 2) + (3.52 + 0.12 \times 2)] \times 2 = 16.04 (m)$

栽植花卉工程量：$4.02 \times 3.52 = 14.1504 (m^2)$

【例2-23】 如图2-3-20所示为一个六角形花坛，栽植金钟花，求花坛内填土工程量、挖地坑土方工程量、花坛内壁抹灰工程量。（小数点保留两位）

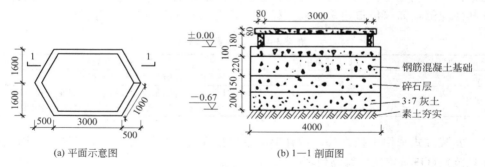

(a) 平面示意图　　　　　　　(b) 1—1剖面图

图2-3-20　六角花坛构造示意图

【解】 （1）定额工程量（表2-3-43）

表2-3-43　定额工程量表

序号	项目编码	项目名称	项目特征描述	计量单位	工程量
1	010103001001	土（石）方回填	松填	m^3	2.02
2	010101002001	挖土方	挖土深0.67m	m^3	7.5
3	020203001001	零星项目一般抹灰	花坛内壁抹灰	m^2	1.8

思考：钢筋混凝土基础、碎石层；3:7灰土、金钟花工程量是多少？

① 花坛内填土方：

$$(3 \times 3.2 + 3.2 \times 0.5) \times 0.18 = 2.02 (m^3)$$

② 挖地坑土方：

$$(3 \times 3.2 + 3.2 \times 0.5) \times 0.67 = 7.50 (\text{m}^3)$$

③ 花坛内壁抹灰：

$$1 \times 0.18 \times 4 + 3 \times 0.18 \times 2 = 1.80 (\text{m}^2)$$

（2）清单工程量：同定额工程量

【例 2-24】　如图 2-3-21 所示，为某园林景墙局部，求挖地槽工程量、平整场地工程量、C10 混凝土基础工程量、砌景墙工程量（均求定额工程量）。

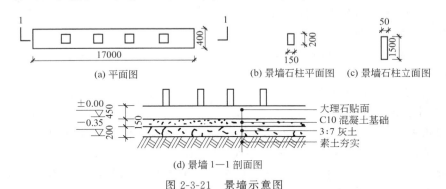

(a) 平面图　　　　　　　(b) 景墙石柱平面图　(c) 景墙石柱立面图

(d) 景墙 1—1 剖面图

图 2-3-21　景墙示意图

【解】　定额工程量：

① 挖地槽：长×宽×开挖高＝$17 \times 0.4 \times 0.35 = 2.38 (\text{m}^3)$

② 平整场地（每边各加 2m 计算）：

$$S = (长 + 4) \times (宽 + 4) = (17 + 4) \times (0.4 + 4) = 21 \times 4.4 = 92.4 (\text{m}^2)$$

③ C10 混凝土基础垫层：长×垫层断面＝$17 \times 0.15 \times 0.40 = 1.02 (\text{m}^3)$

④ 砌景墙：$V_{底部} + V_{石柱} = 17 \times 0.45 \times 0.4 + 0.15 \times 0.2 \times 1.5 \times 4 = 3.24 (\text{m}^3)$

［注］平整场地：建筑物场地厚度在±30cm 以内的挖、填、运、找平。

在进行平整场地的清单工程量计算时，是按设计图示尺寸以建筑物首层面积计算，与定额的不一样，不需要加 2m。

知识延伸

1. 假山工程

假山工程的工程量计算是园林绿化工程中经常遇到的，下面简单说明其相关内容：

（1）根据制作材料不同，假山工程可分为：真石假山和塑石假山（水泥假山）两种。

1）真石假山工程量计算方法

① 叠山、人造独立峰、护角、零星点布、驳岸、山石踏步等假山工程量，一律按设计图示尺寸以吨计算；石笋安装以支计算。

假山工程量计算公式

$$W = AHRK_n \tag{2-52}$$

式中　W——石料质量，t；

　　　A——假山平面轮廓的水平投影面积，m^2；

　　　H——假山着地点至最高顶点的垂直距离，m；

　　　R——石料比重，黄（杂）石为 2.6t/m^3，湖石为 2.2t/m^3，彩云石 1.4t/m^3；

K_n——折算系数，高度在 2m 以内，$K_n=0.65$；高度在 4m 以内，$K_n=0.56$。

② 景石是指不具备山形但以奇特的形状为审美特征的石质观赏品。散点石是指无呼应联系的一些自然山石分散布置在草坪、山坡等处的石质观赏品。

峰石、景石、散点、踏步等工程量的计算公式：

$$W_单＝LBHR \tag{2-53}$$

式中　$W_单$——山石单体质量，t；

　　　　L——长度方向的平均值，m；

　　　　B——宽度方向的平均值，m；

　　　　H——高度方向的平均值，m；

　　　　R——石料比重。

2）水泥假山工程量计算方法

① 丈量计算方法

水泥假山表面积＝[（长×宽）＋（长×高×2）＋（宽×高×2）]×（1.5～2.5）

解释：前两个"2"代表假山高的两个面，"（1.5～2.5）"代表假山的系数。

注：此公式计算出的结果，只能作为水泥假山前期制作预算，计算水泥假山的大概面积，与实际面积还是存在误差。

其他计算公式：

a. 塑石假山表面积＝（长＋宽）×高×5

解释："5"为塑石假山的 5 个面。此方法计算出的结果与第一个公式很接近。

b. 塑石假山表面积＝（长＋长＋宽＋宽）×高×2.6＋长×宽×2.6

解释："2.6"为假山系数，（长＋长＋宽＋宽）×高×2.6 求得 4 个面的表面积，然后加上顶面积。就得出塑石假山的全部表面积。

c. 塑石假山表面积＝[（长＋宽）×2×高＋（长×高）]×3

解释："2"代表假山的两个面，"3"代表假山的系数。

d. 塑石假山表面积＝（长＋长）×（宽＋宽）×高

注：假山总高度应从中间量出，长和宽再量出标准高度。以上 5 种计算方法只能作为塑石假山施工制作前期工程量的预算方法，假山的最终表面积（工程量）都应该以钢丝网使用面积为准。

② 贴报计算法

准备一张形状规格的报纸，测量出报纸的面积，再将报纸一张张紧贴在塑石假山山体上，每贴一次，都要在假山上做上记号，直到把整个假山山体贴完，然后用所用报纸的总张数×单张报纸的面积＝塑石假山表面积。如：单张报纸的面积为 0.8m²，再将一张张相同规格的报纸紧贴在假山山体上，用报纸的张数×0.8，与按照钢丝网的计算原理相同，计算出的结果比较精准，是目前第二精确的测量方式。只适合用于测量小型塑石假山，用于测量大型塑石假山，成本太高，费时费力。

③ 钢丝网计算

水泥假山工程量最准确的计算方法就是按钢丝网实际使用量乘以 0.95，因为在铺扎钢丝网的时候钢丝网之间是有搭接的，而这个搭接点大约占总钢丝网使用面积的 5%左右。钢丝网是规则的，是有具体尺寸的，很容易计算出每捆钢丝网的面积（此方法必须在塑石假山制作完工后才能得出塑石假山工程量，不能作为塑石假山工程量的前期预算）。

（2）假山工程量按实际堆砌的假山石料以"t"计算，假山中铁件用量设计与定额不同时，按设计调整。

$$堆砌假山工程量(t)＝进料验收数量－进料剩余数量$$

当没有进料验收的数量时，叠成后的假山可按下述方法计算：

① 假山体积计算

$$V_体＝A_距\times H_大 \tag{2-54}$$

式中　$V_体$——叠成后的假山计算体积，m^3；

　　　$A_距$——假山不规则平面轮廓的水平投影的最大外接矩形面积，m^2；

　　　$H_大$——假山石着地点至最高顶的垂直距离，m。

② 假山重量计算

$$W_重＝R\times V_体\times K_n \tag{2-55}$$

式中　$W_重$——假山石重量，t；

　　　R——石料密度，t/m^3；

　　　K_n——系数　$0<H_大<1$ 时　$K_n＝0.77$；

　　　　　　　　　$1\leqslant H_大<2$ 时　$K_n＝0.72$；

　　　　　　　　　$2\leqslant H_大<3$ 时　$K_n＝0.653$；

　　　　　　　　　$3\leqslant H_大<4$ 时　$K_n＝0.60$。

[注] 本节的定额均以《江苏省仿古建筑与园林工程计价表》（2007 年）为依据。

2. 土方工程定额工程量计算规则

（1）平整场地

① 园路、花架分别按路面、花架柱外皮间的面积乘 1.4 系数以 m^2 计算；

② 水池、假山、步桥，按其底面积乘 2 以 m^2 计算。

（2）人工挖、填土方按立方米计算，其挖、填土方的起点，应以设计地坪的标高为准，如设计地坪与自然地坪的标高高差在±30cm 以上时，则按自然地坪标高计算。

（3）人工挖土方、基坑、槽沟按图示垫层外皮的宽、长，乘以挖土深度以 m^3 计算，并乘以放坡系数（表 2-3-44）。

表 2-3-44　放坡系数

土壤类别	放坡起点/m	人工挖土	机械挖土	
			在坑内作业	在坑上作业
一、二类土	1.20	1：0.5	1：0.33	1：0.75
三类土	1.50	1：0.33	1：0.25	1：0.67
四类土	2.00	1：0.25	1：0.10	1：0.33

（4）回填土应扣除设计地坪以下埋入的基础垫层及基础所占体积，以 m^3 计算。

（5）围堰筑堤，根据设计图示不同提高，分别按堤顶中心线长度，以延长米计算。

（6）人工土方定额是按干土（天然含水率）编制的，干湿土的划分是以地质勘察资料的地下常水位为界，以上为干土，以下为湿土。采取降水措施后，地下常水位以下的挖土，套用挖干土相应定额，人工乘以系数 1.10。

（7）挖掘沟槽、基坑土方工程量，按下列规定计算。

沟槽、基坑划分如下。

凡图示沟槽底宽在 3m 以内，且沟槽长大于槽宽 3 倍以上的为沟槽。

外墙沟槽，按外墙中心线长度计算：$V_挖 = S_断 \times L_{外中}$

内墙沟槽，按图示基础（含垫层）底面之间净长度计算：$V_挖 = S_断 \times L_{基底净长}$

外、内墙突出部分的槽沟体积，按突出部分的中心线长度并入相应外、内墙沟槽工程量内计算：$V_挖 = S_断 \times L_中$

凡图示基坑底面积在 20m^2 以内的为基坑。

凡图示沟槽底宽 3m 以外、坑底面积 20m^2 以外、平整场地挖土方厚度在 ±30cm 以外者，均按挖土方计算。

3. 园林土建项目定额工程量计算规则

（1）砖石工程

① 砖石基础不分厚度和深度，按设计图示尺寸以 m^3 计算，应扣除混凝土梁柱所占体积。大放脚交接重叠部分和预留孔洞，均不扣除。

② 砖砌挡土墙、沟渠、驳岸，毛石砌墙和护坡等砖石砌体，均按设计图示尺寸的实砌体以 m^3 计算。沟渠或驳岸的砖砌基础部分，应并入沟渠或驳岸体积内计算。

③ 围墙基础和突出墙面的砖垛部分的工程量，应并入围墙内按设计图示尺寸以 m^3 计算，遇有混凝土或布瓦花饰时，应将花饰部分扣除。

④ 勾缝按平方米计算，应扣除抹灰面积。

⑤ 布瓦花饰和预制混凝土花饰，按图示尺寸以 m^2 计算。

（2）水池、花架及小品工程

① 水池池底、池壁，花架梁、檩、柱，花池、花盆、花坛，门窗框以及其他小品制作或砌筑，均按设计尺寸以 m^3 计算。

② 预制混凝土小品的安装，按其体积以 m^3 计算。

③ 砌体加固钢筋，按设计图示用量，以吨计算。

④ 模板刨光，按模板接触面以 m^2 计算。

⑤ 黄竹、金丝竹、松棍每条长度不足 1.5m 者，合计工日乘系数 1.5，若骨料不同也可换算。

（3）装饰及杂项工程

① 水池、墙面和桥洞的各种抹灰，均按设计结构尺寸以 m^2 计算。

② 各种建筑小品抹灰。

a. 须弥座按垂直投影面积以 m^2 计算。

b. 花架、花池、花坛、门窗框、灯座、栏杆、望柱、假山座、盘，以及其他小品，均按设计结构及尺寸以平方米计算。

③ 油漆

a. 铁栅栏及其他金属部件，均按其安装工程量以吨计算。

b. 抹灰面油漆及刷浆，按抹灰尘工程量以 m^2 计算。

④ 圆桌和圆凳安装及其基础，按件计算。

⑤ 铁栅栏安装，按设计图示用量以吨计算。

⑥ 选洗石子，按相应工程项目的定额用量以吨计算。

⑦ 找平层，分厚度按设计图示尺寸以 m² 计算。

⑧ 豆石混凝土灌缝，按设计图示缝隙容积，以 m³ 计算。

⑨ 卷材防水层，不分平、立面，按设计图示面积乘 1.05 系数以 m² 计算。

⑩ 油膏灌缝，按设计图示长度以延长米计算。

⑪ 混凝土构件综合运距运输，按工厂制品预制构件的体积以 m² 计算。

（四）措施项目

① 脚手架工程（见表 2-3-45）

表 2-3-45　脚手架工程量计算表

项目名称	计量单位	工程量计算规则
砌筑脚手架（见图 2-3-22）	m²	按墙的长度乘墙的高度以面积计算（硬山建筑山墙高算至山尖），独立砖石柱高度在 3.6m 以内时，以柱结构周长乘以柱高计算，独立砖石柱高度在 3.6m 以上时，以柱结构周长加 3.6m 乘以柱高计算； 凡砌筑高度在 1.5m 及以上的砌体，应计算脚手架
抹灰脚手架		按抹灰墙面的长度乘高度以面积计算（硬山建筑山墙高算至山尖）。独立砖石柱高度在 3.6m 以内时，以柱结构周长乘以柱高计算，独立砖石柱高度在 3.6m 以上时，以柱结构周长加 3.6m 乘以柱高计算
亭脚手架	座 m²	以座计量，按设计图示数量计算； 以 m² 计量，按建筑面积计算
满堂脚手架（见图 2-3-23）	m²	按搭设的地面主墙间尺寸以面积计算
堆砌（塑）假山脚手架		按外围水平投影最大矩形面积计算
桥身脚手架		按桥基础底面至桥面平均高度乘以河道两侧宽度以面积计算
斜道（见图 2-3-24）	座	按搭设数量计算

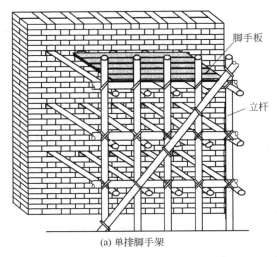

(a) 单排脚手架

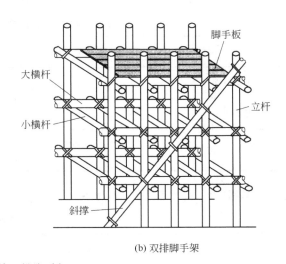

(b) 双排脚手架

图 2-3-22　单双排脚手架

② 模板工程（见表 2-3-46）

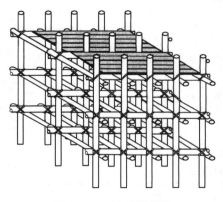

图 2-3-23　满堂脚手架

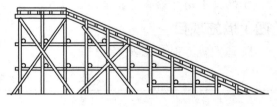

图 2-3-24　斜道

表 2-3-46　模板工程工程量计算表

项目名称	计量单位	工程量计算规则
现浇混凝土垫层	m²	按混凝土与模板的接触面积计算
现浇混凝土路面		
现浇混凝土路牙、树池围牙		
现浇混凝土花架柱		
现浇混凝土花架梁		
现浇混凝土花池		
现浇混凝土桌凳	m³ 个	以 m³ 计量,按设计图示混凝土体积计算 以个计量,按设计图示数量计算
石桥拱券石、石券脸胎架	m²	按拱券石、石券脸弧形底面展开尺寸以面积计算

③ 树木支撑架、草绳绕树干、搭设遮阴（防寒）棚工程（见表 2-3-47）

表 2-3-47　树木支撑架、草绳绕树干工程表

项目名称	计量单位	工程量计算规则
树木支撑架	株	按设计图示数量计算
草绳绕树干		
搭设遮阴(防寒)棚	m² 株	以 m² 计量,按遮阴(防寒)棚外围覆盖层的展开尺寸以面积计算 以株计量,按设计图示数量计算

④ 围堰、排水工程（见表 2-3-48）

表 2-3-48　围堰、排水工程表

项目名称	计量单位	工程量计算规则
围堰	m³ m	以 m³ 计量,按围堰断面面积乘以堤顶中心线长度以体积计算 以 m 计量,按围堰堤顶中心线长度以延长米计算

项目名称	计量单位	工程量计算规则
排水	m³ 天 台班	以 m³计量,按需要排水量以体积计算,围堰排水按堰内水面面积乘以平均水深计算 以天计量,按需要排水日历天计算 以台班计量,按水泵排水工作台班计算
搭设遮阴(防寒)棚	m² 株	以 m²计量,按遮阴(防寒)棚外围覆盖层的展开尺寸以面积计算 以株计量,按设计图示数量计算

工作任务

1. 根据园林工程项目划分的要求与特点,以图表的形式对下列项目进行划分。

绿地喷灌、绿地整理、音乐广场、堆塑假山、园林景观工程、园林桌椅、喷泉安装、玫瑰公园、园路工程、绿化工程、清除草皮、整理绿化用地、栽植花木、栽植色带、喷灌管线安装、路牙铺设、点风景石、金属椅、水下艺术装饰灯具。

2. 根据图纸(见图 2-3-25～图 2-3-28)及罗列的工程量项目名称表(表 2-3-49)进行工程量清单计价的编制。

表 2-3-49 项目名称表

序号	项目名称	工程量
1	平整场地	
2	柱基础	
2.1	挖土方	
2.2	C10 混凝土基础垫层	
2.3	C20 钢筋混凝土基础	
3	木廊架	
3.1	木柱	
3.2	木梁	
3.3	木檩条	
3.4	木立柱外贴 100 厚深米色抛光花岗石光面层	
3.5	木柱外贴 30 厚深米色烧毛花岗石光面层	

3. 根据景观石施工图(见图 2-3-29),进行工程量计算,运用计价软件完成本工程的清单计价表。

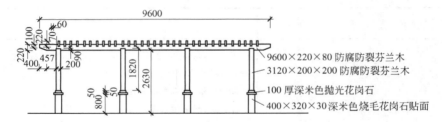

图 2-3-25　木廊架立面图（一）

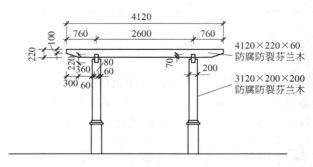

图 2-3-26　木廊架立面图（二）

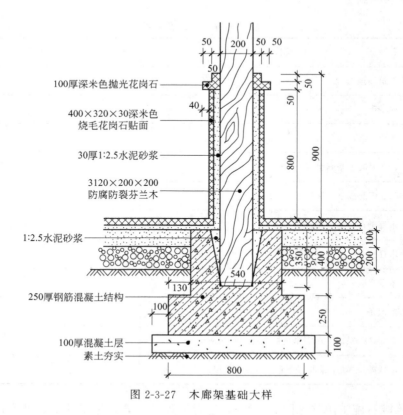

图 2-3-27　木廊架基础大样

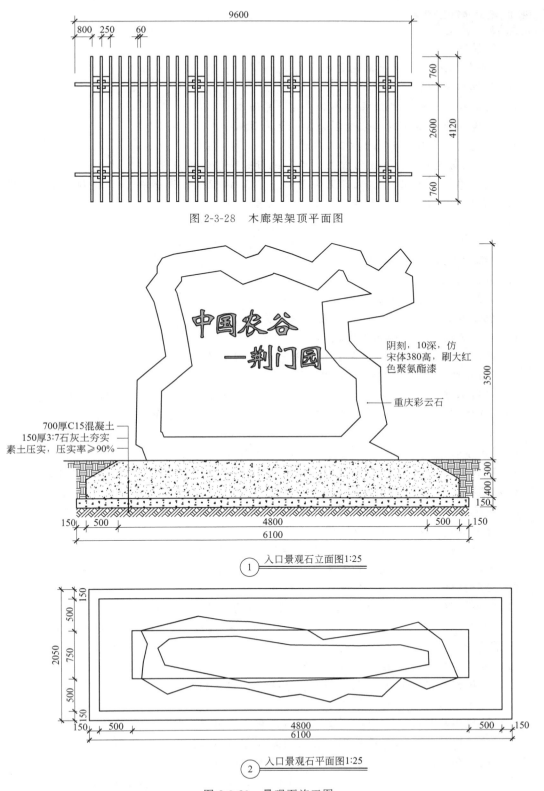

图 2-3-28　木廊架架顶平面图

阴刻，10深，仿宋体380高，刷大红色聚氨酯漆

重庆彩云石

700厚C15混凝土
150厚3:7石灰土夯实
素土压实，压实率≥90%

① 入口景观石立面图1:25

② 入口景观石平面图1:25

图 2-3-29　景观石施工图

能力训练题

1. 选择题

（1）平整场地工程量计算规定是（　　）。

A. 计算建筑物占地面积

B. 按建筑物外墙外边线每边各加 2m 计算面积

C. 按建筑物外墙外边线每边各加 3m 计算面积

D. 按建筑物占地面积增加 20% 计算

（2）砌筑高度超过 1.2m 的管沟、墙，执行脚手架的项目是（　　）。

A. 执行单排脚手架　　B. 执行里脚手架　　C. 执行综合脚手架　　D. 执行木制脚手架

（3）露地花卉栽植工程定额综合的工作内容是（　　）。

A. 翻土整地　　　　　　B. 施肥放样　　　　　　C. 栽植浇水

D. 施工地点 100 米范围以内的材料搬运　　　　E. 施工现场杂物清理

（4）堆砌假山及塑假石山工程预算规定是（　　）。

A. 假山工程量按假山体积计算

B. 假山工程量按实际堆砌的石料以重量计算

C. 塑假石山的工程量按其外围表面积计算

D. 假山基础另外执行相应定额

E. 假山工程量（吨）=进料验收数量-进料剩余数

（5）园林工程的单位工程一般由各个（　　）组成。

A. 单项工程　　　　　　B. 分部工程　　　　　　C. 分项工程　　　　　　D. 工序

（6）物体有一定厚度而长宽不定时，采用（　　）为计量单位。

A. m　　　　　　　　B. m^2　　　　　　　C. m^3　　　　　　D. t 或 kg

（7）物体的断面形状一定而长度不定时，采用（　　）为计量单位。

A. 延长米　　　　　　B. m^2　　　　　　C. m^3　　　　　　D. t 或 kg

（8）工程项目清单主要包括（　　）等。

A. 单项工程清单　　　B. 单位工程清单　　　C. 分部分项工程清单

D. 措施项目清单　　　E. 其他项目清单

（9）大树移植后，为提高大树的成活率，可采取的措施有（　　）。

A. 支撑树干　　　　　　B. 平衡株势　　　　　　C. 包裹树干

D. 立即施肥　　　　　　E. 合理施用营养液

（10）裸根掘苗，一般落叶乔木根系幅度应为胸径的（　　）倍。

A. 3～4　　　　　　B. 5～7　　　　　　C. 8～10　　　　　　D. 10～15

2. 思考题

（1）脚手架工程量计算规则有哪些？

（2）一般园林工程是怎样进行分部、分项工程划分的？

（3）简述工程量计算的一般原则。

（4）试述园林绿化工程中园桥工程的内容和分项内容。

（5）试述园林绿化工程中绿化工程的内容和分项内容。

（6）试述园林绿化工程中园林景观工程的内容和分项内容

选择题参考答案：B，B，ABCE，BCDE，B，B，A，CDE，ABCE，C

任务四　园林工程计价与投标书的编制

教学目标

　　了解园林景观工程与绿化工程招投标的相关内容；了解园林景观工程与绿化工程施工图的主要内容及识读方法；理解园林景观工程与绿化工程消耗量定额与计量计价的区别；掌握定额与清单两种计价模式的园林景观工程与绿化工程施工图计量与计价的编制步骤、方法、内容、计算规则等；学会根据计量与计价文件进行园林景观工程与绿化工程工料分析、总结。

课程内容

一、园林绿化工程预算书的编制

　　【案例1】　某公园内原有一休闲绿地（绿地内为普坚土），面积为 $280m^2$，如图 2-4-1 所示，现重新布置，把以前所种植的植物全部更新：绿地中心孝顺竹林（1.5 株/m^2），占地面积 $40m^2$；金叶女贞（4 株/m^2）灌木丛，占地面积 $28m^2$；紫叶小檗（4 株/m^2）灌木丛，占地面积 $30m^2$，场地重新平整，挖出土方量为 $110m^3$，植物栽植后还剩余 $26m^3$，试求其分部分项工程费及工程造价。（其中安全文明施工费率1.5%，社会保障费3%，冬雨季施工费率0.2%，住房公积金0.5%，已完工程及设备保护费率0.1%，人工100元/工日）

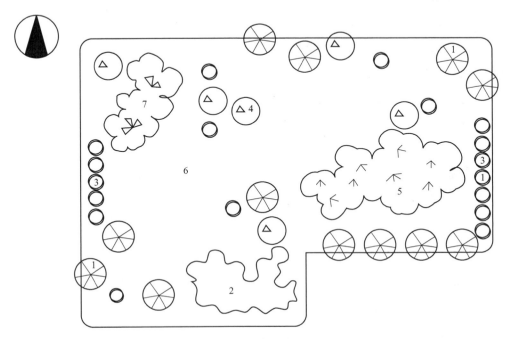

图 2-4-1　休闲绿地

　　【解】　（上一节已算过工程量，这里就不重复讲解。）

1. 用计价软件计算各分项工程合价和工程造价，以定额计价法和清单计价法编制为例，分析说明。定额计价相关表格见表 2-4-1～表 2-4-6，清单计价相关表格见表 2-4-7～表 2-4-16。

表 2-4-1　预算书工程信息

清单库	
清单专业：	
定额库名称：	江苏省仿古建筑与园林工程计价表(2007)
定额专业名称：	第一册　通用项目
指引库名称：	
措施项目模板：	默认模板_09 费用定额\仿古工程措施项目模板
其他项目模板：	其他项目模板_09 费用定额
费用汇总模板：	仿古工程模板_09 费用定额
市场价文件名称：	
信息价文件名称：	

表 2-4-2　工程概预算书

建设单位：＿＿＿＿＿＿＿＿××× ×建设公司＿＿＿＿＿＿＿

工程名称：＿＿＿＿＿＿＿＿＿绿化工程＿＿＿＿＿＿＿

建筑面积：＿＿＿＿＿＿＿＿＿＿＿＿平方米

工程造价：＿＿＿＿＿12,189.65 元＿＿＿＿＿＿＿＿＿

单方造价：＿＿＿＿＿＿＿＿＿＿＿＿＿＿＿＿＿

　　　建设单位盖章　　　　　　施工单位盖章

　　　　　　　　　　编制日期：＿＿＿＿＿

表 2-4-3　单位工程费汇总表

工程名称：绿化工程　　　　　　　　　　　　　　　　　　　　第 1 页　共 1 页

序号	项目名称	取费基数	费率/%	金额/元
1	分部分项工程	FBFXHJ		10286.44
2	措施项目	CSXMHJ		921.67
2.1	安全文明施工费	AQWMSGF	1.5	4.32
3	其他项目	QTXMHJ		
3.1	暂列金额	暂列金额		
3.2	专业工程暂估价	专业工程暂估价		
3.3	计日工	计日工		
3.4	总承包服务费	总承包服务费		
4	规费	F10＋F11＋F12＋F13		571.61
4.1	工程排污费	F1＋F2＋F4	0.1	11.21
4.2	建筑安全监督管理费	F1＋F2＋F4	1.5	168.12
4.3	社会保障费	F1＋F2＋F4	3	336.24
4.4	住房公积金	F1＋F2＋F4	0.5	56.04
5	税金	F1＋F2＋F4＋F9	3.48	409.93
	合计			12189.65

表 2-4-4　措施项目计价表

工程名称：绿化工程　　　　　　　　　　　　　　　　　　　　　第 1 页　共 1 页

编码	项目名称	计算基数	费率/%	金额/元
	通用措施项目			
1	现场安全文明施工			288.02
1.1	基本费	FBFXHJ	1.5	154.3
1.2	考评费	FBFXHJ	0.8	82.29
1.3	奖励费	FBFXHJ	0.5	51.43
2	夜间施工	FBFXHJ	0.1	10.29
3	二次搬运			
4	冬雨季施工	FBFXHJ	0.2	20.57
5	大型机械设备进出场及安拆			
6	施工排水			
7	施工降水			
8	地上、地下设施,建筑物的临时保护设施			
9	已完工程及设备保护	FBFXHJ	0.1	10.29
10	临时设施	FBFXHJ	0.7	72.01
11	材料与设备检验试验	FBFXHJ	0.06	6.17
12	赶工措施	FBFXHJ	2.5	257.16
13	工程按质论价	FBFXHJ	2.5	257.16
14	特殊条件下施工增加			
	专业工程措施项目			
1	脚手架			
2	混凝土、钢筋混凝土模板及支架			
3	支撑与绕杆			
4	假植			
5	建筑物超高费			
合计				921.67

表 2-4-5 实体项目单价分析表

工程名称：绿化工程

序号	定额号	子目名称	单位	工程量	综合单价/元	综合合价/元	综合单价分析/元				
							人工费单价	材料费单价	机械费单价	管理费单价	利润单价
1	1-1	人工挖土方 深度在 2m 以内 干土一类土	m³	110	19.66	2162.6	13.2			4.88	1.58
2	3-97	起挖草坪 满铺 草皮带土 2cm 内（马尼拉）	10m²	18.2	34.3	624.26	25	1.05		4.75	3.5
3	3-70	起挖散生竹类 胸径在 4cm 内（孝顺竹）	10 株	6	69.35	416.1	50	2.85		9.5	7
4	3-19	起挖乔木（裸根） 胸径在 8cm 内（香樟）	10 株	1.2	158.27	189.92	119			22.61	16.66
5	3-18	起挖乔木（裸根） 胸径在 6cm 内（紫叶李）	10 株	1.8	93.1	167.58	70			13.3	9.8
6	3-19	起挖乔木（裸根） 胸径在 8cm 内（白玉兰）	10 株	0.6	158.27	94.96	119			22.61	16.66
7	3-48	起挖灌木（裸根） 冠幅在 50cm 内（金叶女贞）	10 株	11.2	14.63	163.86	11			2.09	1.54
8	3-48	起挖灌木（裸根） 冠幅在 50cm 内（紫叶小檗）	10 株	12	14.63	175.56	11			2.09	1.54
9	1-125	地面回填土夯填	m³	84	43.76	3675.84	28.6		0.77	10.87	3.52
10	1-121	平整场地	10m²	28	93.42	2615.76	62.7			23.2	7.52
		合计				10286.44					

表 2-4-6　实体项目计价表

工程名称：绿化工程　　　　　　　　　　　　　　　　　　　　　　　　　第 1 页　共 1 页

序号	定额号	子目名称	单位	工程量	综合单价/元	综合合价/元
1	1-1	人工挖土方　深度在 2m 以内　干土一类土	m³	110	19.66	2162.6
2	3-97	起挖草坪　满铺　草皮带土 2cm 内(马尼拉)	10m²	18.2	34.3	624.26
3	3-70	起挖散生竹类　胸径在 4cm 内(孝顺竹)	10 株	6	69.35	416.1
4	3-19	起挖乔木(裸根)　胸径在 8cm 内(香樟)	10 株	1.2	158.27	189.92
5	3-18	起挖乔木(裸根)　胸径在 6cm 内(紫叶李)	10 株	1.8	93.1	167.58
6	3-19	起挖乔木(裸根)　胸径在 8cm 内(白玉兰)	10 株	0.6	158.27	94.96
7	3-48	起挖灌木(裸根)　冠幅在 50cm 内(金叶女贞)	10 株	11.2	14.63	163.86
8	3-48	起挖灌木(裸根)　冠幅在 50cm 内(紫叶小檗)	10 株	12	14.63	175.56
9	1-125	地面回填土夯填	m³	84	43.76	3675.84
10	1-121	平整场地	10m²	28	93.42	2615.76
		合计				10286.44

表 2-4-7　预算书工程信息

清单库：	工程量清单项目设置规则(2008-江苏)
清单专业：	园林绿化工程
定额库名称：	江苏省仿古建筑与园林工程计价表(2007)
定额专业名称：	第一册　通用项目
指引库名称：	江苏省清单指引(03 定额)
措施项目模板：	08 清单\仿古工程措施项目模板
其他项目模板：	08 清单\其他项目模板_08 清单
费用汇总模板：	08 清单\仿古工程模板_08 清单

表 2-4-8　计价软件中分部分项的编制

	编码	类别	名称	项目特征	单位	工程量	综合单价/元	综合合价/元	汇总类别
	—		整个项目			1		0	
1	010103001001	项	土(石)方回填		m³	84	0	0	
2	010101002001	项	挖土方		m³	110	0	0	
3	050101006001	项	整理绿化用地	土壤类别:普坚土	m²	280	0	0	
4	050101005001	项	清除草皮	马尼拉,满铺,带土厚度2cm	m²	182	0	0	
5	050101003001	项	挖竹根	孝顺竹,胸径3cm	株	60	0	0	
6	050101001001	项	伐树、挖树根	香樟,胸径7~8cm,高度450cm	株	12	0	0	
7	050101001002	项	伐树、挖树根	紫叶李,胸径4~5cm,高度220cm	株	18	0	0	
8	050101001003	项	伐树、挖树根	白玉兰,胸径6~7cm,高度350cm	株	6	0	0	
9	050101002001	项	砍挖灌木林	金叶女贞,冠幅30cm,高度40cm	株	112	0	0	
10	050101002002	项	砍挖灌木林	紫叶小檗,冠幅30cm,高度40cm	株	120	0	0	

表 2-4-9　人材机汇总表

工程名称:绿化工程　　　　　　　　　　　　　　　　第 1 页　共 1 页

序号	材料号	材料名	规格	单位	材料量	市场价/元	市场价合计/元
		人工					
1	RG0001	综合人工(第1册)		工日	56.1	100	5610
2	R00003	综合人工(第3册)		工日	13.504	100	1350.4
		人工合计					6960.4
		材料					
1	608011501	草绳		kg	95.05	0.38	36.12
		材料合计					36.12
		机械					
1	ACF	安拆费及场外运费		元	6.90816	1	6.91
2	DIAN	电		kW·h	44.6208	0.75	33.47

序号	材料号	材料名	规格	单位	材料量	市场价	市场价合计
3	DXLF	大修理费		元	2.58048	1	2.58
4	JCXLF	经常修理费		元	11.98848	1	11.99
5	ZJF	折旧费		元	9.97248	1	9.97
		机械合计					64.92
		合计					7061.44

表 2-4-10　工程量计算书

工程名称：绿化工程　　　　　　　　　　　　　　　　第 1 页　共 1 页

项目编号	项目名称	工程量	单位	说明	计算公式	小计
1-1	人工挖土方　深度在 2m 以内　干土一类土	110	m³		110m³	
3-97	起挖草坪　满铺　草皮带土 2cm 内（马尼拉）	18.2	10m²		182m²	
3-70	起挖散生竹类　胸径在 4cm 内（孝顺竹）	6	10 株		60 株	
3-19	起挖乔木（裸根）　胸径在 8cm 内（香樟）	1.2	10 株		12 株	
3-18	起挖乔木（裸根）　胸径在 6cm 内（紫叶李）	1.8	10 株		18 株	
3-19	起挖乔木（裸根）　胸径在 8cm 内（白玉兰）	0.6	10 株		6 株	
3-48	起挖灌木（裸根）　冠幅在 50cm 内（金叶女贞）	11.2	10 株		112 株	
3-48	起挖灌木（裸根）　冠幅在 50cm 内（紫叶小檗）	12	10 株		120 株	
1-125	地面回填土夯填	84	m³		84m³	
1-121	平整场地	28	10m²		280m²	

表 2-4-11　投标总价

招标人：＿＿＿＿＿＿＿＿＿＿＿＿＿＿＿＿＿＿＿＿＿＿

工程名称：绿化工程

投标总价（小写）：11,301.62 元＿＿＿＿＿＿＿＿＿＿＿

　　（大写）：壹万壹仟叁佰零壹元陆角贰分＿＿＿＿＿

投标人：＿＿＿＿＿＿＿＿＿＿＿＿＿＿＿＿＿＿＿＿＿

　　　　（单位盖章）

法定代表人或其授权人：＿＿＿＿＿＿＿＿＿＿＿＿＿＿＿

　　　　　　　（签字或盖章）

编制人：＿＿＿＿＿＿＿＿＿＿＿＿＿＿＿＿＿＿＿＿＿

　　　　（造价人员签字盖专用章）

编制时间：

表 2-4-12　分部分项工程量清单与计价表

工程名称：绿化工程　　　　　标段：　　　　　第 1 页　共 1 页

序号	项目编码	项目名称	项目特征描述	计量单位	工程量	综合单价	合价	其中：暂估价
1	010103001001	土(石)方回填		m³	84	40.23	3379.32	
2	010101002001	挖土方		m³	110	18.08	1988.8	
3	050101006001	整理绿化用地	土壤类别：普坚土	m²	280	8.34	2335.2	
4	050101005001	清除草皮	马尼拉,满铺,带土厚度 2cm	m²	182	3.44	626.08	
5	050101003001	挖竹根	孝顺竹,胸径 3cm	株	60	6.94	416.4	
6	050101001001	伐树、挖树根	香樟,胸径 7～8cm,高度 450cm	株	12	15.83	189.96	
7	050101001002	伐树、挖树根	紫叶李,胸径 4～5cm,高度 220cm	株	18	9.31	167.58	
8	050101001003	伐树、挖树根	白玉兰,胸径 6～7cm,高度 350cm	株	6	15.83	94.98	
9	050101002001	砍挖灌木林	金叶女贞,冠幅 30cm,高度 40cm	株	112	1.46	163.52	
10	050101002002	砍挖灌木林	紫叶小檗,冠幅 30cm,高度 40cm	株	120	1.46	175.2	
			本页小计				9537.04	
			合计				9537.04	0

注：根据建设部、财政部发布的《建筑安装工程费用组成》（建标〔2003〕206 号）的规定，为计取规费等，可在表中增设其中："直接费"、"人工费"或"人工费＋机械费"。

表 2-4-13　措施项目清单与计价表

工程名称：绿化工程　　　　　　　　　标段：　　　　　　　　第 1 页　共 1 页

序号	项目名称	计算基础	费率/%	金额/元
	通用措施项目			
1	现场安全文明施工			267.05
1.1	基本费	FBFXHJ	1.5	143.06
1.2	考评费	FBFXHJ	0.8	76.3
1.3	奖励费	FBFXHJ	0.5	47.69
2	夜间施工	FBFXHJ	0.1	9.54
3	冬雨季施工	FBFXHJ	0.2	19.07
4	已完工程及设备保护	FBFXHJ	0.1	9.54
5	临时设施	FBFXHJ	0.7	66.76
6	材料与设备检验试验	FBFXHJ	0.06	5.72
7	赶工措施	FBFXHJ	2.5	238.43
8	工程按质论价	FBFXHJ	2.5	238.43
	专业工程措施项目			
合计				854.54

注：本表适用于以"费率"计价的措施项目。

表 2-4-14　单位工程投标报价汇总表

工程名称：绿化工程　　　　　　　　　标段：　　　　　　　　第 1 页　共 1 页

序号	汇总内容	金额/元	其中:暂估价/元
1	分部分项工程	9537.04	
2	措施项目	845	
2.1	安全文明施工费	4.01	
3	其他项目		
3.1	暂列金额		
3.2	专业工程暂估价		
3.3	计日工		
3.4	总承包服务费		

序号	汇总内容	金额/元	其中:暂估价/元
4	规费	373.75	
4.1	工程排污费	10.38	
4.2	建筑安全监督管理费		
4.3	社会保障费	311.46	
4.4	住房公积金	51.91	
5	税金	374.3	
投标报价合计＝1＋2＋3＋4＋5		11,130.09	

表 2-4-15　工程量清单综合单价分析表

工程名称：绿化工程　　　　　　　　标段：　　　　　　　　第 1 页　共 5 页

项目编码	010103001001	项目名称		土(石)方回填		计量单位		m³

清单综合单价组成明细

定额编号	定额名称	定额单位	数量	单价/元					合价/元				
				人工费	材料费	机械费	管理费	利润	人工费	材料费	机械费	管理费	利润
1-125	地面回填土夯填	m³	1	28.6		0.77	7.34	3.52	28.6		0.77	7.34	3.52
综合人工工日				小计					28.6		0.77	7.34	3.52
0.286 工日				未计价材料费									
清单项目综合单价/元									40.23				

材料费明细	主要材料名称、规格、型号		单位	数量	单价/元	合价/元	暂估单价/元	暂估合价/元
	其他材料费				—		—	

项目编码	010101002001	项目名称		挖土方		计量单位		m³

清单综合单价组成明细

定额编号	定额名称	定额单位	数量	单价/元					合价/元				
				人工费	材料费	机械费	管理费	利润	人工费	材料费	机械费	管理费	利润
1-1	人工挖土方深度在 2m 以内干土一类土	m³	1	13.2			3.3	1.58	13.2			3.3	1.58
综合人工工日				小计					13.2			3.3	1.58
0.132 工日				未计价材料费									
清单项目综合单价/元									18.08				

材料费明细	主要材料名称、规格、型号		单位	数量	单价/元	合价/元	暂估单价/元	暂估合价/元
	其他材料费				—		—	

续表

| 项目编码 | 050101001001 | 项目名称 | | 伐树、挖树根 | | 计量单位 | | 株 |

清单综合单价组成明细

定额编号	定额名称	定额单位	数量	单价/元					合价/元				
				人工费	材料费	机械费	管理费	利润	人工费	材料费	机械费	管理费	利润
3-19	起挖乔木（裸根）胸径在8cm内	10株	0.1	119			22.61	16.66	11.9			2.26	1.67
综合人工工日				小计					11.9			2.26	1.67
0.119工日				未计价材料费									

| 清单项目综合单价/元 | | | | | | 15.83 |

材料费明细	主要材料名称、规格、型号		单位	数量	单价/元	合价/元	暂估单价/元	暂估合价/元
	其他材料费				—		—	

| 项目编码 | 050101005001 | 项目名称 | | 清除草皮 | | 计量单位 | | m² |

清单综合单价组成明细

定额编号	定额名称	定额单位	数量	单价/元					合价/元				
				人工费	材料费	机械费	管理费	利润	人工费	材料费	机械费	管理费	利润
3-97	起挖草坪 满铺草皮带土2cm内	10m²	0.1	25	1.05		4.75	3.5	2.5	0.11		0.48	0.35
综合人工工日				小计					2.5	0.11		0.48	0.35
0.025工日				未计价材料费									

| 清单项目综合单价/元 | | | | | | 3.44 |

材料费明细	主要材料名称、规格、型号		单位	数量	单价/元	合价/元	暂估单价/元	暂估合价/元
	草绳		kg	0.275	0.38	0.1		
	其他材料费				—		—	
	材料费小计				—	0.1	—	

表 2-4-16 规费、税金项目清单与计价表

工程名称：绿化工程　　　　标段　　　　第1页 共1页

序号	项目名称	计算基础	费率/%	金额/元
1	规费	工程排污费+建筑安全监督管理费+社会保障费+住房公积金		529.97
1.1	工程排污费	分部分项工程+措施项目+其他项目	0.1	10.39
1.2	建筑安全监督管理费	分部分项工程+措施项目+其他项目	1.5	155.87
1.3	社会保障费	分部分项工程+措施项目+其他项目	3	311.75
1.4	住房公积金	分部分项工程+措施项目+其他项目	0.5	51.96
2	税金	分部分项工程+措施项目+其他项目+规费	3.48	380.07
合计				910.04

2. 现就清单计价法进行文字说明（运用广联达计价软件进行分析）

① 首先将之前计算的工程量的项目名称，逐一查询，插入清单项目编码。

② 完成后，输入各自的项目特征，完成工程量的输入。

③ 完成后，发现综合单价一栏都是 0，这时需要查阅定额库，套用定额综合单价，定额库没有的，可进行补充项补充，完成各分部分项的综合单价输入。

④ 完成综合单价输入后，进行各措施项目的费率调整，人工调整为 100 元/工日（在各项的"工料机显示"中进行调整，将市场价调整为 100），然后批量导出报表。

3. 下面就手工计算、套用定额手册、计算各分项工程合价进行说明。

编制依据：江苏省仿古建筑与园林工程计价表 2007；本题主要运用的计价表见表 2-4-17～表 2-4-23。

表 2-4-17　人工挖土方

工作内容：挖土、抛土或装筐、修整底边。

计量单位：m³

定额编号			1-1		1-2		1-3		1-4	
项目			深度在 2m 以内							
			干土							
			一类土		二类土		三类土		四类土	
综合单价/元			7.57		11.36		19.56		29.66	
其中	人工费/元		4.88		7.33		12.62		19.13	
	材料费/元		—		—		—		—	
	机械费/元		—		—		—		—	
	管理费/元		2.10		3.15		5.43		8.23	
	利润/元		0.59		0.88		1.51		2.30	
名称	单位	单价/元	数量	合计	数量	合计	数量	合计	数量	合计
综合人工	工日	37.00	0.132	4.88	0.198	7.33	0.341	12.62	0.517	19.13

表 2-4-18　起挖乔木

工作内容：起挖、出塘、修剪、打浆、搬运集中、回土填塘、清理场地。

计量单位：10 株

定额编号			3-17		3-18		3-19		3-20	
项目			起挖乔木(裸根)							
			胸径在(cm 内)							
			4		6		8		10	
综合单价/元			21.98		34.19		58.12		102.57	
其中	人工费/元		16.65		25.90		44.03		77.70	
	材料费/元		—		—		—		—	
	机械费/元		—		—		—		—	
	管理费/元		3.00		4.66		7.93		13.99	
	利润/元		2.33		3.63		6.16		10.88	
名称	单位	单价/元	数量	合计	数量	合计	数量	合计	数量	合计
综合人工	工日	37.00	0.45	16.65	0.70	25.90	1.19	44.03	2.10	77.70

表 2-4-19 平整场地、回填土、打夯

工作内容：1. 平整场地　厚在300mm以内的挖、填、找平。2. 原土打夯　一夯压半夯（两遍为准）。

计量单位：10m²

定额编号					1-121		1-122		1-123	
项目					平整场地		原土打底夯			
							地面		基(槽)坑	
综合单价/元					35.96		8.11		10.56	
其中	人工费/元				23.20		4.07		4.88	
	材料费/元				—		—		—	
	机械费/元				—		1.16		1.93	
	管理费/元				9.98		2.25		2.93	
	利润/元				2.78		0.63		0.82	
名称		单位	单价/元	数量	合计	数量	合计	数量	合计	
综合人工		工日	37.00	0.627	23.20	0.11	4.07	0.132	4.88	
机械	01068	夯实机（电动）夯击能力20～62N·m	台班	24.16			0.048	1.16	0.08	1.93

表 2-4-20　起挖露地花卉及草皮

工作内容：起挖、出塘、搬运集中、回土填塘、清理场地。

计量单位：10m²

定额编号					3-97		3-98		3-99	
项目					起挖草坪					
					满铺				栽种（散铺）	
					草皮带土2cm内		草皮带土2cm外			
综合单价/元					13.27		16.39		9.10	
其中	人工费/元				9.25		11.47		6.29	
	材料费/元				1.05		1.25		0.80	
	机械费/元				—		—		—	
	管理费/元				1.67		2.06		1.13	
	利润/元				1.30		1.61		0.88	
名称		单位	单价/元	数量	合计	数量	合计	数量	合计	
综合人工		工日	37.00	0.25	9.25	0.31	11.47	0.17	6.29	
材料	608011501	草绳	kg	0.38	2.75	1.05	3.30	1.25	2.10	0.80

注：散铺按占地面积计算。

表 2-4-21　起挖竹类

工作内容：起挖、包扎、出塘、修剪、搬运集中、回土填塘、清理场地。

计量单位：10 株

定额编号				3-69		3-70		3-71		3-72	
项目				起挖散生竹类							
				胸径在（cm 内）							
				2		4		6		8	
综合单价/元				9.23		27.27		40.44		68.24	
其中	人工费/元			5.55		18.50		27.75		48.10	
	材料费/元			1.90		2.85		3.80		4.75	
	机械费/元			—		—		—		—	
	管理费/元			1.00		3.33		5.00		8.66	
	利润/元			0.78		2.59		3.89		6.73	
名称		单位	单价/元	数量	合计	数量	合计	数量	合计	数量	合计
综合人工		工日	37.00	0.15	5.55	0.50	18.50	0.75	27.75	1.30	48.10
材料	608011501　草绳	kg	0.38	5.00	1.90	7.50	2.85	10.00	3.80	12.50	4.75

表 2-4-22　起挖灌木

工作内容：起挖、出塘、修剪、打浆、搬运集中、回土填塘、清理场地。

计量单位：10 株

定额编号				3-48	3-49	3-50
项目				起挖灌木（裸根）		
				冠幅在（cm 内）		
				50	100	150
综合单价/元				5.37	29.79	130.40
其中	人工费/元			4.07	22.57	98.79
	材料费/元			—	—	—
	机械费/元			—	—	—
	管理费/元			0.73	4.06	17.78
	利润/元			0.57	3.16	13.83
名称		单位	单价/元	数量	合计	数量	合计	数量	合计
综合人工		工日	37.00	0.11	4.07	0.61	22.57	2.67	98.79

表 2-4-23　回填土

工作内容：1. 松填　包括 5m 内取土、碎土、找平。2. 夯填　包括 5m 内取土、碎土、找平、泼水、夯实（一夯压半夯，两遍为准）。

计量单位：m³

定额编号			1-124		1-125		1-126		1-127	
项目			回填土							
			地面				基（槽）坑			
			松填		夯填		松填		夯填	
综合单价/元			6.31		17.59		10.09		19.68	
其中	人工费/元		4.07		10.58		6.51		11.40	
	材料费/元		—		—		—		—	
	机械费/元		—		0.77		—		1.30	
	管理费/元		1.75		4.88		2.80		5.46	
	利润/元		0.49		1.36		0.78		1.52	
名称		单位	单价/元	数量	合计	数量	合计	数量	合计	数量	合计
综合人工		工日	37.00	0.11	4.07	0.286	10.58	0.176	6.51	0.308	11.40
机械	01068 夯实机（电动）夯击能力 20~62N·m	台班	24.16			0.032	0.77			0.054	1.30

① 整理场地：套预算项目表，可知定额（1-121）符合，其综合单价 35.96 元/10m²

　　　　分项工程合价：280m²×（35.96÷10）元/m²＝1006.88 元

② 人工挖土方：套预算项目表，可知定额（1-1）符合，其综合单价 7.57 元/m³
根据计算规则可知套用挖干土相应定额，人工乘以系数 1.10

　　　　则挖土方的综合单价：7.57－4.88＋4.88×1.1＝8.058（元/m³）

　　　　分项工程合价：110m³×20.822 元/m³＝2290.42 元

③ 回填土：套预算项目表，可知定额（1-124）符合，其综合单价 6.31 元/m³

　　　　分项工程合价：80m³×6.31 元/m³＝504.8 元

④ 起挖草皮（满铺，带土厚度 2cm）：套预算项目表，可知定额（3-97）符合，其综合单价 13.27 元/10m²，则分项工程合价：182m²×（13.27÷10）元/m²＝241.514 元

⑤ 起挖竹类（孝顺竹）：套预算项目表，可知定额（3-70）符合，其综合单价 27.27 元/10 株；则分项工程合价：60 株×（27.27÷10）元/株＝163.62 元

⑥ 起挖乔木（香樟）：套预算项目表，可知定额（3-19）符合，其综合单价 58.12 元/10 株；则分项工程合价：5 株×（58.12÷10）元/株＝29.06 元

⑦ 起挖乔木（紫叶李）：套预算项目表，可知定额（3-18）符合，其综合单价 34.19 元/10 株；则分项工程合价：15 株×（34.19÷10）元/株＝51.285 元

⑧ 起挖乔木（白玉兰）：套预算项目表，可知定额（3-19）符合，其综合单价 58.12 元/10 株；则分项工程合价：12 株×（58.12÷10）元/株＝69.744 元

⑨ 起挖灌木（金叶女贞）：套预算项目表，可知定额（3-48）符合，其综合单价 5.37 元/10 株；则分项工程合价：112 株×（5.37÷10）元/株＝60.144 元

⑩ 起挖灌木（紫叶小檗）：套预算项目表，可知定额（3-48）符合，其综合单价5.37元/10株；则分项工程合价：120株×（5.37÷10）元/株＝64.44元

将各分项工程合价相加得到工程造价。

注：手工计算与软件计算，会有些数据上的差异，但总价相差不大。

二、园林园桥工程预算书的编制

编制完园林绿化工程的预算书，下面来看看如何编制园桥工程的预算书。

【案例2】 现有一木制桥的施工图样，包括平面图、立面图、剖面图，试编制其投标书。施工图样见图2-4-2～图2-4-4，工程设计总说明与结构设计说明如下。

设计总说明

一、规划设计依据

1.《××景观园林方案》；

2.《城市园林绿化工程及验收规范》CJJ/T 82—1999；

3.《居住区环境景观设计导则》（2003年试行稿）；

4.《城市道路和建筑物无障碍设计规范》JGJ 50—2001；

5.《公园设计规范》CJJ-48-92；

6.《风景园林图示图例标准》；

7.甲方提供的现场测量地形图及工作联系函。

二、概况

本次施工图设计是根据景观深化设计报批方案与甲方会审意见，作出的深化设计。根据国家《建设工程勘察设计深度规定》，设计深度达到园林专业施工图设计深度，其中包含结构、水等辅助专业。本设计中与结构/水协调的部分，由设计方在交底中与施工方协调，并提供售后服务。

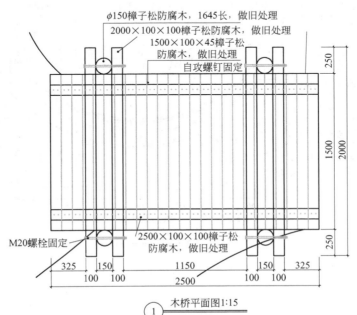

图2-4-2 木桥平面图

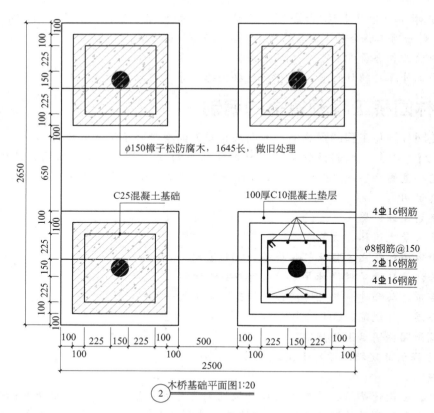

图 2-4-3　木桥基础平面图

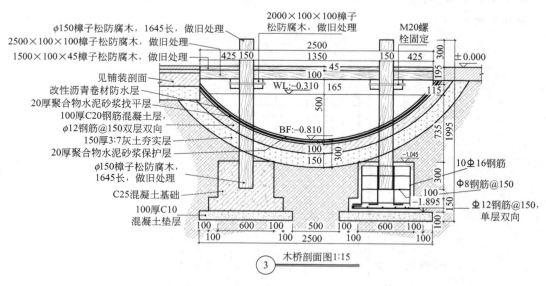

图 2-4-4　木桥剖面图

三、园林

1. 有关特殊压顶及线脚做法，均须参见本次设计有关详图；特定花岗岩的雕刻琢磨的装配/装修详图，则需要在施工前征得甲方及景观建筑师的许可。

2. 本设计如无特殊指明，所有道路与广场坡度请按照竖向设计图施工；所有铺装坡度为 0.5%，草地坡度为 3.0%，坡向雨水口。

3. 本设计如无特殊指明，所有场地与道路基层做法如下：

- 指定的铺地饰面；
- 结合层；
- 100 厚 C15 混凝土基层（人行）；
- 150 厚 3∶7 石灰土（人行）；
- 素土压实：压实率≥90%。

因现场场地为垃圾场回填，所有场地与道路做法参照大样图。

四、防水工程

1. 室外花池、花坛如与建筑相连，需要在池壁与建筑间加设防水层，做法为先将原来的面层材料拆除并清洗干净，然后刷 911 聚胺酯 2 度，然后用 M7.5 水泥砂浆做 30 厚防水保护层。

2. 花池，挡墙等构筑物选用的砌体材料（如混凝土砖等）须具有耐水防渗性能。

3. 花池、挡墙、景墙、无障碍通道等立面材料结合层须使用聚合物水泥砂浆，或掺建筑防水胶以防浸水泛碱。

4. 花池、花坛下如遇到硬地，如建筑基础或是渗水性差地面，应在靠近排水口或排水沟的池壁预埋 $\phi50@1500$PVC 泄水管。

五、铺地工程

1. 遇回填土时，所有铺地、踏步、坡道下的回填土应分层压实。

2. 混凝土广场纵向每 6 米设平头缝一道，横向每 6m 设假缝一道，沥青填充料填实。

3. 室外坡道铺地与建筑主体或其他砌体相接处须留伸缩缝，沥青油膏嵌缝。

六、硬质铺地景观其他注意事项

1. 当施工发现总图与大样图之间存在做法与尺寸上的差异时，如果条件许可则以大样图的尺寸与做法为准，否则应当书面通知项目建筑师以确认。

2. 因甲方未提供精确地形图，本设计场地资料完全依据我院进行的现场测量资料，该资料与现场实际情况存在可能的差异，所以施工单位在进场后，应当立即进行相关尺寸的确认与核对工作，如果发现误差，请立即将信息书面反馈给甲方，并请甲方通知项目景观建筑师。

3. 对于室外铺地材料的分割、整合，由于施工工艺、地形等差异，不可能计算得尽善尽美。请施工单位依据自然唯美的原则进行施工。

七、施工要求

1. 施工请严格按图纸施工，如变更，须征得甲方与设计方的意见；

2. 所有外装饰材料的色彩报小样，征得甲方与设计单位同意后方可大面积施工；

3. 地下管线应在绿化施工前铺设，高功率灯具应距植物一定距离（不小于 1m）；

4. 所有外露铁件处理方法如下：

（1）钢结构材料采用 Q235（即 A3）钢材，钢材要求具有标准强度、伸长率、屈服强度及硫、磷含量的合格保证书，以及碳含量带有保证书，符合 GB 700—88 结构钢技术条件。

（2）电焊条选用。

焊缝长度见各大样图，E4315 的手工电弧焊条型号，所有构件的焊缝高度均为 8mm。

（3）钢结构的防护。

a. 除锈采用钢刷清除表面的毛刺、铁锈、油污及附着在表面的杂物；

b. 油漆采用硼砚酚醛防锈漆打底，酚醛磁漆两度。

5. 所有木材须直纹并油透底漆两次并三次面漆。

6. 所有外露木件处理方法如下：

木材选用见大样图，须经过防腐处理后方可选用，采用强化防腐油漆刷 2～3 次，强化防腐油配合比 97% 混合防腐油，3#氯酚（用于底层）。

7. 除结构工程师特殊指明，砖砌体用 MU10 混凝土标砖，M5 水泥砂浆砌筑，水泥标号不低于 32.5 号。

8. 为保证视觉景观效果的统一，所有井盖均做双层井盖，面层用花岗岩井盖，里层用铁箅子加固。

9. 本次景观设计如设计到有关建筑结构底板（顶板）及围护结构，则其有关构造做法及措施参照建筑施工图。

10. 除特殊说明外，本次景观设计中未详尽的构造做法及措施请参照华中地区建筑标准设计图集、湖北省标准图集、GB 03J012-1，GB 03J012-2，GB 03J012-3 以及国家建筑标准设计图集中的相关部分。

11. 建筑师、市政设计师与景观建筑师将合作完成本次设计中与建筑设计、市政配套设计彼此干涉的相关部分。

八、材料与装修

1. 除特殊说明外，园林设计中有关材料做法均可参见 GB 03J012-1 与华中地区建筑设计标准图集。

2. 本设计仅对环境设计的最终装饰效果负责，凡涉及建筑防水构造、门、窗安装节点，请严格按照国家现行施工、设计规范进行施工。

3. 设计图中所标注材料如有变动或当地市场无法购买，请立即通知景观建筑设计师。

结构设计说明（园林建筑小品）

一、本工程地震烈度为六度，建筑物重要性为丙类，基本风压取 0.35kPa。

二、基础

1. 基础埋深暂定为 1.500m，地基承载力为特征值取 $f_{ak}=180$kPa。

2. 条形基础埋置深度变化时，应做成 1:2 跌级连接，除特殊情况外，施工时一般按图做法处置。

三、砌体部分（图中无明确标注外）

（1）±0.000 下用 240 厚 Mu10 砖，M10 水泥砂浆。

（2）±0.000 上用 240 厚 Mu10 砖，M5 混合砂浆。

四、现浇钢筋混凝土部分

1. 所有混凝土如无特殊说明，均用 C25 混凝土。

2. 纵向受力钢筋除注明外，纵向受力钢筋搭接长度为：HPB300 级钢筋 $40d$，HRB335 级钢筋 $35d$。

3. 柱均支撑于基础内，钢筋锚入基础内 $40d$。

4. 全部预制构件安装铺放均用 M5 水泥砂浆垫实，预制板板缝均用 C20 细石混凝土落实。

5.现浇板支座负筋图中未注明处，均为Φ8@200，长度为500，支座负筋分布筋均为Φ8@200。

6.图中现浇板未注明均为100厚。

五、其他

1.钢筋强度等级设计值，HPB300级钢、210N/mm²，HRB335级钢，300N/mm²。

2.全部尺寸均以毫米计，标高以米计。

3.结构施工过程应与相关专业密切配合，若发现问题请及时同设计人员联系解决。

六、凡未尽事宜，均按现行国家有关规范标准执行。

（一）施工图识读（以园桥工程为例）

1.初学者做预算前应具备的知识

首先，要知道进行预算项目所涉及的施工工艺，具体到每道工序是如何领料、如何下料、如何施工的，这样可以使以后计算工程量时不漏项，还可以知道哪里损耗多一些，利于工程量的计算。

其次要熟悉定额，知道园林工程定额有哪些定额子目，具体某一工程量该套用哪个子目，以便在计算底稿上清楚地标明不同子目的工程量，以方便以后的查看。

再次要在看完定额，知道了定额有哪些子目后再去学习工程计算规则，根据所学的定额子目，再学习计算规则，在计算规则中学习每项子目在计算时应该注意什么，比如计量单位是 m 还是 m²，仔细了解施工技术措施。

2.施工图识读时应注意的事项

不要被厚厚的图样吓倒，只要静下心来认真去看很容易看懂，先不要急着去扒图，首先从头到尾看一看图纸是否齐全，看看自己所要扒的图纸是哪一部分。仔细看该图纸的技术说明要求，还有每一页的标注，再从头到尾看图纸，如果哪些地方看不懂，要前后仔细结合着看，直到看明白，看明白后要先看图纸所指定的节点图，明确一些具体称谓，扒图纸工程量时，底稿要求一定要清楚明了，以备以后再查就知道当初是怎么计算的，不同的子目在底稿上一定要标注明确，按顺序一张一张扒图，前后结合着来，不要算重也不要漏算。

（1）看图必须由大到小、由粗到细

识读园桥工程施工图时，应先看园桥设计说明和平面布置图，并且与梁的纵断面图和横断面图（即立面图）结合起来看，然后再看构造图、钢筋图和详图。

（2）仔细阅读设计说明或附注

凡是图样上无法表示而又直接与工程密切相关的一切要求，一般会在图样上用文字说明表达出来，因此必须仔细阅读。

（3）牢记常用符号和图例

为了方便，有时图样中有很多内容用符号和图例表示，因此一般常用的符号和图例必须牢记。这些符号和图例也已经成为了设计人员和施工人员进行有效沟通的语言，详见《桥梁工程制图标准》。

（4）注意尺寸标注单位伸缩缝

园桥工程图样上的尺寸单位一般有三种：m、cm 和 mm。标高和平面图一般用"m"，各部分结构的尺寸一般用"cm"，钢筋直径用"mm"。具体的尺寸单位，必须认真阅读图样的"附注"内容得到。

（5）不得随意更改图样

如果对于园桥工程图样的内容，有任何意见或者建议，应该向有关部门（一般是监理单位）提出书面报告，与设计单位协商，并由设计单位确认。

3．熟知常用图例（以园桥工程为例，见表 2-4-24、表 2-4-25）

表 2-4-24　常用建筑材料图例

序号	名称	图例	序号	名称	图例
1	自然土壤		12	混凝土	
2	夯实土壤		13	钢筋混凝土	
3	砂、灰土		14	多孔材料	
4	砂砾石、碎砖三合土		15	纤维材料	
5	石料		16	泡沫塑料材料	
6	毛石		17	木材	
7	普通砖		18	胶合板	
8	耐火砖		19	石膏板	
9	空心砖		20	金属	
10	饰面砖		21	网状材料	
11	焦渣、矿渣				

续表

序号	名称	图例	序号	名称	图例
22	液体	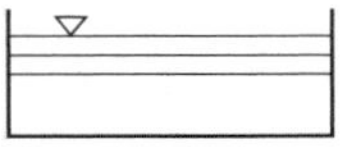	25	塑料	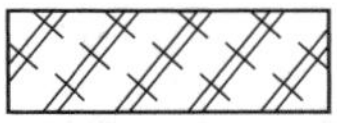
23	玻璃	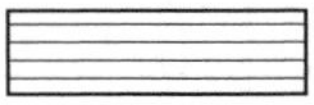	26	防水材料	
24	橡胶	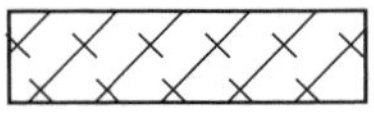	27	粉刷	

序号	名称	图例	图解
28	驳岸	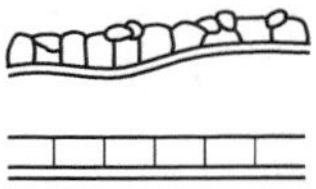	上图为假山石自然式驳岸；下图为整形砌筑规划式驳岸
29	护坡	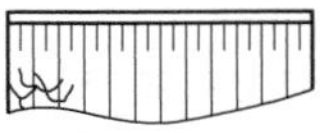	
30	挡土墙		突出的一侧表示被挡土的一方
31	排水明沟	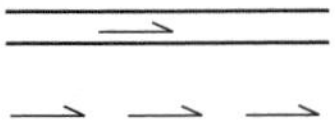	上图用于比例较大的图面；下图用于比例较小的图面
32	有盖的排水沟	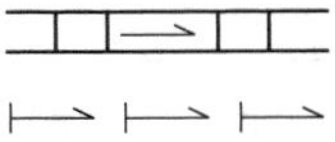	上图用于比例较大的图面；下图用于比例较小的图面
33	道路	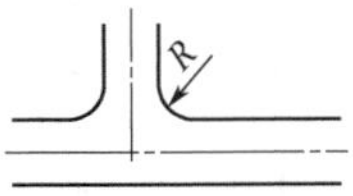	
34	铺装路面	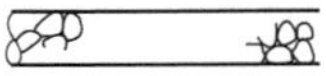	
35	台阶		箭头指向表示向上
36	铺砌场地	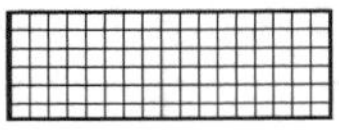	也可依据设计形态表示

序号	名称	图例	图解
37	车行桥		也可依据设计形态表示
38	人行桥		
39	亭桥		
40	铁索桥		
41	汀步		

注：表中图例中的斜线、短斜线、交叉线等均为45°。

表 2-4-25　步桥工程图例

序号	名称	截面	标注	说明
1	等边角钢		$b \times t$	b 为肢宽 t 为肢厚
2	不等边角钢	B	$B \times b \times t$	B 为长肢宽 b 为短肢宽 t 为肢厚
3	工字钢		N　Q N	轻型工字钢加注 Q 字 N 为工字钢的型号
4	槽钢		N　Q N	轻型槽钢加注 Q 字 N 为槽钢的型号
5	方钢	b	b	
6	扁钢	b	$b \times t$	
7	钢板		$\dfrac{b \times t}{l}$	$\dfrac{宽 \times 厚}{板长}$·

续表

序号	名称	截面	标注	说明
8	圆钢		$\phi < d$	
9	钢管		$DN \times \times$ $d \times t$	内径 外径×壁厚
10	薄壁方钢管		B $\square$ $b \times t$	
11	薄壁等肢角钢		B $b \times t$	
12	薄壁等肢卷边角钢		B $b \times a \times t$	
13	薄壁槽钢		B $h \times b \times t$	薄壁型钢加注 B 字 t 为壁厚
14	薄壁卷边槽钢		B $h \times b \times a \times t$	
15	薄壁卷边 Z 型钢		B $h \times b \times a \times t$	
16	T 型钢		$TW \times \times$ $TM \times \times$ $TN \times \times$	TW 为宽翼缘 T 型钢 TM 为中翼缘 T 型钢 TN 为窄翼缘 T 型钢
17	H 型钢		$HW \times \times$ $HM \times \times$ $HN \times \times$	HW 为宽翼缘 H 型钢 HM 为中翼缘 H 型钢 HN 为窄翼缘 H 型钢

（二）熟悉项目涉及的工程量计算规则（园路、园桥工程）

（1）园路、园桥工程的挖土方、开凿石方、回填等应按现行国家标准《市政工程工程量计算规范》（GB 50857—2013）相关项目编码列项。

（2）如遇某些构配件使用钢筋混凝土或金属构件时，应按现行国家标准《房屋建筑与装饰工程工程计量计算规范》（GB 50854—2013）或《市政工程工程计量计算规范》（GB 50857—2013）相关项目编码列项。

（3）地伏石、石望柱、石栏杆、石栏板、扶手、撑鼓等应按现行国家标准《仿古建筑工程工程计量规范》（GB 50855—2013）相关项目编码列项。

（4）亲水（小）码头各分部分项项目按照园桥相应项目编码列项。

（5）台阶项目按现行国家标准《房屋建筑与装饰工程工程计量计算规范》（GB 50854—2013）相关项目编码列项。

（6）混合类构件园桥按规行国家标准《房屋建筑与装饰工程工程计量计算规范》（GB 50854—2013）或《通用安装工程工程计量计算规范》（GB 50856—2013）相关项目编码列项。

（三）相关工程知识

【园路工程知识】

（1）园路包括垫层、面层，垫层缺项可按第一册楼地面工程相应项目定额执行，其综合人工乘系数 1.10，块料面层中包括的砂浆结合层或铺筑用砂的数量不调整。

（2）如用路面同样材料铺的路沿或路牙，其工料、机械台班费已包括在定额内，如用其他材料或预制块铺的，按相应项目定额另行计算。

（3）园路垫层按设计图示尺寸以体积或面积计算，不扣除树池、井盖等所占体积其中碎石灌砂垫层、级配碎石垫层、混凝土垫层以 m³ 计算；水泥稳定层、石灰粉垫层、三合土垫层等以 m² 计算，以上所有垫层均需注明厚度。垫层宽度：带路牙者，按路面宽度加 20cm 计算；无路牙者，按路面宽度加 10cm 计算；蹬道带山石挡土墙者，按蹬道宽度加 120cm 计算；蹬道无山石挡土墙者，按蹬道宽度加 40cm 计算。

（4）园路面层按设计图示尺寸以面积计算，不含路沿、路牙所占面积；路面（不含蹬道）和地面，按设计图示尺寸以 m² 计算，坡道路面带踏步者，其踏步部分应予扣除，并另按台阶相应定额计算。

（5）路牙，按单侧长度以延长米计算。

（6）路牙、筑边按设计图示尺寸以延长米计算，锁口按平方米计算。

（7）墁砌侧石、路缘、砖、石及树穴是按 1∶3 白灰砂浆铺底、1∶3 水泥砂浆勾缝考虑的。侧石、路缘、路牙按实铺尺寸以延长米计算。

（8）园路土基整理路床、素土夯实按设计图示路床尺寸以面积计算；设计未明确路床宽度的，路床宽度按设计路面宽度（含路沿、路牙）每侧各增加 20cm 计算。

（9）园路垫层、面层计算。

① 各种园路垫层按设计图示尺寸，两边各放宽 5 厘米乘厚度以 m³ 计算。

② 各种园路面层按设计图示尺寸，长×宽按 m² 计算。

（10）路面铺筑、嵌草路面应按设计图示尺寸以 m² 计算，不扣除嵌草面积；扣除 0.5m² 以上的树池、井盖、孔洞所占的面积。

【园桥工程知识】

（1）桥基础按设计图示尺寸以 m³ 计算。

（2）现浇混凝土柱（桥墩）、梁、门式梁架、拱碹等，均按设计尺寸以 m³ 计算。

（3）现浇桥洞底板，按设计图示厚度，以 m² 计算。

（4）预制混凝土拱碹、望柱、平桥板的制作和安装，均按设计图示尺寸以 m³ 计算。

（5）砖石拱碹砌筑和内碹石安装，均按设计图示尺寸以 m³ 计算。

（6）金刚墙方整石、碹脸石和水兽（螭首）石安装，均按设计图示尺寸，分别以 m³ 计算。

（7）挂檐贴面石，按设计图示尺寸以 m² 计算。

（8）型钢锔子、铸铁银锭安装，以个计算。

（9）仰天石、地伏石、踏步石、牙子石安装，均按设计图示尺寸以延长米计算。

（10）河底海墁、桥面石安装，按设计图示面积、不同厚度，以 m² 计算。

（11）石栏板（含抱鼓）安装，按设计底边（斜栏板按斜长）长度，分别按块计算。

（12）石望柱安装，按设计高度，分别以根计算。

（13）预制构件的接头灌缝，除杯型基础按个计算外，其他均按构件的体积以 m³ 计算。

（14）预制桥板支撑，按预制桥板的体积以 m³ 计算。

（15）现浇混凝土柱墩的体积应按柱墩高乘柱的断面面积计算；现浇混凝土梁的体积应按梁长乘梁截面面积计算。

（16）石桥面铺筑按 m² 计算，石碹脸制作、安装按设计图示尺寸以 m² 计算。

（17）石基础、石桥台、石桥墩、石护坡、拱璇砌筑，按设计图示尺寸以 m³ 计算。

（18）现浇混凝土桥洞底板，按设计图示尺寸以 m² 计算。

（19）园桥工程中如采用铁锔子或铁银锭、铁件、钢结构时，需另行计算。

（20）木桥桩、柱、梁按设计图示尺寸以 m³ 计算；木桥面板按实际面积以 m² 计算；木栏杆制岸按垂直投影面积以 m² 计算；木构件油漆按构件展开面积以 m² 计算。

（21）木桩基础定额，是按人工陆地打桩编制的，如人工在水中打木桩时，按定额人工×系数1.8。

（22）木制步桥按原木和方木分别列项，带皮原木执行原木项目。方木栏杆按寻杖栏杆、花栏杆、直挡栏杆三种形式列项。若采用其他形式或材料，消耗量与定额不同时，可按实调整，人工不变。

（23）木栏杆工程中的木材种类按一、二类考虑，如遇三、四类木材，相应项目人工×系数1.3。

（24）栏板（包括抱鼓）、栏杆、石望柱安装定额以平直为准，如遇斜栏板、斜抱鼓、斜栏杆及其相连的石望柱安装，相应定额人工×系数1.25，其他不变。

（25）园桥：基础、桥台、桥墩、护坡、石桥面等项目，如遇缺项可分别按第一册的相应项目定额执行，其合计工日乘系数1.25，其他不变。

（26）园桥：毛石基础、桥台、桥墩、护坡按设计图示尺寸以 m³ 计算。桥面及栈道按设计图示尺寸以 m² 计算。

【驳岸、台阶工程知识】

（1）驳岸工程（图2-4-5、图2-4-6）的挖土方、开凿石方、回填等应按现行国家标准

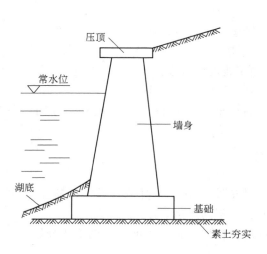

图 2-4-5　永久性驳岸结构示意图

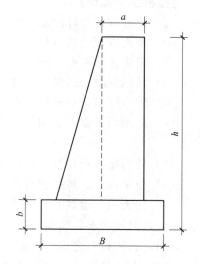

图 2-4-6　重力式驳岸结构尺寸

《房屋建筑与装饰工程工程计量计算规范》（GB 50854—2013）相关项目编码列项。

（2）木桩钎（梅花桩）按原木桩驳岸项目单独编码列项。

（3）钢筋混凝土仿木桩驳岸，其钢筋混凝土及表面装饰按现行国家标准《房屋建筑与装饰工程工程计量计算规范》（GB 50854—2013）相关项目编码列项，表面"塑松皮"按 3.3 节"园林景观工程"相关项目编码列项。

（4）框格花木护岸的铺草皮、撒草粒等应按 3.1 节"绿化工程"相关项目编码列项。

（5）台阶项目中不包括台阶两侧的挡墙有垂带砌筑，发生时另行计算；台阶与路面的划分以最上层踏步平台外口加一个踏步为准，最上层踏步宽度以外部分并入相应路面工程量内计算。

（6）混凝土或砖石台阶，按设计图示尺寸以 m³ 计算。

（7）台阶和坡道的踏步面层，按设计图示水平投影面积以 m² 计算。

（8）拌石或片石蹬道，按设计图示水平投影面积以 m² 计算。

（9）石砌驳岸按设计图示尺寸以 t 计算；原木桩驳岸按设计图示尺寸用桩长度（包括桩尖）×截面积以 m³ 计算；铺砂砾石护岸按设计图示尺寸用平均护岸宽度×长度以 m² 计算。

【钢筋工程相关知识】

① 钢筋重量

$$钢筋重量＝钢筋计算长度×钢筋每米理论重量$$

$$钢筋每米理论重量(kg/m)＝0.00617×D^2$$

式中　D——钢筋直径，mm。

即

$$钢筋重量(kg/m)＝0.00617×D^2×钢筋计算长度$$

$$钢筋长度＝构件图示尺寸－保护层厚度＋钢筋增加长度$$

钢筋每米重量和每吨表面积见表 2-4-26。

② 混凝土保护层厚度是指混凝土结构构件中受力钢筋中最外层钢筋的外边缘至混凝土表面的距离。混凝土保护层的最小厚度见表 2-4-27。

表 2-4-26　钢筋每米重量和每吨表面积

序号	公称直径	理论重量/(kg/m)	表面积/(m²/t)	序号	公称直径	理论重量/(kg/m)	表面积/(m²/t)
1	3	0.055	169.9	25	25	3.853	20.4
2	4	0.099	127.4	26	26	4.168	19.6
3	5.5	0.187	92.6	27	27	4.495	18.9
4	6	0.222	84.9	28	28	4.834	18.2
5	6.5	0.260	78.4	29	29	5.185	17.6
6	7	0.302	72.8	30	30	5.549	17.0
7	8	0.395	63.7	31	31	5.925	16.4
8	8.2	0.415	62.1	32	32	6.313	15.9
9	9	0.499	56.6	33	33	6.714	15.4
10	10	0.617	51.0	34	34	7.127	15.0
11	11	0.746	46.3	35	35	7.553	14.6
12	12	0.888	42.5	36	36	7.990	14.2
13	13	1.042	39.2	37	38	8.903	13.4
14	14	1.208	36.4	38	40	9.865	12.7
15	15	1.387	34.0	39	42	10.876	12.1
16	16	1.578	31.8	40	45	12.485	11.3
17	17	1.782	30.0	41	48	14.205	10.6
18	18	1.998	28.3	42	50	15.414	10.2
19	19	2.226	26.8	43	53	17.319	9.6
20	20	2.466	25.5	44	55	18.650	9.3
21	21	2.719	24.3	45	56	19.335	9.1
22	22	2.984	23.2	46	58	20.740	8.8
23	23	3.261	22.2	47	60	22.195	8.5
24	24	3.551	21.2				

注：钢筋搭接长度为 5 倍直径

理论重量 $=0.0061654 \times \phi \times \phi$

ϕ—钢筋公称直径，mm

理论重量按密度 7.85g/cm³ 计算

钢筋计算过程：$3.14 \times d^2 / 4 \times 10^{-6} \times 7.85 \times 10^3$ kg。

表 2-4-27　混凝土保护层的最小厚度 c 　　　　　　　　　　　　　mm

环境等级	板墙壳	梁柱
一	15	20
二 a	20	25
二 b	25	35
三 a	30	40
三 b	40	50

③ 钢筋弯钩增加长度（图 2-4-7）

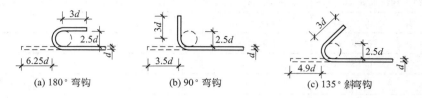

(a) 180°弯钩   (b) 90°弯钩   (c) 135°斜弯钩

图 2-4-7　钢筋弯钩增加长度

各种钢筋弯钩对应的角度数如下：

a. 对转半圆弯钩为 $6.25d$——对应 180°；

b. 对直弯钩为 $3.5d$——对应 90°；

c. 对斜弯钩为 $4.9d$——45°；

d. 135 度弯钩为 $11.9d$。

④ 弯起钢筋增加长度

弯起钢筋的弯起角度一般有 30°、45°、60°三种，其弯起增加值是指钢筋斜长与水平投影长度之间的差值。具体见图 2-4-8、表 2-4-28。

图 2-4-8　弯起钢筋的弯起增加值

表 2-4-28　弯起钢筋斜长及增加长度计算表

弯起角度	$\alpha = 30°$	$\alpha = 45°$	$\alpha = 60°$
斜边长度 S	$2.000h$	$1.414h$	$1.155h$
底边长度 L	$1.732h$	$1.000h$	$0.577h$
增加长度 $S - L = \Delta L$	$0.268h$	$0.414h$	$0.578h$

⑤ 箍筋长度

箍筋长度＝构件截面周长－8×保护层厚度＋弯钩增加长度。箍筋弯钩增加长度见表 2-4-29。

表 2-4-29　箍筋弯钩增加长度

弯钩形式		180°	90°	135°
弯钩增加值	一般结构	$8.25d$	$5.5d$	$6.87d$
	有抗震要求结构	$13.25d$	$10.5d$	$11.87d$

箍筋数量＝箍筋配置范围长度/箍筋间距＋1。

在了解相关内容及识读施工图之后，就可以进行预算书编制工作了。

（四）进行工程量的计算（结合图样进行计算，参见表 2-4-30）

表 2-4-30　工程量计算表

序号	项目名称	单位	工程量	计算公式
1	园桥			
1.1	园桥基础			
1.1.1	100 厚 C10 混凝土垫层	m³	0.4	(0.1+0.1+0.225+0.15+0.225+0.1+0.1)×(0.1+0.1+0.225+0.15+0.225+0.1+0.1)×0.1×4＝0.4(m³)
1.1.2	C25 混凝土基础	m³	0.96	(0.8×0.8×0.15+0.6×0.6×0.1+0.6×0.6×0.3)×4＝0.96(m³)
1.1.3	挖土方	m³	6.656	1.6×1.6×0.65×4＝6.656(m³)
1.1.4	基础夯实	m³	10.24	1.6×1.6×4＝10.24(m³)
1.1.5	φ150 樟子松防腐木	m³	0.1162	1.645×3.14×0.075²×4＝0.1162(m³)
1.2	园桥桥面			
1.2.1	2000×100×100 樟子松防腐木	m³	0.08	0.1×0.1×2×4＝0.08(m³)
1.2.2	1500×100×45 樟子松防腐木	m³	0.1688	1.5×0.1×0.045×25＝0.1688(m³)
1.2.3	2500×100×100 樟子松防腐木	m³	0.375	2.5×0.1×1.5＝0.375(m³)
1.3	钢筋工程			
1.3.1	φ12 钢筋@150,单层双向	t	0.0124	(0.85+0.85)×2-8×0.025+11.9×0.012×2＝3.4856(m) 3.4856×0.888×0.001×4＝0.0124(t)
1.3.2	φ8 钢筋@150	t	0.0205	(0.65+0.65)×2-8×0.025+11.9×0.008×2＝2.5904(m) 0.55/0.15+1≈5 2.5904×0.395×0.001×5×4＝0.0205(t)
1.3.3	10 φ16 钢筋	t	0.0386	(0.55-0.025×2+3.5×0.016×2)×10＝6.12(m) 6.12×1.578×0.001×4＝0.0386(t)
1.4	园桥池底			
1.4.1	20 厚聚合物水泥砂浆保护层	m³	0.1394	3.14×1.11²×0.02＝0.1394(m³)
1.4.2	150 厚 3:7 灰土夯实层	m³	0.92944	3.14×(160/180)×1.11²×0.15＝0.92944(m³)
1.4.3	100 厚 C20 钢筋混凝土层	m³	0.8831	3.14×1.250²×2.25×0.1＝0.8831(m³)
1.4.4	φ12 钢筋@150 双层双向	t	0.1329	3.14×0.81-0.025×2+6.25×0.012×2＝2.6434(m) 2-0.025×2+6.25×0.012×2＝2.1(m) (3.14×0.81-0.05)/0.15+1≈18 (2-0.05)/0.15+1＝14 (2.6434×14+2.1×18)×0.888×2×0.001＝0.1329(t)
1.4.5	20 厚聚合物水泥砂浆找平层	m³	0.1394	3.14×1.11²×0.02＝0.1394(m³)

续表

序号	项目名称	单位	工程量	计算公式
1.4.6	改性沥青卷材防水层	m²	5.401	3.14×0.86×2＝5.401（m²）
1.5	其他			
1.5.1	M20 螺栓固定	t	0.0099	20×20×0.00617×0.35×0.001×4＝0.0099（t）
1.5.2	自攻螺钉固定	t	0.0100	

（五）在工程量计算基础上，运用计价软件编制工程量清单，并进行定额套价

（见表 2-4-31）

表 2-4-31　定额套价表

序号	项目编码	项目名称	项目特征描述	计量单位	工程量	金额/元		
						综合单价	合价	其中暂估价
1	010401006004	垫层	混凝土强度等级：C10	m³	0.4	426.7	170.68	
2	010401002004	独立基础	混凝土强度等级：C25	m³	0.96	466.96	448.28	
3	010103001007	土（石）方回填	1. 土质要求：3：7 灰土；2. 密实度要求：夯实	m³	0.93	183.57	170.72	
4	010405004001	拱板	1. 板厚度：100mm；2. 混凝土强度等级：C20	m³	0.88	478.77	421.32	
5	050303004005	钢筋	钢材品种、规格：Φ12 螺纹钢筋	t	0.153	5234.58	800.89	
6	010703001001	卷材防水	1. 卷材、涂膜品种：改性沥青卷材防水层；2. 找平层：20 厚聚合物水泥砂浆找平层	m²	5.86	79.06	463.29	
7	050303003003	木柱	1. 木材种类：樟子松防腐木柱子，做旧处理；2. 柱截面：D150mm	m³	0.12	4644.25	557.31	
8	050303003004	木梁	1. 木材种类：樟子松防腐木；2. 柱截面：2000×100×100mm	m³	0.08	4644.25	371.54	
9	050303003005	木梁	1. 木材种类：樟子松防腐木；2. 柱截面：2500×100×100mm	m³	0.38	4644.24	1764.81	
10	050303003006	木梁	1. 木材种类：樟子松防腐木；2. 柱截面：1500×100×45mm	m³	0.17	4644.24	789.52	
11	…	…	…		…	…	…	…

（六）录入完之后要对所算的工程量按不同的定额子目进行汇总，编制出主材表

编制主材表时要在以前所算的工程量基础上乘以损耗，不同地方的损耗率是不一样的，仔细研究定额，把计算出来的工程量套成预算，生成相关表格，如综合单价分析表（见表 2-4-32）。

表 2-4-32　工程量清单综合单价分析表（以科瑞计价软件编制）

项目编码	0503030030	项目名称				木柱				计量单位			m³
清单综合单价组成明细													
定额编号	定额名称	单位	数量	单价/元				合价/元					
				人工费	材料费	机械费	管理费和利润	人工费	材料费	机械费	管理费和利润		
E3-108	木制花架柱	m³	1	356.2	3985		303.5	356.2	3985		303.5		
人工单价			小计					356.2	3985		303.5		
42.00 元/工日，48.00 元/工日			未计价材料费										
清单项目综合单价/元								4644.25					
材料费明细	主要材料名称、规格、型号	单位	数量	单价/元		合价/元		暂估单价/元		暂估合价/元			
	樟子松防腐木	m³	1.1	3600		3960		—		—			
	其他材料费			—		24.62		—		—			
	材料费小计			—		3984.62		—		—			

三、招投标知识

（一）园林工程招投标程序

1. 标书的编制

标书一般包括商务标和技术标两块。商务标就是投标报价中的价格，也就是预算书，包括企业资质、营业执照，相关获奖证书，证明公司业绩的相关文件，有时还需安全生产许可证、企业简介等，具体看招标文件要求。技术标是指施工组织设计等为完成招标文件规定的工程所采取的各种技术措施。

（1）商务标编制内容

1）法定代表人身份证明；

2）法人授权委托书（正本为原件）；

3）投标函；

4）投标函附录；

5）投标保证金交存凭证复印件；

6）对招标文件及合同条款的承诺及补充意见；

7）工程量清单计价表；

8）投标报价说明；

9）报价表；

10）投标文件电子版（U 盘或光盘）；

11）企业营业执照、资质证书、安全生产许可证等。

（2）技术标编制内容

1）施工部署；

2）施工现场平面布置图；

3）施工方案；

4）施工技术措施；

5）施工组织及施工进度计划（包括施工段的划分、主要工序及劳动力安排以及施工管理机构或项目经理部组成）；

6）施工机械设备配备情况；

7）质量保证措施；

8）工期保证措施；

9）安全施工措施；

10）文明施工措施。

2．招投标程序（见图2-4-9、图2-4-10）

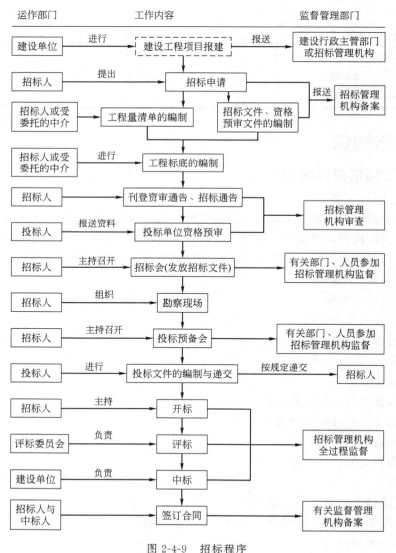

图 2-4-9　招标程序

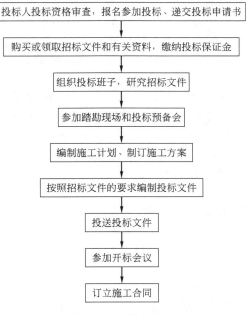

图 2-4-10　投标程序

（二）招标公告范本

××镇××××广场建设工程招标公告

建设单位：××市××区××镇人民政府

招标代理单位：××市×××工程管理有限公司

日期：××××年 03 月

根据增发改投【2015】×××号批准，并由本工程所具有的资金证明，发包价达到×××× [2013]××号文规定的小额建设工程规模，××市××区××镇人民政府现对××镇××××广场建设工程施工［总承包］通过随机抽取（摇珠）方式，选定承包人。

1. 工程名称：××镇××××广场建设工程

2. 建设单位：××市××区××镇人民政府

联系人：×××　　　联系电话：×××××××××××

招标代理机构（如有）：××市×××工程管理有限公司

联系人：×××　　　联系电话：×××××××××××

设计单位：×××××××××××

交易监督机构：××市××区建设工程招标管理办公室

投诉电话：×××——×××××××××

3. 建设地点：××镇×××××××××

4. 项目概况：

承包内容：××广场建设工程

规模：铺设沥青路面 574 米，广场 739 平方米，仿木栏杆 323 米，松木桩 200 米，实施绿化、电气、排水等工程（具体数据以施工图纸及工程量清单为准）。

发包价：94.127626 万元

承包方式：本项目采用工程量清单计价。承包意向人按建设单位公布的发包价及其工程

量清单作为承包价及承包价的清单报价，并以此作为结算的依据。

工期要求：××××年××月××日计划开工，施工总工期：×××日历天

保修期：按照《建设工程质量管理条例》规定。

5. 资金来源：由单位自筹资金解决，并争取上级补助资金

6. 发布交易公告：

从××××年03月24日23时59分00至××××年03月31日23时59分00。

注：××××上发布时，同时发布施工图纸、发包价。发布交易公告的时间不得少于5个工作日。如建设单位需发布补充公告的，以最后发布的补充公告的时间起计算公告发布时间，若因此交易时间发生变化的，需在补充公告中明确说明。

7. 网上报名时间及承包意向有效期。

（1）网上报名时间：

从××××年03月24日23时59分00至××××年03月31日23时59分00。

注：交易公告发布截止时间须与报名截止时间一致，报名结束后可进行摇珠。

（2）承包意向有效期：90日历天（从报名截止之日记起）。

8. 摇珠时间及摇珠地点

（1）摇珠时间：××××年04月01日15时30分

（2）摇珠地点：××市公共资源交易中心××交易部开标×××室

（3）摇珠时间是否有变化，请密切留意交易澄清或修改中的相关信息

9. 承包意向人合格条件

（1）承包意向人在×××市市政公用工程施工总承包小额工程企业库中。

（2）承包意向人具有承接本工程所需的市政公用工程三级或以上级别专业承包资质（注：专业承包项目选择此项，若资质要求为入库企业的最低要求的，可省略此项）。

（3）承包意向人拟担任本工程项目负责人的人员为市政公用工程专业二级或以上级别的注册建造师，或具备符合穗建筑［2010］×××号文规定的小型项目负责人资质，并持有项目负责人安全生产考核合格证（B类）（注：小型项目负责人专业以企业聘书上所聘专业为准，如聘书中未明确专业的，以小型项目负责人继续教育培训合格证中的专业为准。）（注：小型项目选择此项）。

（4）专职安全人员须具有安全生产考核合格证（C类），项目负责人和安全员不为同一人。

（5）投标人建立了企业诚信档案（A类IC卡），拟担任本工程项目负责人为本企业（IC卡）中的在册人员。［注：诚信档案（A类IC卡）应在有效期内］。

（6）承包意向人按规定的格式及内容要求签署了《承包意向承诺及声明函》。

（7）承包意向人在报名截止时间前向×××市公共资源交易中心缴纳×××万元（注：交易保证金金额不超过发包价的2%）的交易保证金。交易保证金必须从其基本账户转出。

注：项目负责人在任职期间不得担任专职安全员，项目专职安全员在任职期间也不得担任项目负责人。

未在交易公告第九条单列的合格条件，不作为承包意向人不合格的依据。

10. 摇珠结果将在×××站公示，公开接受承包意向人的监督。

11. 报名成功参加摇珠的承包意向人不足3家为交易失败。建设单位应重新发布交易公告。建设单位两次公告后，报名登记参加摇珠的承包意向人仍不足3家的，建设单位可在报名登记参加摇珠的承包意向人中随机抽取确定承包人。若无承包意向人报名，建设单位经集体讨论可从企业库中直接委托承包人。

12. 发包通知书发放前建设单位对承包候选人的资格进行审查。

13. 本工程根据国家和省有关计价规范设置发包价，承包意向人均应承诺按此价格承接本工程范围内的所有施工内容。

14. 潜在承包意向人或利害关系人对本交易公告有异议的，应在公告发布后三日内向建设单位书面提出。

异议受理部门：×××市×××区建设工程招标管理办公室

异议受理电话：×××-×××××××××

地　址：×××市××区×××街×××路×××号

15. 本公告在×××站发布，本公告的修改、补充在×××站发布。

16. 承包意向人在×××××××站下载工程施工图纸及发包价（含工程量清单）。

17. 建设单位不集中组织踏勘现场，由承包意向人自行踏勘。现场详细地点：×××镇××××××××。自×××年××月××日起具备现场踏勘条件。

18. 建设单位须将交易公告报交易监督机构备案后，方可发布。

附件 01　承包意向承诺及声明函

致：×××市城乡建设委员会（×××区建设局）、×××市建设工程招标管理办公室（×××区招标办）、×××市×××区×××镇人民政府。

1. 根据建设单位发布的×××××××工程的交易公告，我方已详细审查了全部交易公告及有关附件，并无异议。

2. 遵照《×××市小额建设工程交易管理办法》等有关规定，经研究交易文件的交易须知、合同条款、标准和技术规范、图纸、工程量清单及其他有关文件后，我方承诺：愿以人民币（小写：¥　　　　　）【其中：安全文明施工费人民币（小写：¥　　　）；余泥碴土运输与排放费人民币（小写：¥　　　）】并按上述合同条款、标准和技术规范、图纸、工程量清单等的要求承包上述工程的施工、竣工并修补其任何缺陷。我方认同建设单位提供的工程量清单即为我方报价所对应的工程量清单，结算时综合单价及措施费、规费费率均不予调整。若出现工程变更，我方将依照相关工程变更管理办法及程序办理。

3. 我方同意承包意向在交易须知规定的交易有效期内有效，在此期间内我方的承包意向有可能被建设单位接纳，获得承包资格，我方将受此约束。若建设单位需延长交易有效期的，我方同意延长。如果在交易有效期内撤回交易意向或放弃承包资格不予贵方签订合同的，建设单位有权要求我方对造成的损失进行赔偿。

4. 如果我方获得承包资格，我方保证按交易须知中规定的工期，完成并移交本工程，质量标准达到交易须知中的要求。

5. 如果我方获得承包资格，我方将实行项目经理负责制，我方拟委派的项目负责人为　　　，项目负责人与安全员不为同一人，拟委派的安全员为　　　　，保证本项目拟派的项目负责人和安全员没有在其他在建项目中任职并按建设单位要求配备项目管理班子。如未经建设单位同意更换项目班子成员，建设单位有权取消我公司的承包资格或单方面终止合同，由此造成的违约责任由我公司承担。

6. 我方理解贵方将不受任何我方报名的约束。

7. 如果我方获得承包资格，我方将按照规定递交由建设单位认可、并在交易须知中规定金额的履约保函或保证金；并承诺不放弃承包资格。

8. 除非另外达成协议并生效，建设单位的工程发包通知书和本报名资料、交易文件将成为约束双方的合同文件的组成部分。

9. 如果我方获得承包资格，我方将编制详细的施工组织设计，并报经监理单位或建设单位审批后实施。

10. 我方就参加本项目交易工作，作出以下郑重声明。

（1）本公司保证报名及其后提供的一切材料都是真实的。

（2）本公司保证在本项目交易中不给其他单位挂靠，不出让交易资格，不向建设单位行贿

（3）本公司没有处于被责令停业的状态；没有处于被建设行政主管部门取消投标资格的处罚期内；没有处于财产被接管、冻结、破产的状态；在报名资料核对截止日期前两年内没有建设行政主管部门已书面认定的重大工程质量问题；在广州市人民检察院行贿犯罪档案查询结果中，本公司没有在报名资料核对截止时间前两年内被人民法院判决犯有行贿罪的记录。

（4）严格遵守建设工程余泥渣土运输与排放管理制度，执行"一不准进、三不准出"规定。选择合法的余泥渣土运输单位及排放点。承诺如违反建设工程余泥渣土运输与排放管理制度，将自愿接受通报批评，记录不良行为。

（5）本公司及其有隶属关系的机构没有参加本项目的设计、前期工作、交易文件编写、监理工作；本公司与承担本交易项目监理业务的单位没有隶属关系或其他利害关系。

（6）本公司承诺：获得承包资格后按照《×××市建筑工程劳务分包管理办法（试行）》（×××建筑〔2013〕×××号）的规定发包劳务或使用自有劳务队伍。

11. 本公司充分理解招标文件的规则，充分考虑了如有其他承包意向人资格变动对摇珠结果产生影响的风险，本公司仍将接受此次摇珠结果。

本公司违反上述承诺和声明的事实，经查实，本公司愿意接受公开通报，承担由此带来的法律后果，并自愿退出×××市小额工程企业库。

承包意向人企业公章：

法定代表人：　　　　　（签名或盖章）

日期：　　年　　月　　日

除附件 01 以外，还有其他附件如下，具体内容省略（常见的格式有：.pdf、.doc、.xls 或 .zip）：

附件 02	交易申请表	附件 03	资金证明
附件 04	财评通知	附件 05	交易意向表
附件 06	立项	附件 07	发包人声明
附件 08	招标代理委托书	附件 09	公告
附件 10	发包价公布函	附件 11	发包授权代表证明书
附件 12	交易文件（上传版）	附件 13	评审确认表
附件 14	施工监理	附件 15	工程规划
附件 16	图纸	附件 17	工程量统计表
附件 18	用地批文	附件 19	资质
附件 20	图纸证明		

四、某景观工程预算书解析

根据某景观工程图纸和工程量清单进行投标报价。景观工程图纸及相关表格详见图 2-4-11～图 2-4-18，表 2-4-33～表 2-4-44。

为保证绿化施工效果能达到具体设计意图，确保质量，同时利于检查监督，现就××景观园林绿化景观工程施工要求作具体说明。

一、施工的依据

(1) ＊＊设计的××景观园林景观工程方案；

(2) ××景观园林景观工程绿化施工说明书；

(3) 相关城市绿化规范要求及工程主管部门的要求；

(4) 现场实际及有关专业施工图。

二、施工组织与实施

(1) 根据施工任务量、施工要求、预算项目的具体定额等组织施工技术力量、安排施工计划；

(2) 熟读图纸、熟记规范、准备好施工器具以及花草树木、肥料、乔木支撑物等原材料，做好施工的前期工作；

(3) 按工程主管单位的要求、施工期限、合同规定，按设计图和园林规范依实组织具体施工。

三、具体实施主要过程及要求

1. 严格按苗木表规格购苗，应选择枝干健壮，形体完美，无病虫害的苗木。大苗移植，尽量减少截枝量，严禁出现没枝的单干乔灌，乔木主枝不少于3个，主要树种的苗木选择应获得甲方及设计单位的认同。

2. 种植地被时，应按品字形种植，确保覆盖地表，且植物带边缘轮廓种植密度应大于规定密度，以利形成流畅的边线，同时轮廓边在立面上应成弧形，使相临两种植物的过渡自然。

3. 片植灌木配置平面、种植平面、种植剖面示意图。

片植灌木配置平面　　　　　片植灌木种植平面示意图　　　　　片植灌木种植剖面示意图

四、苗木规格具体要求

高度(H)：指苗木经过常规处理后的自然高度，干高指具明显主干树种之干高(如棕榈植物)。具单一主干的乔木要求尽量保留顶端生长点。苗木选择时应满足清单所列的苗木高度范围，并有上限和下限苗木的区分，以便植物造景时进行高低错落的搭配。如：香樟H5-6m7株，则应在7株内包含5m、6m及中间高度(如5.5m)的苗木，不能全为5m或全为6m，列植除外。

胸径(φ)：指乔木距离地面1.2米高的平均直径。选择苗木时，下限不能小于清单下限，上限不宜超过清单上限3cm(主景树可达5cm)。

冠辐(P)：指苗木经过常规处理后的枝冠正投影的正交直径平均值。在保证苗木移植成活和满足交通运输要求的前提下，应尽量保留苗木的原有冠辐，以利于绿化效果尽快体现。

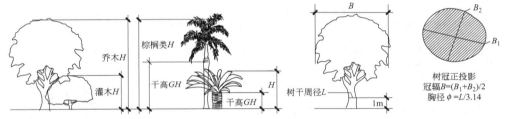

树冠正投影
冠辐$B=(B_1+B_2)/2$
胸径$\phi=L/3.14$

五、土层厚度要求

种植区在自然土上，现有土壤不适宜种植时，将表面换为种植土。当种植区位于地下室屋顶或者其他构筑物上部时，在荷载允许的情况下，当种植土的厚度不能满足植物生长所需时，应及时告知设计单位，对图纸进行修改。回填种植土时，应首先核查该部分的土中积水排除系统是否施工完善，经确认后先按设计要求完成疏水层，然后方可铺设种植土，严格按照施工规范铺设疏水设施及种植土。积水排除系统及疏水层做法见有关图纸。

六、种植土壤要求

种植土以排水良好、肥沃的壤土为宜，当种植土不符要求时，施工单位应根据实际情况对其进行改良，以利植物的正常生长。pH值为5.5～7.5间壤土，疏松；不含建筑和生活垃圾。

七、土坨大小要求

土坨：指苗木移栽过程中为保证成活和迅速复壮，而在原栽植地围绕苗木根系取的土球。

确定土坨直径的方法(起坨)如下：

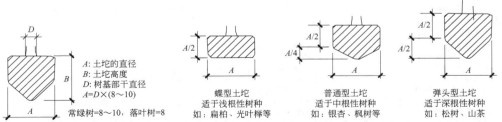

A: 土坨的直径
B: 土坨高度
D: 树基部干直径
A=D×(8～10)

常绿树=8～10，落叶树=8

蝶型土坨
适于浅根性树种
如：扁柏、光叶榉等

普通型土坨
适于中根性树种
如：银杏、枫树等

弹头型土坨
适于深根性树种
如：松树、山茶

土坨的大小应依据上图视树种和苗木具体生长状况及种植季节而定，苗木清单中不作具体规定，以确保成活为标准。若市场上有容器苗(即假植苗苗)，要求尽量采用容器苗。

图 2-4-11

八、种植树穴要求

(1) 在栽苗木之前应以所定的灰点为中心沿四周向下挖穴，种植穴的大小依土球规格及根系情况而定。带土球的应比土球大16～20cm，栽裸根苗的穴应保证根系充分舒展，穴的深度一般比土球高度稍深10～20cm，穴的形状一般为圆形，但必须保证上下口径大小一致。

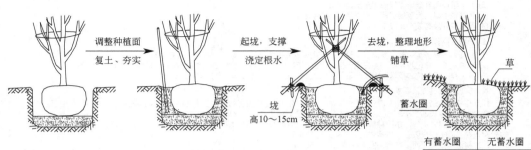

注：在干旱少雨地区，应给植物保留一个低于草坪面3cm左右的蓄水圈，以利植物吸收水分。

(2) 当遇到种植池小于所种乔木土球时，应先进行乔木种植再进行硬景施工。

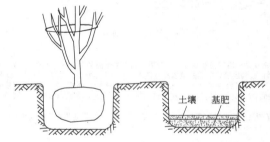

所挖穴坑的直径要比土坨稍大，其垂直高度要略超过土坨垂直高度，并将底部土壤处理松软。

基肥使用堆肥或饼肥。基肥上面覆盖一层土，避免树根直接接触肥料，造成烧根。

九、种植要求

种植乔木时，应根据人的最佳观赏点及乔木本身的阴阳面来调整乔木的种植面。将乔木的最佳观赏面正对人的最佳观赏点，同时尽量使乔木种植后的阴阳面与乔木本身的阴阳面保持吻合，以利植物尽快恢复生长。

十、支撑要求

为了使种植好的苗木不因土壤沉降或风力的影响而发生歪斜，需对刚完成种植尚未浇定根水的苗木进行支撑处理，不同类型的苗木可采用不同的支撑手法，如下图：

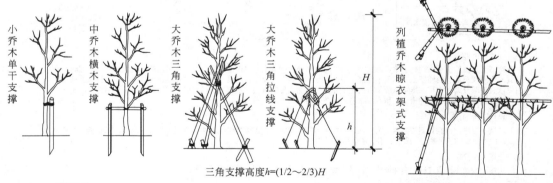

三角支撑高度$h=(1/2～2/3)H$

十一、地形要求

植物种植必须在地形获得设计单位认可的基础上进行，种植完成后，需对地形进行再一次的平整处理，达到设计人员的要求后，才可进行草地的铺砌。

十二、基肥

施工图中的各种花草树木均需按额定要求的基肥量，施放基肥。要求施工种植前必须下足基肥，弥补绿地土壤瘦瘠对植物生长的不良影响，以使绿化尽快见效。按目前的园林施工要求，设计施用下列基肥：

(1) 垃圾堆烧肥：利用当地垃圾焚烧场生产的垃圾堆烧肥过筛，且充分沤熟后施用。

(2) 堆沤蘑菇肥：为蘑菇生产厂生产所剩的废蘑菇种植基质掺入3%～5%的过磷酸钙后堆沤，充分腐熟后施用。

(3) 其他基肥或有机肥，必须经该工程施工主管单位同意后施用、用量依实而定。

因植物的种植具有较强的季节性，且苗木市场的情况又时有变化，故＊＊要求建设单位在确定了建设该项目的时间后，及时告知＊＊，以利＊＊对图纸进行调整，从而提高图纸的可行性。

同时＊＊要求承建单位必须根据整套绿化施工图来施工，以确保施工的质量，当对图纸有疑问时，应及时告知建设单位，由＊＊相关设计人员解决，因此造成的效果＊＊不对其负责。

图 2-4-11　绿化施工图设计、种植说明（一）

绿化配置图之一般平面配置形式效果分析

1. 行道树种植要求

行道树配置平面图

配置要求：相邻两株植物之间的间距及每株植物与道路之间的间距都应相等，不可小于4m。

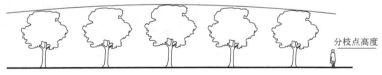

分枝点高度

行道树种植立面图(正确)

种植要求：依配置要求种植，若遇到下水管道等阻碍物时，适当调整间距；且苗木的分枝点高度必须一致(误差在20cm以内)，自然高度应基本一致，出现不一致时，应将较高苗木种植在树列中间位置，使林冠线呈平滑的拱形，杜绝形成凹形。

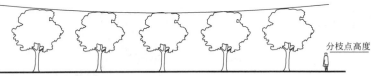

分枝点高度

行道树种植立面图(不正确)

2. 植物拼种的种植要求

拼种的植物配置平面图
(同种植物图标的大小反映植物的高低)

自然型小灌木
高度不大于冠幅
呈类球形

丛生植物

拼种的植物种植效果分析图

自然型小灌木及丛生植物的拼种
(要求适当抬高中间区域的地势，种植时将植物向外倾斜，拼成一大丛，拼种完后再修剪)

3. 水边植物种植形式

形成自然驳岸形式。

种植要点：水边配置的植物，种植时应使其枝叶有部分下垂，贴近水面，同时遮盖水边泥土等。

(1) 探水型小乔木驳岸配植法
要求选用探水型树形，树形外弯一侧探出水面，客观
表现植物的趋向水性的美学形态。

(2) 自然型小灌木驳岸边配植法
要求枝叶有部分下垂，贴近水面，同时遮盖水边泥土等。

图 2-4-12

绿化配置图之一般平面配置形式效果分析

4.自然搭配的植物种植要求

搭配可分为不同树种和相同树种搭配两种形式。

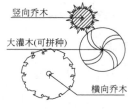
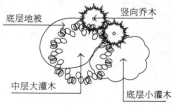
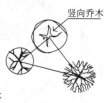

(1) 不同树种搭配

根据树种体形特征进行搭配,要求体量相当,在空间上达到平衡协调。

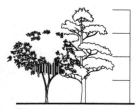
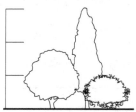
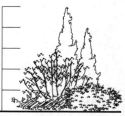
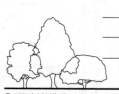

①不同形态乔木之间的搭配要求:竖向植物的高度是横向植物高度的4/3以上

②中高层植物之间的搭配要求:植物的体量相当,在空间上达到平衡

③中低层植物之间的搭配要求:植物的体量相当,在空间上达到平衡

④不同树种搭配(疏散形)不同品种乔木(疏散型)之间的搭配要求:竖向植物要求在靠后层次且高度差比为3:2:1以上

(2) 相同树种搭配

根据树形单株或几株成丛依不等边三角形种植,空间上最高或占主体地位的植株必须竖直,不可种斜。外侧或较底植株可根据造型需要适当斜植,但倾斜方向必须偏离中心向外。

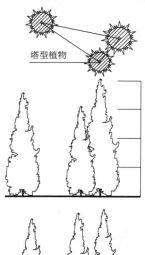
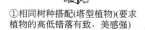
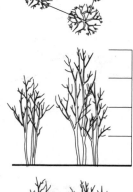

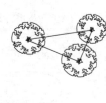
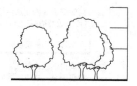
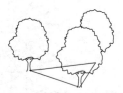

①相同树种搭配(塔型植物)(要求植物的高低错落有致,美感强)

②相同树种搭配(丛植)同品种乔木之间的搭配(丛植)要求:植物高度要求有差异,且高度差比为4:3:2.5左右,形成错落感

③相同树种搭配(单植)中高层植物之间的搭配要求:植物的体量相当在空间上达到平衡

图 2-4-12 绿化施工图设计、种植说明(二)

5. 花池内植物种植形式

绿化配置图之一般平面配置形式效果分析

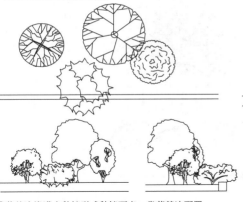

①花基边缘灌木种植形式种植要点：靠花基边配置
的灌木，种植时应紧靠花基，使其枝叶能够遮挡住
部分花基。

②花基边缘地被种植形式种植要点：沿花基边配置
的地被，种植时应使其枝叶有部分下垂，使其枝叶
能够遮挡住部分花基。

6. 地被边缘种植形式

种植要点：自然式地被边缘种植时，要求边缘植物较低矮，以便和草地(或其他)形成过渡。后接地被高度逐渐提高，总体呈自
然坡度爬升。规则形地被种植时边缘必须齐、平，或呈一定造型，边缘明确，地被之间区分明显。

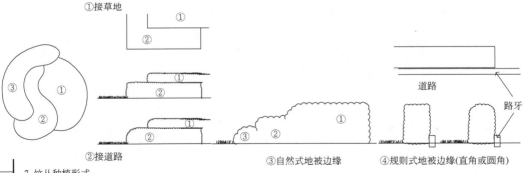

①接草地

②接道路

③自然式地被边缘

④规则式地被边缘(直角或圆角)

7. 竹丛种植形式

种植方式(1)
竹丛种植时，以三五株一丛为单
位，以不等边三角形方式种植。
种植时中间植株不可种斜，边缘
需倾斜时

忌讳：方向朝外。忌讳均
匀种植和平行种植。

种植方式①竹丛不等边三角形种植

竹均匀、平行种植(忌讳)

图 2-4-13

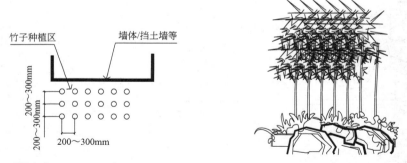

种植方式(2)

单根竹子成排成行规则种植，常用于现代式庭院，种植要领在于规则，均匀，体现竹竿形成的韵律美及光影效果。

平整建设场地步骤

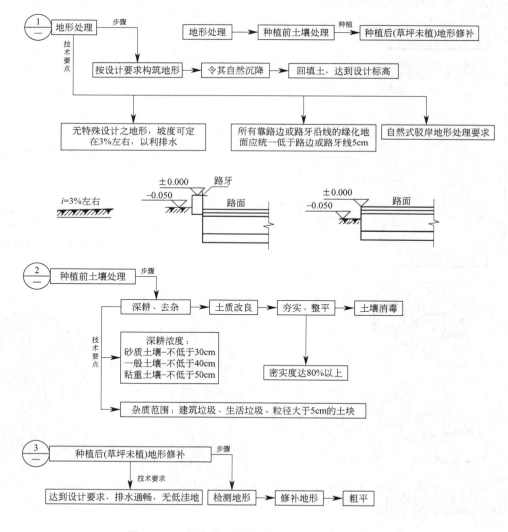

图 2-4-13　绿化施工图设计、种植说明（三）

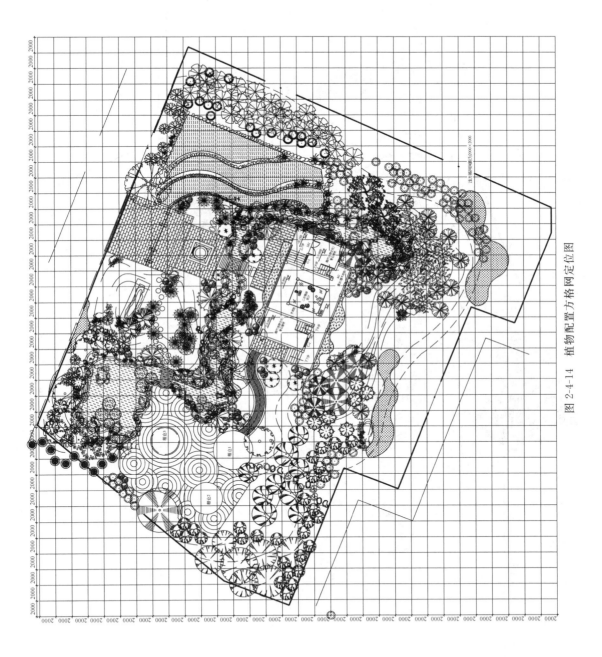

图 2-4-14 植物配置方格网定位图

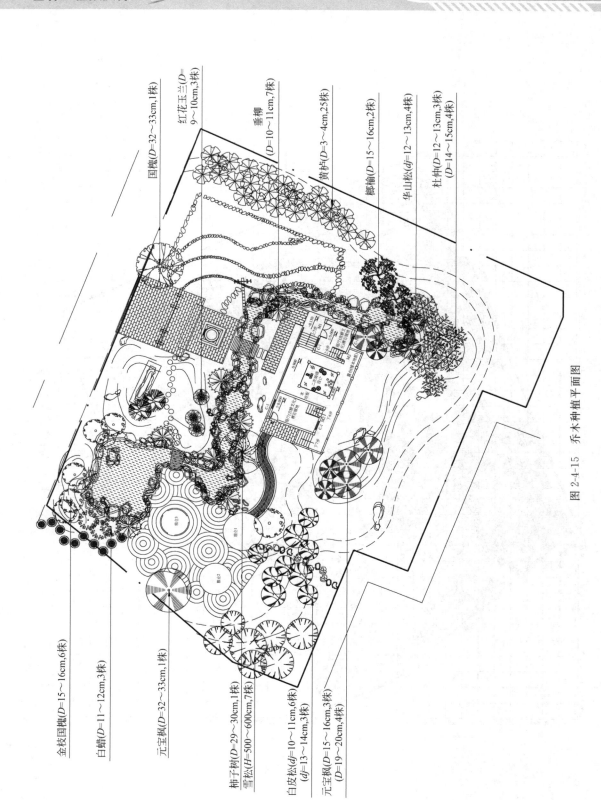

金枝国槐(*D*=15～16cm,6株)

白蜡(*D*=11～12cm,3株)

元宝枫(*D*=32～33cm,1株)

柿子树(*D*=29～30cm,1株)
雪松(*H*=500～600cm,7株)

白皮松(*dj*=10～11cm,6株)
(*dj*=13～14cm,3株)

元宝枫(*D*=15～16cm,3株)
(*D*=19～20cm,4株)

国槐(*D*=32～33cm,1株)

红花玉兰(*D*=9～10cm,3株)

垂柳(*D*=10～11cm,7株)

黄栌(*D*=3～4cm,25株)

榔榆(*D*=15～16cm,2株)

华山松(*dj*=12～13cm,4株)

杜仲(*D*=12～13cm,3株)
(*D*=14～15cm,4株)

图2-4-15 乔木种植平面图

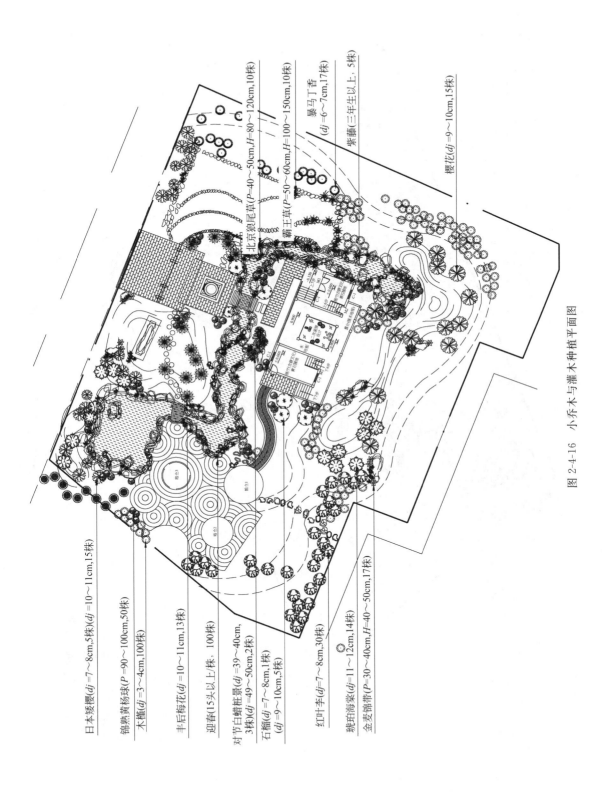

图 2-4-16 小乔木与灌木种植平面图

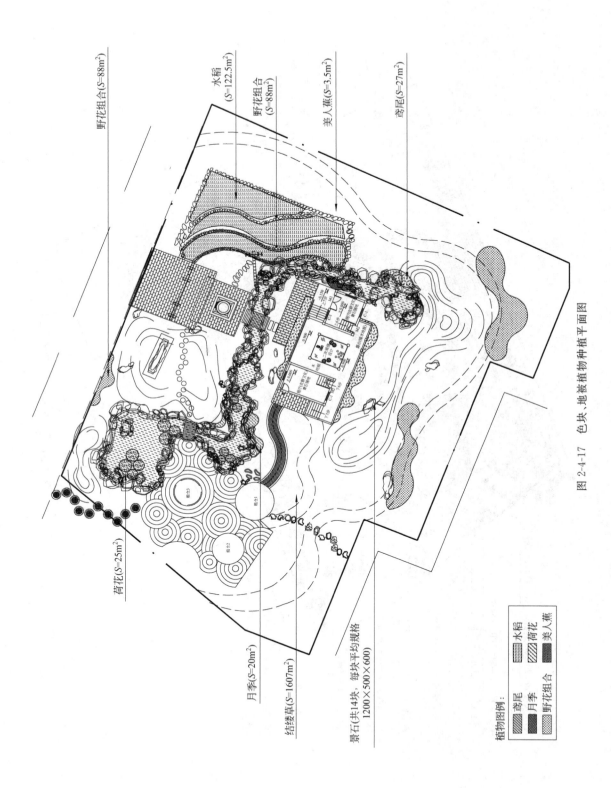

野花组合(S=88m²)

水稻(S=122.5m²)

野花组合(S=88m²)

美人蕉(S=3.5m²)

鸢尾(S=27m²)

荷花(S=25m²)

月季(S=20m²)

结缕草(S=1607m²)

景石(共14块，每块平均规格1200×500×600)

植物图例：

鸢尾	水稻
月季	荷花
野花组合	美人蕉

图 2-4-17　色块、地被植物种植平面图

乔木类								
序号	图例	品种名称	规格/cm			数量	单位	备注
			胸(地)径	蓬径(P)	高度(H)			
1		雪松	9～10(dj)		500～600	7	株	带全冠栽植，树型优美，生长良好
2		白皮松	10～11(dj)	200～300	300～400	6	株	带全冠栽植，树型优美，生长良好
			13～14(dj)	250～350	400～500	3	株	
3		国槐	32～33	400～500	600～700	1	株	带全冠栽植，树型优美，生长良好
4		金枝国槐	15～16	350～450	500～600	6	株	带全冠栽植，树型优美，生长良好
5		元宝枫	15～16	250～350	400～500	3	株	带全冠栽植，树型优美，生长良好
			19～20	300～400	450～450	4	株	带全冠栽植，树型优美，生长良好
			32～33	350～450	450～450	1	株	带全冠栽植，树型优美，生长良好
6		琥珀海棠	11～12(dj)	200～300	300～400	14	株	树型优美，生长良好
7		黄栌	3～4	150～250	250～350	25	株	带全冠栽植，树型优美，生长良好
8		柿子树	29～30	300～450	650	1	株	带二级分枝栽植，树型优美，生长良好
9		垂柳	10～11	200～300	300～350	7	株	带二级分枝栽植，树型优美，生长良好
10		红花玉兰	9～10	200～250	250～300	3	株	带二级分枝栽植，树型优美，生长良好
11	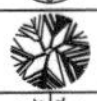	华山松	12～13(dj)	200～300	300～400	4	株	
12	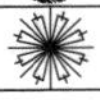	丰后梅花	10～11(dj)	200～250	250～300	13	株	带全冠栽植，树型优美，生长良好
13		对节白蜡桩	39～40(dj)		150～180	3	株	生长良好，树型优美，成品桩
			49～50(dj)		200～250	2	株	
14		石榴	7～8(dj)	150～250	180～200	1	株	带全冠栽植，树型优美，生长良好
			9～10(dj)	200～250	200～300	5	株	带全冠栽植，树型优美，生长良好
15		木槿	3～4(dj)	150～250	200～220	100	株	生长良好，树势丰满，枝型优美
16		暴马丁香	6～7(dj)	200～250	250～300	17	株	生长良好，树势丰满，枝型优美
17		榔榆	15～16	250～350	400～550	2	株	带全冠栽植，树型优美，生长良好
18	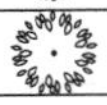	白蜡	11～12	200～300	300～400	3	株	带全冠栽植，树型优美，生长良好
19		杜仲	12～13	250～350	700～800	3	株	带全冠栽植，树型优美，生长良好
			14～15	300～400	700～800	4	株	带全冠栽植，树型优美，生长良好
20		日本矮樱	7～8(dj)	200～250	200～300	5	株	带全冠栽植，树型优美，生长良好
			10～11(dj)	250～300	250～350	15	株	带全冠栽植，树型优美，生长良好
21		红叶李	7～8(dj)	200～250	300～400	30	株	带全冠栽植，树型优美，生长良好
22		樱花	9～10(dj)	250～300	300～400	15	株	带全冠栽植，树型优美，生长良好
23		锦熟黄杨球		100～110	80～90	30	株	修剪成型蓬径为80～90cm，生长良好
				130～140	110～120	20	株	修剪成型蓬径为110～120cm，生长良好
24		迎春				100	株	三年生以上，15个头以上/株，尾长60cm以上，生长良好
25		紫藤		25～30	30～40	5	株	三年生以上，生长良好
26		北京狼尾草		40～50	80～120	10	株	带全冠栽植，植株优美，生长良好

图 2-4-18

续表

乔木类							
序号	图例	品种名称	规格/cm		数量	单位	备注
			胸(地)径	蓬径(P)	高度(H)		

序号	图例	品种名称	胸(地)径	蓬径(P)	高度(H)	数量	单位	备注
27		霸王草	50～60	100～150		10	株	带全冠栽植，植株优美，生长良好
28	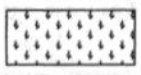	月季	25～30	25～30		20	m²	36株/m²，2～3年生
29		鸢尾	15～20	25～35		27	m²	36株/m²，1～2年生
30		金麦锦带	30～40	40～50		17	株	带全冠栽植，植株优美，生长良好
31		野花组合				88	m²	1200粒/m²
32		水稻				122.5	m²	45株/m²
33		美人蕉				3.5	m²	36株/m²，1～2年生
34		荷花				25	m²	盆植，0.5m²/盆，盆规则0.8m×0.8m，3兜/m²
35		结缕草				1607	m²	无病虫害无杂草，满铺
36		人工整理绿地				1893	m²	包括对绿地消毒除杂细平整
37		回填种植土				852	m³	平均按45cm厚回填种植土
38		有机肥				5.68	T	36kg/m²
39		乔木施肥量(有机肥)				2.6	T	乔木规格在10～20cm，施肥量为20kg/株，20cm以上，施肥量为40kg/株
40		乔木覆沙(青沙)				65	m³	乔木规格在10～20cm，青沙为0.5m³/株，20cm以上，青沙为1m³/株
41		景石				5.04	m³	北京本地石材，绿地中置石，共14块，每块平均规格1200×500×600

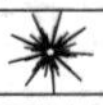

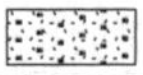

图 2-4-18　工程量清单表

① 结合图纸，先列出工程量清单计算表

表 2-4-33　工程量清单计算表

工程名称：绿化工程

序号	项目编码	项目名称	项目特征描述	计量单位	工程量
1	050102001001	栽植银杏	乔木种类：银杏；乔木规格：D20～22cm、H700～900cm；养护期：成活养护3个月、保存养护1年；养护等级：Ⅱ级养护	株	7
2	050102001002	栽植白皮松	乔木种类：白皮松；乔木规格：DJ13～14cm、P250～350cm、H400～500cm；养护期：成活养护3个月，保存养护1年；养护等级：Ⅱ级养护	株	3
3	050102001003	栽植油松	乔木种类：油松；乔木规格：DJ13～14cm、P250～350cm、H450～550cm；养护期：成活养护3个月，保存养护1年；养护等级：Ⅱ级养护	株	1
4	050102001004	栽植油松	乔木种类：油松；乔木规格：DJ18cm、P350～450cm、H550～650cm；养护期：成活养护3个月、保存养护1年；养护等级：Ⅱ级养护	株	1

续表

序号	项目编码	项目名称	项目特征描述	计量单位	工程量
5	050102001005	栽植国槐	乔木种类:国槐;乔木胸径:$\phi17\sim18cm$,$P400\sim500cm$,$H600\sim700cm$;养护期:1 年(活期养护 3 月、保存养护 1 年);养护等级:Ⅱ级养护	株	2
6	050102001006	栽植国槐	乔木种类:国槐;乔木胸径:$\phi40cm$,$P450\sim550cm$,$H700\sim800cm$;养护期:1 年(活期养护 3 月、保存养护 1 年);养护等级:Ⅱ级养护	株	1
7	050102001007	栽植金枝国槐	乔木种类:金枝国槐;乔木胸径:$\phi13\sim14cm$、$P350\sim400cm$,$H500\sim550cm$;养护期:1 年(活期养护 3 月、保存养护 1 年);养护等级:Ⅱ级养护	株	2
8	050102001008	栽植金枝国槐	乔木种类:金枝国槐;乔木胸径:$\phi16\sim17cm$、$P350\sim450cm$,$H500\sim600cm$;养护期:1 年(活期养护 3 月、保存养护 1 年);养护等级:Ⅱ级养护	株	2
9	050102001009	栽植元宝枫	乔木种类:元宝枫;乔木胸径:$\phi15\sim16cm$、$P250\sim350cm$,$H400\sim500cm$;养护期:1 年(活期养护 3 月、保存养护 1 年);养护等级:Ⅱ级养护	株	1
10	050102001010	栽植元宝枫	乔木种类:元宝枫;乔木胸径:$\phi19cm$,$P300\sim400cm$,$H450\sim550cm$;养护期:1 年(活期养护 3 月、保存养护 1 年);养护等级:Ⅱ级养护	株	1
11	050102001011	栽植元宝枫	乔木种类:元宝枫;乔木胸径:$\phi13\sim19cm$,$P650\sim750cm$,$H450cm$;养护期:1 年(活期养护 3 月、保存养护 1 年);养护等级:Ⅱ级养护	株	1
12	050102001012	栽植琥珀海棠	乔木种类:琥珀海棠;乔木地径:$DJ11\sim12cm$、$P200\sim300cm$,$H300\sim400cm$;养护期:1 年(成活期养护 3 月、保存养护 1 年);养护等级:Ⅱ级养护	株	15
13	050102004001	栽植黄栌	灌木种类:黄栌;灌木高度:$P150\sim250$、$H250\sim350$、$D2\sim3cm$;养护期:1 年(成活期养护 3 月、保存养护 1 年);养护等级:Ⅱ级养护	株	300
14	050102001013	栽植柿子树	乔木种类:柿子树;乔木胸径:$\phi40cm$,$P300\sim450cm$,$H650cm$;养护期:成活养护 3 个月、保存养护 1 年;养护等级:Ⅱ级养护	株	1
15	050102001014	栽植金丝垂柳	乔木种类:金丝垂柳;乔木胸径:$\phi10\sim11cm$、$H200\sim300cm$,$P300\sim350cm$;养护期:1 年(成活期养护 3 月、保存养护 1 年);养护等级:Ⅱ级养护	株	7
16	050102001015	栽植金丝垂柳	乔木种类:金丝垂柳;乔木胸径:$\phi14\sim16cm$、$H350\sim450cm$,$P300\sim400cm$;养护期:1 年(成活期养护 3 月、保存养护 1 年);养护等级:Ⅱ级养护	株	8

序号	项目编码	项目名称	项目特征描述	计量单位	工程量
17	050102001016	栽植红花玉兰	乔木种类:红花玉兰;乔木胸径:ϕ10cm、P200~250、H250~300;养护期:成活养护3个月、保存养护1年;养护等级:Ⅱ级养护	株	8
18	050102001017	栽植华山松	乔木种类:华山松;乔木规格:DJ12~13cm、P200~300、H300~400cm;养护期:成活养护3个月、保存养护1年;养护等级:Ⅱ级养护	株	18
19	050102001018	栽植丰后梅花	乔木种类:丰后梅花;乔木规格:DJ12~14cm、P200~250、H250~300;养护期:成活养护3个月、保存养护1年;养护等级:Ⅱ级养护	株	5
20	050102001019	栽植日本矮樱	乔木种类:日本矮樱;乔木规格:DJ8~9cm、H200~300m、P200~250cm;养护期:1年(成活期养护3月、保存养护1年)	株	8
21	050102001020	栽植石榴	乔木种类:石榴;乔木胸径:ϕ9~10cm、H200~250cm、P200~300cm;养护期:1年(成活期养护3月、保存养护1年)	株	4
22	050102001021	栽植云杉	乔木种类:云杉;乔木规格:DJ5~6cm、H150~200cm、P150~250cm;养护期:成活养护3个月,保存养护1年;养护等级:Ⅱ级养护	株	3
23	050102001022	栽植云杉	乔木种类:云杉;乔木规格:DJ7~8cm、H200~250cm、P200~250cm;养护期:成活养护3个月,保存养护1年;养护等级:Ⅱ级养护	株	1
24	050102004002	栽植紫薇	苗木株高:DJ7~8cm、P150~250、H200~220cm;养护期:1年(成活养护3个月,保存养护9个月);养护等级:Ⅱ级养护	株	1
25	050102001023	栽植李树	乔木种类:李树;乔木规格:D21~22cm、P450~550、H500~600cm;养护期:成活养护3个月,保存养护1年;养护等级:Ⅱ级养护	株	1
26	050102004003	栽植木瓜海棠	灌木种类:木瓜海棠;灌木高:P50~60cm、H30~40cm;养护期:1年(成活期养护3月、保存养护1年);养护等级:Ⅱ级养护	株	3
27	050102001024	栽植白蜡	乔木种类:白蜡;乔木胸径:ϕ20~21cm、H300~400m、P200~300cm;养护期:1年(成活期养护3月、保存养护1年);养护等级:Ⅱ级养护	株	1
28	050102001025	栽植杜仲	乔木种类:杜仲;乔木胸径:ϕ13~14cm、H700~800m、P250~350cm;养护期:1年(成活期养护3月、保存养护1年);养护等级:Ⅱ级养护	株	3

续表

序号	项目编码	项目名称	项目特征描述	计量单位	工程量
29	050102001026	栽植杜仲	乔木种类:杜仲;乔木胸径:ϕ15～16cm、$H$700～800m、$P$300～400cm;养护期:1年(成活期养护3月、保存养护1年);养护等级:Ⅱ级养护	株	4
30	050102001027	栽植对节白蜡桩	乔木种类:对节白蜡桩;乔木高:$H$150～250cm、$DJ$42～45cm、$P$200～250cm;养护期:1年(成活期养护3月、保存养护1年);养护等级:Ⅱ级养护	株	2
31	050102001028	栽植对节白蜡桩	乔木种类:对节白蜡桩;乔木高:$H$200～300cm、$DJ$55～65cm、$P$250～300cm;养护期:1年(成活期养护3月、保存养护1年);养护等级:Ⅱ级养护	株	5
32	050102001029	栽植红叶李	乔木种类:红叶李;乔木规格:$DJ$7～8cm、$H$300～400m、$P$200～250cm;养护期:1年(成活期养护3月、保存养护1年);养护等级:Ⅱ级养护	株	20
33	050102001030	栽植樱花	乔木种类:樱花;乔木规格:$DJ$9～10cm、$H$300～400m、$P$250～300cm;养护期:1年(成活期养护3月、保存养护1年);养护等级:Ⅱ级养护	株	5
34	050102004004	栽植锦熟黄杨球	灌木种类:锦熟黄杨球;灌木高:$P$90～100cm、$H$110～120cm;养护期:1年(成活期养护3月、保存养护1年);养护等级:Ⅱ级养护	株	50
35	050102001031	栽植红叶碧桃	乔木种类:红叶碧桃;乔木规格:DJ10cm、$H$300～400m、$P$250～300cm;养护期:1年(成活期养护3月、保存养护1年);养护等级:Ⅱ级养护	株	1
36	050102001032	栽植红枫	乔木种类:红枫;乔木规格:DJ7cm、$H$150～200m、$P$120～130cm;养护期:1年(成活期养护3月、保存养护1年);养护等级:Ⅱ级养护	株	6
37	050102004005	栽植连翘	灌木种类:连翘;灌木高:$P$150～170cm、$H$180～200cm;养护期:1年(成活期养护3月、保存养护1年);养护等级:Ⅱ级养护	株	9
38	050102004006	栽植牡丹	灌木种类:牡丹;株丛:五年生以上、15个头以上/株;养护期:1年(成活期养护3月、保存养护1年);养护等级:Ⅱ级养护	株	10
39	050102005001	栽植迎春	灌木种类:迎春、5株/m;养护期:1年(成活期养护3月、保存养护1年);养护等级:Ⅱ级养护	m	20
40	050102006001	栽植紫藤	植物种类:紫藤、DJ8cm;养护期:1年(成活期养护3月、保存养护1年);养护等级:Ⅱ级养护	株	5
41	050102008001	栽植北京狼尾草	花卉种类:北京狼尾草;规格:$H$80～120m、$P$40～50cm;养护期:1年(成活期养护3月、保存养护1年);养护等级:Ⅱ级养护	株	10
42	050102004007	栽植霸王草	苗木株高:100～150cm、$P$50～60cm;养护期:1年(成活养护3个月、保存养护9个月);养护等级:Ⅱ级养护	株	10
43	050102004008	栽植红瑞木	灌木种类:红瑞木;株丛:三年生以上、6个头以上/株;养护期:1年(成活期养护3月、保存养护1年);养护等级:Ⅱ级养护	株	200

续表

序号	项目编码	项目名称	项目特征描述	计量单位	工程量
44	050102001033	栽植蚕桑	乔木种类:蚕桑;乔木胸径:ϕ10cm、H120cm、P50cm;养护期:1年(成活期养护3月、保存养护1年);养护等级:Ⅱ级养护	株	50
45	050102004010	栽植茶树	灌木种类:茶树;灌木高:P120cm;养护期:1年(成活期养护3月、保存养护1年);养护等级:Ⅱ级养护	株	50
46	050102007001	栽植月季	苗木种类:月季;苗木株高、株距:P30m、三年生以上、盆花摆放	盆	200
47	050102009001	栽植睡莲	植物种类:睡莲;养护期:1年(成活期养护3月、保存养护1年);养护等级:Ⅱ级养护	盆	50
48	050102009002	栽植再力花	植物种类:再力花;养护期:1年(成活期养护3月、保存养护1年);养护等级:Ⅱ级养护	盆	50
49	050102009003	栽植黄菖蒲	植物种类:黄菖蒲;养护期:1年(成活期养护3月、保存养护1年);养护等级:Ⅱ级养护	盆	50
50	050102009004	栽植梭鱼草	植物种类:梭鱼草;养护期:1年(成活期养护3月、保存养护1年);养护等级:Ⅱ级养护	盆	30
51	050102009005	栽植花叶芦竹	植物种类:花叶芦竹;养护期:1年(成活期养护3月、保存养护1年);养护等级:Ⅱ级养护	盆	30
52	050102004011	栽植毛娟球	灌木种类:毛娟球;灌木高:$H$40~45cm;养护期:1年(成活期养护3月、保存养护1年);养护等级:Ⅱ级养护	株	33
53	050102004012	栽植红继木球	灌木种类:红继木球;灌木高:$P$60~70cm、H100cm;养护期:1年(成活期养护3月、保存养护1年);养护等级:Ⅱ级养护	株	10
54	050102004013	栽植大叶黄杨球	灌木种类:大叶黄杨球;灌木高:P200cm、H200cm;养护期:1年(成活期养护3月、保存养护1年);养护等级:Ⅱ级养护	株	3
55	050102006003	栽植金银花	植物种类:金银花;$H$30~40cm、$DJ$6~7cm;养护期:1年(成活期养护3月、保存养护1年);养护等级:Ⅱ级养护	株	2
56	050102007002	栽植大叶黄杨	苗木种类:大叶黄杨;苗木株高:$H$25~30cm、36株/m²;养护期:1年(成活期养护3月、保存养护1年);养护等级:Ⅱ级养护	m²	87.5
57	050102007003	栽植鸢尾	苗木种类:鸢尾;苗木株高:$H$25~35cm、36株/m²;养护期:1年(成活期养护3月、保存养护1年);养护等级:Ⅱ级养护	m²	43
58	050102004014	栽植金麦锦带	苗木株高:40~50cm;养护期:1年(成活养护3个月,保存养护9个月);养护等级:Ⅱ级养护	株	17
59	050102007004	栽植金叶女贞	苗木种类:金叶女贞;苗木株高:$H$25~30cm、36株/m²;养护期:1年(成活期养护3月、保存养护1年);养护等级:Ⅱ级养护	m²	43
60	050102011001	野花组合	草籽种类:野花组合;养护期:3个月(成活养护1个月、保存养护2个月);养护等级:Ⅲ级养护	m²	88

续表

序号	项目编码	项目名称	项目特征描述	计量单位	工程量
61	050102009006	栽植水稻	植物种类:水稻;株距:45 株/m²;养护期:1 年(成活期养护 3 月、保存养护 1 年);养护等级:Ⅱ级养护	m²	60
62	050102007005	栽植美人蕉	株距:49 株/m²;养护期:1 年(成活养护 3 个月,保存养护 9 个月);养护等级:Ⅱ级养护	m²	10
63	050102009007	栽植荷花	植物种类:荷花;养护期:1 年(成活期养护 3 月、保存养护 1 年);养护等级:Ⅱ级养护	盆	50
64	050102010001	铺种高羊茅草坪	草皮种类:高羊茅草坪;铺种方式:满铺;养护期:1 年(成活养护 3 月、保存养护 1 年)	m²	700
65	050101006001	整理绿化用地	绿地整理	m²	1100
66	010103001011	回填种植土	土质要求:种植土;松填:松填;运输距离:外运运进 5km	m³	802
67	EB001	有机肥	绿化地施肥,3kg/m²	t	3.3
68	EB002	有机肥	乔木施肥,40kg/株	t	2.4
69	EB003	绿化苗木中零星本地石	绿化苗木中零星本地景石	T	5.04
70	EB004	千层石	千层石,规格:2.5×2.5×0.25m³	块	1
71	EB005	入口景观石	本地石材,卧石"荆门园"(1.2×1.2×0.8m³)	项	1
72	EB006	农家栅栏	材料:用干径 8～10cm 的水杉制作、成型总高度为 40cm	m	8.5

② 请结合施工图样,运用计价软件,进行投标书编制。

投 标 总 价

招标人:

工程名称:××景观园林

投标总价(小写):￥3,697,955.62

（大写）:叁佰陆拾玖万柒仟玖佰伍拾伍元陆角贰分

投标人:

（单位盖章）

法定代表人

或其授权人:

（签字或盖章）

编制人:

（造价人员签字盖专用章）

编制时间:

表 2-4-34　总说明

工程名称：××景观园林　　　　　　　　　　　　　　　　　　　　第 1 页　共 1 页

一、建设内容

本工程建设地点位于××市，总面积 2621m²。主要建设内容包括：场地铺装、人工湖、梯田、木桥、石桥、粮仓、仿古建筑、雕塑、园林景观及绿化工程等。

二、预算编制依据

1. 施工图纸。

2. 2008 年《××省土石方工程消耗定额及统一基价表》。

3. 2008 年《××省建筑装饰工程消耗定额及统一基价表》。

4. 2008 年《××省市政工程消耗定额》。

5. 2008 年《××省园林绿化工程消耗定额》。

6. 2008 年《建设工程清单工程量计价规范》。

7.《××工程造价信息价》2012 年第 11 期及部分市场价。

8. 2012 年×建文 85 号《关于调整××现行建设工程计价依据定额人工单价的通知》。

9. 2008 年《××省建筑安装工程费用定额》。

三、预算编制要求

1. 清渣按机械挖三类土外运 3km 计算，场内调配土方按机械挖运三类土 1km 计算，缺土回填按机械挖运三类土 5km 及夯填计算；回填种植土及堆坡造景土方按机械挖运一、二类土 5km 计算。

2. 苗木均按当地苗木计价，大规格及名贵苗木采用包干价格，保存养护按二级养护标准计算，养护期按 1 年计算（成活养护 3 个月，保存养护 9 个月）。

3. 混凝土按商品混凝土计算，砂浆按干混砂浆计算。

4. 人工费按湖北省现行文件人工单价乘系数计算。

5. 包干价部分：2400×1200×8mm 亚克力板背景墙 300 元/m²，18mm 厚透明亚克力三维背雕文字 650 元/m²，景观河道假山 5000 元/m，600×600×50 烧面芝麻黑花岗岩盖板 300 元/块，潜水泵（SQ15-65/5-5.5）4000 元/台，中国农谷标志牌 10000 元/块，席纹木网格 2500 元/个，40 厚泥巴杂草墙面 80 元/m²，漏斗 50 元/个，百叶窗（30×45cm）150 元/个，卧石"荆门园"（1.2×1.2×0.8）20000 元/项。

6. 有机肥按 2000 元/t 计算。

7. 大型机械进出场费按进出各 1 次计算。

四、增加 5% 的异地施工费用、赶工措施费和组织措施费，一并计入总造价。

在编制投标报价文件时，所有表格都要按顺序装订成册，且封面必须有注册造价人员的签字和盖章才是有效的投标报价文件，才能作为投标文件的商务标部分。需要注意：任何一个表格都不能少，即使没有数据，也要有相应的表格。（本案例运用科瑞计价软件，总额编号略有不同）

表 2-4-35　工程项目投标报价汇总表

工程名称：××景观园林　　　　　　　　　　　　　　　　　　　　第 1 页　共 1 页

序号	单项工程名称	金额/元	其　中		
			暂估价/元	安全文明费/元	规费/元
1	土建工程	435186.62		11308.52	22512.66
2	装修工程	161366.75		2636.14	4973.32
3	安装工程	12430.95		146.91	189.49
4	景观工程	1282361.98		19609.96	55119.81
5	绿化工程	1621711.54		2890	16926.38
6	异地施工费用、赶工措施费和组织措施费	184897.78			
	合　计	3697955.62		36591.53	99721.66

由于投标报价表格较多，这里节选 5.绿化工程部分的表格进行详细讲解。

图纸也节选了该部分的施工图，可对应图纸理解工程量与计价。

表 2-4-36　单位工程投标报价汇总表

工程名称：绿化工程　　　　　　　　　　　　　　　　　　　　　　　第 1 页，共 1 页

序号	汇总内容	金额/元	其中暂估价/元
1	分部分项工程	1488870.04	
2	措施项目	7042.62	
3	其中　安全文明施工费	2890	
4	其他项目		
4.1	暂列金额		
4.2	专业工程暂估价		
4.3	计日工		
4.4	总承包服务费		
5	规费	16926.38	
6	人工价差	55395.7	
7	税金	53476.8	
	合　计	1621711.54	

表 2-4-37　分部分项工程量清单与计价表

工程名称：绿化工程　　　　　　　　　　　　　　　　　　　　　　　第 1 页　共 1 页

序号	项目编码	项目名称	项目特征描述	计量单位	工程量	综合单价	合价	其中暂估价
1	050102001001	栽植银杏	乔木种类：银杏；乔木规格：$D20\sim22cm$，$H700\sim900cm$；养护期：成活养护 3 个月，保存养护 1 年；养护等级：Ⅱ级养护	株	7	9036.53	63255.71	
2	050102001002	栽植白皮松	乔木种类：白皮松；乔木规格：$DJ13\sim14cm$，$P250\sim350cm$，$H400\sim500cm$；养护期：成活养护 3 个月，保存养护 1 年；养护等级：Ⅱ级养护	株	3	13277.42	39832.26	
3	050102001003	栽植油松	乔木种类：油松；乔木规格：$DJ13\sim14cm$，$P250\sim350cm$，$H450\sim550cm$；养护期：成活养护 3 个月，保存养护 1 年；养护等级：Ⅱ级养护	株	1	9602.42	9602.42	
4	050102001004	栽植油松	乔木种类：油松；乔木规格：$DJ18cm$、$P350\sim450cm$，$H550\sim650cm$；养护期：成活养护 3 个月、保存养护 1 年；养护等级：Ⅱ级养护	株	1	10792.99	10792.99	
5	050102001005	栽植国槐	乔木种类：国槐；乔木胸径：$\phi17\sim18cm$，$P400\sim500cm$，$H600\sim700cm$；养护期：1 年（活期养护 3 月、保存养护 1 年）；养护等级：Ⅱ级养护	株	2	4499.18	8998.36	

序号	项目编码	项目名称	项目特征描述	计量单位	工程量	金额/元		
						综合单价	合价	其中暂估价
6	050102001006	栽植国槐	乔木种类:国槐;乔木胸径:$\phi 40cm$、$P450\sim550cm$、$H700\sim800cm$;养护期:1年(活期养护3月、保存养护1年);养护等级:Ⅱ级养护	株	1	24929.06	24929.06	
7	050102001007	栽植金枝国槐	乔木种类:金枝国槐;乔木胸径:$\phi 13\sim14cm$、$P350\sim400cm$、$H500\sim550cm$;养护期:1年(活期养护3月、保存养护1年);养护等级:Ⅱ级养护	株	2	3879.46	7758.92	
8	050102001008	栽植金枝国槐	乔木种类:金枝国槐;乔木胸径:$\phi 16\sim17cm$、$P350\sim450cm$、$H500\sim600cm$;养护期:1年(活期养护3月、保存养护1年);养护等级:Ⅱ级养护	株	2	5549.18	11098.36	
9	050102001009	栽植元宝枫	乔木种类:元宝枫;乔木胸径:$\phi 15\sim16cm$、$P250\sim350cm$、$H400\sim500cm$;养护期:1年(活期养护3月、保存养护1年);养护等级:Ⅱ级养护	株	1	5759.18	5759.18	
10	050102001010	栽植元宝枫	乔木种类:元宝枫;乔木胸径:$\phi 19cm$、$P300\sim400cm$、$H450\sim550cm$;养护期:1年(活期养护3月、保存养护1年);养护等级:Ⅱ级养护	株	1	7608.41	7608.41	
11	050102001011	栽植元宝枫	乔木种类:元宝枫;乔木胸径:$\phi 13\sim19cm$、$P650\sim750cm$、$H450cm$;养护期:1年(活期养护3月、保存养护1年);养护等级:Ⅱ级养护	株	1	20230.9	20230.9	
12	050102001012	栽植琥珀海棠	乔木种类:琥珀海棠;乔木地径:$DJ11\sim12cm$、$P200\sim300cm$、$H300\sim400cm$;养护期:1年(成活期养护3月、保存养护1年);养护等级:Ⅱ级养护	株	15	8789.57	131843.55	
13	050102004001	栽植黄栌	灌木种类:黄栌;灌木高度:$P150\sim250cm$、$H250\sim350cm$、$D2\sim3cm$;养护期:1年(成活期养护3月、保存养护1年);养护等级:Ⅱ级养护	株	300	106.34	31902	
14	050102001013	栽植柿子树	乔木种类:柿子树;乔木胸径:$\phi 40cm$、$P300\sim450cm$、$H650cm$;养护期:成活养护3个月、保存养护1年;养护等级:Ⅱ级养护	株	1	33329.06	33329.06	
15	050102001014	栽植金丝垂柳	乔木种类:金丝垂柳;乔木胸径:$\phi 10\sim11cm$、$H200\sim300cm$、$P300\sim350cm$;养护期:1年(成活期养护3月、保存养护1年);养护等级:Ⅱ级养护	株	7	2567.57	17972.99	

序号	项目编码	项目名称	项目特征描述	计量单位	工程量	综合单价	合价	其中暂估价
16	050102001015	栽植金丝垂柳	乔木种类:金丝垂柳;乔木胸径:$\phi14\sim16$cm,$H350\sim450$cm,$P300\sim400$cm;养护期:1年(成活期养护3月、保存养护1年);养护等级:Ⅱ级养护	株	8	3060.46	24483.68	
17	050102001016	栽植红花玉兰	乔木种类:红花玉兰;乔木胸径:$\phi10$cm,$P200\sim250$cm、$H250\sim300$cm;养护期:成活养护3个月、保存养护1年;养护等级:Ⅱ级养护	株	8	1933.61	15468.88	
18	050102001017	栽植华山松	乔木种类:华山松;乔木规格:$DJ12\sim13$cm,$P200\sim300$cm、$H300\sim400$cm;养护期:成活养护3个月、保存养护1年;养护等级:Ⅱ级养护	株	18	6662.42	119923.56	
19	050102001018	栽植丰后梅花	乔木种类:丰后梅花;乔木规格:$DJ12\sim14$cm、$P200\sim250$cm、$H250\sim300$cm;养护期:成活养护3个月、保存养护1年;养护等级:Ⅱ级养护	株	5	10358.61	51793.05	
20	050102001019	栽植日本矮樱	乔木种类:日本矮樱;乔木规格:$DJ8\sim9$cm,$H200\sim300$cm、$P200\sim250$cm;养护期:1年(成活期养护3月、保存养护1年)	株	8	1178.07	9424.56	
21	050102001020	栽植石榴	乔木种类:石榴;乔木胸径:$\phi9\sim10$cm、$H200\sim250$cm,$P200\sim300$cm;养护期:1年(成活期养护3月、保存养护1年)	株	4	1914.54	7658.16	
22	050102001021	栽植云杉	乔木种类:云杉;乔木规格:$DJ5\sim6$cm,$H150\sim200$cm,$P150\sim250$cm;养护期:成活养护3个月,保存养护1年;养护等级:Ⅱ级养护	株	3	1510.45	4531.35	
23	050102001022	栽植云杉	乔木种类:云杉;乔木规格:$DJ7\sim8$cm,$H200\sim250$cm,$P200\sim250$cm;养护期:成活养护3个月,保存养护1年;养护等级:Ⅱ级养护	株	1	1510.45	1510.45	
24	050102004002	栽植紫薇	苗木株高:$DJ7\sim8$cm、$P150\sim250$、$H200\sim220$cm;养护期:1年(成活养护3个月,保存养护9个月);养护等级:Ⅱ级养护	株	1	1684.35	1684.35	
25	050102001023	栽植李树	乔木种类:李树;乔木规格:$D21\sim22$cm,$P450\sim550$、$H500\sim600$cm;养护期:成活养护3个月、保存养护1年;养护等级:Ⅱ级养护	株	1	3261.53	3261.53	

序号	项目编码	项目名称	项目特征描述	计量单位	工程量	金额/元		
						综合单价	合价	其中暂估价
26	050102004003	栽植木瓜海棠	灌木种类：木瓜海棠；灌木高：$P50\sim$ $60cm$，$H30\sim40cm$；养护期：1年（成活期养护3月、保存养护1年）；养护等级：Ⅱ级养护	株	3	218.8	656.4	
27	050102001024	栽植白蜡	乔木种类：白蜡；乔木胸径：$\phi20\sim$ $21cm$，$H300\sim400cm$、$P200\sim300cm$；养护期：1年（成活期养护3月、保存养护1年）；养护等级：Ⅱ级养护	株	1	17291.85	17291.85	
28	050102001025	栽植杜仲	乔木种类：杜仲；乔木胸径：$\phi13\sim$ $14cm$，$H700\sim800cm$、$P250\sim350cm$；养护期：1年（成活期养护3月、保存养护1年）；养护等级：Ⅱ级养护	株	3	2708.61	8125.83	
29	050102001026	栽植杜仲	乔木种类：杜仲；乔木胸径：$\phi15\sim$ $16cm$，$H700\sim800cm$、$P300\sim400cm$；养护期：1年（成活期养护3月、保存养护1年）；养护等级：Ⅱ级养护	株	4	3060.46	12241.84	
30	050102001027	栽植对节白蜡桩	乔木种类：对节白蜡桩；乔木高：H $150\sim250cm$，$DJ42\sim45cm$、$P200\sim$ $250cm$；养护期：1年（成活期养护3月、保存养护1年）；养护等级：Ⅱ级养护	株	2	49106.04	98212.08	
31	050102001028	栽植对节白蜡桩	乔木种类：对节白蜡桩；乔木高：H $200\sim300cm$，$DJ55\sim65cm$、$P250\sim$ $300cm$；养护期：1年（成活期养护3月、保存养护1年）；养护等级：Ⅱ级养护	株	5	64856.04	324280.2	
32	050102001029	栽植红叶李	乔木种类：红叶李；乔木规格：$DJ7\sim$ $8cm$，$H300\sim400cm$、$P200\sim250cm$；养护期：1年（成活期养护3月、保存养护1年）；养护等级：Ⅱ级养护	株	20	872.07	17441.4	
33	050102001030	栽植樱花	乔木种类：樱花；乔木规格：$DJ9\sim$ $10cm$，$H300\sim400cm$、$P250\sim300cm$；养护期：1年（成活期养护3月、保存养护1年）；养护等级：Ⅱ级养护	株	5	2424.54	12122.7	
34	050102004004	栽植锦熟黄杨球	灌木种类：锦熟黄杨球；灌木高：$P90\sim$ $100cm$，$H110\sim120cm$；养护期：1年（成活期养护3月、保存养护1年）；养护等级：Ⅱ级养护	株	50	187.76	9388	
35	050102001031	栽植红叶碧桃	乔木种类：红叶碧桃；乔木规格：$DJ10cm$，$H300\sim400cm$、$P250\sim300cm$；养护期：1年（成活期养护3月、保存养护1年）；养护等级：Ⅱ级养护	株	1	2341.61	2341.61	

续表

序号	项目编码	项目名称	项目特征描述	计量单位	工程量	综合单价	合价	其中暂估价
						金额/元		
36	050102001032	栽植红枫	乔木种类:红枫;乔木规格:$DJ7cm$、$H150\sim200cm$、$P120\sim130cm$;养护期:1年(成活期养护3月、保存养护1年);养护等级:Ⅱ级养护	株	6	1171.08	7026.48	
37	050102004005	栽植连翘	灌木种类:连翘;灌木高:$P150\sim170cm$、$H180\sim200cm$;养护期:1年(成活期养护3月、保存养护1年);养护等级:Ⅱ级养护	株	9	188.42	1695.78	
38	050102004006	栽植牡丹	灌木种类;牡丹;株丛:五年生以上、15个头以上/株;养护期:1年(成活期养护3月、保存养护1年);养护等级:Ⅱ级养护	株	10	111.58	1115.8	
39	050102005001	栽植迎春	灌木种类:迎春、5株/m;养护期:1年(成活期养护3月、保存养护1年);养护等级:Ⅱ级养护	m	20	302.65	6053	
40	050102006001	栽植紫藤	植物种类:紫藤、$DJ8cm$;养护期:1年(成活期养护3月、保存养护1年);养护等级:Ⅱ级养护	株	5	325.35	1626.75	
41	050102008001	栽植北京狼尾草	花卉种类:北京狼尾草;规格:$H80\sim120cm$、$P40\sim50cm$;养护期:1年(成活期养护3月、保存养护1年);养护等级:Ⅱ级养护	株	10	206.34	2063.4	
42	050102004007	栽植霸王草	苗木株高:$100\sim150cm$、$P50\sim60cm$;养护期:1年(成活期养护3个月,保存养护9个月);养护等级:Ⅱ级养护	株	10	277.35	2773.5	
43	050102004008	栽植红瑞木	灌木种类:红瑞木;株丛:三年生以上、6个头以上/株;养护期:1年(成活期养护3月、保存养护1年);养护等级:Ⅱ级养护	株	200	78.88	15776	
44	050102001033	栽植蚕桑	乔木种类:蚕桑;乔木胸径:$\phi10cm$、$H120cm$、$P50cm$;养护期:1年(成活期养护3月、保存养护1年);养护等级:Ⅱ级养护	株	50	1015.61	50780.5	
45	050102004010	栽植茶树	灌木种类:茶树;灌木高:$P120cm$;养护期:1年(成活期养护3月、保存养护1年);养护等级:Ⅱ级养护	株	50	636.88	31844	
46	050102007001	栽植月季	苗木种类:月季;苗木株高、株距:$P30cm$、三年生以上、盆花摆放	盆	200	18.05	3610	
47	050102009001	栽植睡莲	植物种类:睡莲;养护期:1年(成活期养护3月、保存养护1年);养护等级:Ⅱ级养护	盆	50	139.65	6982.5	

续表

序号	项目编码	项目名称	项目特征描述	计量单位	工程量	综合单价	合价	其中暂估价
48	050102009002	栽植再力花	植物种类:再力花;养护期:1年(成活期养护3月、保存养护1年);养护等级:Ⅱ级养护	盆	50	139.65	6982.5	
49	050102009003	栽植黄菖蒲	植物种类:黄菖蒲;养护期:1年(成活期养护3月、保存养护1年);养护等级:Ⅱ级养护	盆	50	139.65	6982.5	
50	050102009004	栽植梭鱼草	植物种类:梭鱼草;养护期:1年(成活期养护3月、保存养护1年);养护等级:Ⅱ级养护	盆	30	139.65	4189.5	
51	050102009005	栽植花叶芦竹	植物种类:花叶芦竹;养护期:1年(成活期养护3月、保存养护1年);养护等级:Ⅱ级养护	盆	30	139.65	4189.5	
52	050102004011	栽植毛娟球	灌木种类:毛娟球;灌木高:$H40\sim45cm$;养护期:1年(成活期养护3月、保存养护1年);养护等级:Ⅱ级养护	株	33	160.22	5287.26	
53	050102004012	栽植红继木球	灌木种类:红继木球;灌木高:$P60\sim70cm$、$H100cm$;养护期:1年(成活期养护3月、保存养护1年);养护等级:Ⅱ级养护	株	10	182.72	1827.2	
54	050102004013	栽植大叶黄杨球	灌木种类:大叶黄杨球;灌木高:$P200cm$、$H200cm$;养护期:1年(成活期养护3月、保存养护1年);养护等级:Ⅱ级养护	株	3	858.42	2575.26	
55	050102006003	栽植金银花	植物种类:金银花、$H30\sim40cm$、$DJ6\sim7cm$;养护期:1年(成活期养护3月、保存养护1年);养护等级:Ⅱ级养护	株	2	733.35	1466.7	
56	050102007002	栽植大叶黄杨	苗木种类:大叶黄杨;苗木株高:$H25\sim30cm$,36株/m^2;养护期:1年(成活期养护3月、保存养护1年);养护等级:Ⅱ级养护	m²	87.5	227.32	19890.5	
57	050102007003	栽植鸢尾	苗木种类:鸢尾;苗木株高:$H25\sim35cm$,36株/m^2;养护期:1年(成活期养护3月、保存养护1年);养护等级:Ⅱ级养护	m²	43	42.52	1828.36	

续表

序号	项目编码	项目名称	项目特征描述	计量单位	工程量	综合单价	合价	其中暂估价
						金额/元		
58	050102004014	栽植金麦锦带	苗木株高:40~50cm;养护期:1年(成活养护3个月,保存养护9个月);养护等级:Ⅱ级养护	株	17	167.8	2852.6	
59	050102007004	栽植金叶女贞	苗木种类:金叶女贞;苗木株高:$H25~30cm$、36株$/m^2$;养护期:1年(成活期养护3月、保存养护1年);养护等级:Ⅱ级养护	m^2	43	174.82	7517.26	
60	050102011001	野花组合	草籽种类:野花组合;养护期:3个月(成活养护1个月、保存养护2个月);养护等级:Ⅲ级养护	m^2	88	8.15	717.2	
61	050102009006	栽植水稻	植物种类:水稻;株距:45株$/m^2$;养护期:1年(成活期养护3月、保存养护1年);养护等级:Ⅱ级养护	m^2	60	411.62	24697.2	
62	050102007005	栽植美人蕉	株距:49株$/m^2$;养护期:1年(成活养护3个月、保存养护9个月);养护等级:Ⅱ级养护	m^2	10	75.47	754.7	
63	050102009007	栽植荷花	植物种类:荷花;养护期:1年(成活期养护3月、保存养护1年);养护等级:Ⅱ级养护	盆	50	139.65	6982.5	
64	050102010001	铺种高羊茅草坪	草皮种类:高羊茅草坪;铺种方式:满铺;养护期:1年(成活期养护3月、保存养护1年)	m^2	700	32.78	22946	
65	050101006001	整理绿化用地	绿地整理	m^2	1100	2.53	2783	
66	010103001011	回填种植土	土质要求:种植土;松填:松填;运输距离:外运运进5km	m^3	802	31.33	25126.66	
67	EB001	有机肥	绿化地施肥、3kg/m^2	t	3.3	2000	6600	
68	EB002	有机肥	乔木施肥,40kg/株	t	2.4	2000	4800	
69	EB003	绿化苗木中零星本地石	绿化苗木中零星本地景石	t	5.04	600	3024	
70	EB004	千层石	千层石,规格:2.5×2.5×0.25m^3	块	1	5000	5000	
71	EB005	入口景观石	本地石材,卧石"荆门园"(1.2×1.2×0.8)	项	1	18346.28	18346.28	
72	EB006	农家栅栏	材料:用干径8~10cm的水杉制作、成型总高度为40cm	m	8.5	400	3400	
		合计					1488870	

表 2-4-38　工程量清单综合单价分析表

工程名称：绿化工程　　　　　　　　　　　　　　　　　　第 1 页　共 25 页

项目编码	050102001001	项目名称			栽植银杏			计量单位		株

清单综合单价组成明细

定额编号	定额名称	单位	数量	单价/元				合价/元			
				人工费	材料费	机械费	管理费和利润	人工费	材料费	机械费	管理费和利润
	银杏（ϕ20～22cm，$H$700～900cm）	株	1.05		8000				8400		
E1-142	栽植乔木（带土球）土求直径在（cm 以内）180	株	1	216.7	7.29	268.9	60.7	216.7	7.29	268.92	60.7
E1-296	落叶乔木成活养护 胸径（cm 以内）30	100 株/月	0.01	2032	222.8	192.3	278.02	20.32	2.23	1.92	2.78
E1-365	落叶乔木保存养护 胸径（cm 以内）30	100 株/月	0.01	3974	557	481	556.92	39.74	5.57	4.81	5.57
人工单价				小计				276.7	8415.09	275.65	69.05
42.00，48.00 元/工日				未计价材料费				8400			
清单项目综合单价/元								9036.53			

材料费明细	主要材料名称、规格、型号	单位	数量	单价/元	合价/元	暂估单价/元	暂估合价/元
	银杏（ϕ20～22cm，$H$700～900cm）	株	1.05	8000	8400		
	其他材料费			—	15.09	—	
	材料费小计			—	8415.09	—	

项目编码	050102001002	项目名称			栽植白皮松			计量单位		株

清单综合单价组成明细

定额编号	定额名称	单位	数量	单价/元				合价/元			
				人工费	材料费	机械费	管理费和利润	人工费	材料费	机械费	管理费和利润
	白皮松（$DJ$13～14cm，$P$250～350cm，$H$400～500cm）	株	1.05		12500				13125		
E1-138	栽植乔木（带土球）土球直径在（cm 以内）100	株	1	54.29	1.86	32.15	10.81	54.29	1.86	32.15	10.81
E1-289	常绿乔木成活养护 胸径（cm 以内）20	100 株/月	0.01	1390	181.3	147.9	192.23	13.9	1.81	1.48	1.92
E1-358	常绿乔木保存养护 胸径（cm 以内）20	100 株/月	0.01	2268	453.3	369.7	329.65	22.68	4.53	3.7	3.3
人工单价				小计				90.86	13133.2	37.33	16.02
42.00，48.00 元/工日				未计价材料费				13125			
清单项目综合单价/元								13277.42			

材料费明细	主要材料名称、规格、型号	单位	数量	单价/元	合价/元	暂估单价/元	暂估合价/元
	白皮松（$DJ$13～14cm，$P$250～350cm，$H$400～500cm）	株	1.05	12500	13125		
	其他材料费			—	8.21	—	
	材料费小计			—	13133.21	—	

项目编码	050102001003	项目名称	栽植油松				计量单位			株

清单综合单价组成明细

定额编号	定额名称	单位	数量	单价/元				合价/元			
				人工费	材料费	机械费	管理费和利润	人工费	材料费	机械费	管理费和利润
	油松（DJ13～14cm，P250～350cm，H400～500cm）	株	1.05		9000				9450		
E1-138	栽植乔木（带土球）土球直径在(cm 以内) 100	株	1	54.29	1.86	32.15	10.81	54.29	1.86	32.15	10.81
E1-289	常绿乔木成活养护 胸径(cm 以内) 20	100 株/月	0.01	1390	181.3	147.9	192.23	13.9	1.81	1.48	1.92
E1-358	常绿乔木保存养护 胸径(cm 以内) 20	100 株/月	0.01	2268	453.3	369.7	329.65	22.68	4.53	3.7	3.3
人工单价			小计					90.86	9458.21	37.33	16.02
42.00，48.00 元/工日			未计价材料费					9450			
清单项目综合单价/元								9602.42			

材料费明细	主要材料名称、规格、型号	单位	数量	单价/元	合价/元	暂估单价/元	暂估合价/元
	油松(DJ13～14cm，P250～350cm，H400～500cm)	株	1.05	9000	9450		
	其他材料费			—	8.21	—	
	材料费小计			—	9458.21	—	

项目编码	050102001004	项目名称	栽植油松				计量单位			株

清单综合单价组成明细

定额编号	定额名称	单位	数量	单价/元				合价/元			
				人工费	材料费	机械费	管理费和利润	人工费	材料费	机械费	管理费和利润
	油松（DJ18cm，P350～450cm，H550～650cm）	株	1.05		10000				10500		
E1-140	栽植乔木（带土球）土球直径在(cm 以内) 140	株	1	124.02	3.11	86.26	26.29	124	3.11	86.26	26.29
E1-289	常绿乔木成活养护 胸径(cm 以内) 20	100 株/月	0.01	1390	181.3	147.9	192.23	13.9	1.81	1.48	1.92
E1-358	常绿乔木保存养护 胸径(cm 以内) 20	100 株/月	0.01	2268	453.3	369.7	329.65	22.68	4.53	3.7	3.3
人工单价			小计					160.6	10509.5	91.44	31.5
42.00，48.00 元/工日			未计价材料费					10500			
清单项目综合单价/元								10792.99			

材料费明细	主要材料名称、规格、型号	单位	数量	单价/元	合价/元	暂估单价/元	暂估合价/元
	油松(DJ18cm，P350～450cm，H550～650cm)	株	1.05	10000	10500		
	其他材料费			—	9.46	—	
	材料费小计			—	10509.46	—	

续表

项目编码	050102001005	项目名称		栽植国槐			计量单位		株

清单综合单价组成明细

定额编号	定额名称	单位	数量	单价/元				合价/元			
				人工费	材料费	机械费	管理费和利润	人工费	材料费	机械费	管理费和利润
	国槐($\phi 17\sim18$cm,$P400\sim500$cm,$H600\sim700$cm)	株	1.05		4000				4200		
E1-140	栽植乔木(带土球)土球直径在(cm以内)140	株	1	124	3.11	86.26	26.29	124.02	3.11	86.26	26.29
E1-295	落叶乔木成活养护 胸径(cm以内)20	100株/月	0.01	1668	168.4	172.5	230.06	16.68	1.68	1.73	2.3
E1-364	落叶乔木保存养护 胸径(cm以内)20	100株/月	0.01	2494	421	430.9	365.66	24.94	4.21	4.31	3.66
人工单价			小计					165.64	4209	92.29	32.24
42.00,48.00元/工日			未计价材料费					4200			
清单项目综合单价/元								4499.18			

材料费明细	主要材料名称、规格、型号	单位	数量	单价/元	合价/元	暂估单价/元	暂估合价/元
	国槐($\phi 17\sim18$cm,$P400\sim500$cm,$H600\sim700$cm)	株	1.05	4000	4200		
	其他材料费		—		9	—	
	材料费小计		—		4209	—	

项目编码	050102001006	项目名称		栽植国槐			计量单位		株

清单综合单价组成明细

定额编号	定额名称	单位	数量	单价/元				合价/元			
				人工费	材料费	机械费	管理费和利润	人工费	材料费	机械费	管理费和利润

注：由于表格较多，这里列举"绿化工程工程量清单综合单价分析表"部分表格。

表 2-4-39　措施项目清单与计价表（一）

工程名称：绿化工程　　　　　　　　　　　　　　　　　　第1页　共1页

序号	项目名称	计算基础	费率/%	金额/元
1	土建部分安全文明施工费	直接费	1.35	339.25
2	园林景观工程安全文明施工费	人机费	6.5	71.42
3	绿化工程安全文明施工费	人机费	2.7	2479.33
4	土建部分其他组织措施费	直接费	0.5	125.65
5	园林景观工程其他组织措施费	人机费	1.9	20.88
6	绿化工程其他组织措施费	人机费	1.9	1744.71
	合计			4781.24

表 2-4-40　措施项目清单与计价表（二）

工程名称：绿化工程　　　　　　　　　　　　　　　　　　　　　　第1页　共1页

序号	项目编码	项目名称	项目特征描述	计量单位	工程量	综合单价	合价
1	EB007	草绳绕树干 胸径在（cm以内）30	草绳绕树干 胸径在（cm以内）30	m	27	8.85	238.95
2	EB008	草绳绕树干 胸径在（cm以内）20	草绳绕树干 胸径在（cm以内）20	m	9	5.73	51.57
3	EB009	草绳绕树干 胸径在（cm以内）15	草绳绕树干 胸径在（cm以内）15	m	96.2	4.16	400.19
4	EB010	草绳绕树干 胸径在（cm以内）10	草绳绕树干 胸径在（cm以内）10	m	63.7	3.12	198.74
5	EB011	树木支撑树棍桩 三角桩	树木支撑树棍桩 三角桩	株	141	9.73	1371.93
		合计					2261.38

表 2-4-41　措施项目清单综合单价分析表

工程名称：绿化工程　　　　　　　　　　　　　　　　　　　　　　第1页　共1页

项目编码	EB007	项目名称	草绳绕树干 胸径在（cm以内）30	计量单位	m

清单综合单价组成明细

定额编号	定额名称	单位	数量	人工费	材料费	机械费	管理费和利润	人工费	材料费	机械费	管理费和利润
E8～15	草绳绕树干 胸径在（cm以内）30	m	1	5.15	3.06		0.64	5.15	3.06		0.64
人工单价			小计					5.15	3.06		0.64
42.00元/工日，48.00元/工日			未计价材料费								
清单项目综合单价/元								8.85			

材料费明细	主要材料名称、规格、型号	单位	数量	单价/元	合价/元	暂估单价/元	暂估合价/元
	草绳	kg	6	0.51	3.06		
	其他材料费			—			
	材料费小计			—	3.06		

项目编码	EB008	项目名称	草绳绕树干 胸径在（cm以内）20	计量单位	m

清单综合单价组成明细

定额编号	定额名称	单位	数量	人工费	材料费	机械费	管理费和利润	人工费	材料费	机械费	管理费和利润
E8-13	草绳绕树干 胸径在（cm以内）20	m	1	3.28	2.04		0.41	3.28	2.04		0.41
人工单价			小计					3.28	2.04		0.41
42.00元/工日，48.00元/工日			未计价材料费								
清单项目综合单价/元								5.73			

材料费明细	主要材料名称、规格、型号	单位	数量	单价/元	合价/元	暂估单价/元	暂估合价/元
	草绳	kg	4	0.51	2.04		
	其他材料费			—			
	材料费小计			—	2.04		

续表

项目编码	EB009	项目名称		草绳绕树干 胸径在（cm 以内）15			计量单位		m	

清单综合单价组成明细

定额编号	定额名称	单位	数量	单价/元				合价/元			
				人工费	材料费	机械费	管理费和利润	人工费	材料费	机械费	管理费和利润
E8-12	草绳绕树干 胸径在（cm 以内）15	m	1	2.34	1.53		0.29	2.34	1.53		0.29
人工单价			小计					2.34	1.53		0.29
42.00 元/工日，48.00 元/工日			未计价材料费								
清单项目综合单价/元								4.16			

材料费明细	主要材料名称、规格、型号	单位	数量	单价/元	合价/元	暂估单价/元	暂估合价/元
	草绳	kg	3	0.51	1.53		
	其他材料费				—	—	
	材料费小计			—	1.53	—	

项目编码	EB010	项目名称		草绳绕树干 胸径在（cm 以内）10			计量单位		m	

清单综合单价组成明细

定额编号	定额名称	单位	数量	单价/元				合价/元			
				人工费	材料费	机械费	管理费和利润	人工费	材料费	机械费	管理费和利润
E8-11	草绳绕树干 胸径在（cm 以内）10	m	1	1.87	1.02		0.23	1.87	1.02		0.23
人工单价			小计					1.87	1.02		0.23
42.00 元/工日，48.00 元/工日			未计价材料费								
清单项目综合单价/元								3.12			

材料费明细	主要材料名称、规格、型号	单位	数量	单价/元	合价/元	暂估单价/元	暂估合价/元
	草绳	kg	2	0.51	1.02		
	其他材料费				—	—	
	材料费小计			—	1.02	—	

项目编码	EB011	项目名称		树木支撑树棍桩 三角桩			计量单位		株	

清单综合单价组成明细

定额编号	定额名称	单位	数量	单价/元				合价/元			
				人工费	材料费	机械费	管理费和利润	人工费	材料费	机械费	管理费和利润
E8～17	树木支撑树棍桩 三角桩	株	1	2.81	6.57		0.35	2.81	6.57		0.35
人工单价			小计					2.81	6.57		0.35
42.00 元/工日，48.00 元/工日			未计价材料费								
清单项目综合单价/元								9.73			

材料费明细	主要材料名称、规格、型号	单位	数量	单价/元	合价/元	暂估单价/元	暂估合价/元
	树棍 长1.2m	根	3	2	6		
	镀锌铁丝 12#	kg	0.1	5.7	0.57		
	其他材料费				—		
	材料费小计			—	6.57	—	

表 2-4-42 其他项目清单与计价汇总表

工程名称：绿化工程   第1页，共1页

序号	项目名称	计量单位	金额/元	备注
1	暂列金额			
2	专业工程暂估价			
3	计日工			
4	总承包服务费			
	合 计			

表 2-4-43 规费、税金项目清单与计价表

工程名称：绿化工程   第1页，共1页

序号	项目名称	计算基础	费率/%	金额/元
1	规费			16926.38
1.1	土建部分规费	直接费	6.35	1625.26
1.2	园林景观工程规费	人机费	17.8	195.59
1.3	绿化工程规费	人机费	16.45	15105.53
2	人工价差	工日	100	55395.7
3	税金	税前总造价	3.41	53476.8
	合 计			125798.88

表 2-4-44 主要材料用量表

工程名称：绿化工程   第1页，共1页

序号	材料编码	材料名称	规格、型号等特殊要求	单位	数量	单价/元	合价/元
1	0	高羊茅草坪		m²	700	18	12600
2	496	月季（P30cm、三年生以上、盆花摆放）		盆	204	15	3060
3	2129	水		m³	474.997	6.21	2949.73
4	5077	熟桐油		kg	0.222	54	12
5	10003	花卉		丛	60		
6	20001	丰后梅花（DJ12～14cm，P200～250cm，H250～300cm）		株	5.1	10000	51000
7	20001	红花玉兰（φ10cm，P200～250cm，H250～300cm）		株	8.16	1800	14688
8	20001	黄栌（P150～250cm，H250～350cm，D2～3cm）		株	306	35	10710
9	20001	柿子树（φ40cm，P300～450cm，H650cm）		株	1.05	30000	31500
10	20001	野花组合（8g/m²）		m²	88	2.16	190.08
11	20003	霸王草（100～150cm，P50～60cm）		株	10.2	240	2448
12	20003	白皮松（DJ13～14cm，P250～350cm，H400～500cm）		株	3.15	12500	39375
13	20003	茶树（P100cm）		株	51	600	30600
14	20003	红瑞木（三年生以上，6个头以上/株）		株	204	55	11220
15	20003	华山松（DJ12～13cm，P200～300cm，H300～400cm）		株	18.9	6200	117180

序号	材料编码	材料名称	规格、型号等特殊要求	单位	数量	单价/元	合价/元
16	20003	金麦锦带（$H=40\sim50$cm）		株	17.34	150	2601
17	20003	连翘（$P150\sim170$cm，$H180\sim200$cm）		株	9.18	140	1285.2
18	20003	牡丹（五年生以上，30个头以上/株）		株	10.2	85	867
19	20003	木瓜海棠（$P50\sim60$cm，$H30\sim40$cm）		株	3.06	200	612
20	20003	油松（$DJ13\sim14$cm，$P250\sim350$cm，$H400\sim500$cm）		株	1.05	9000	9450
21	20003	油松（$DJ18$cm，$P350\sim450$cm，$H550\sim650$cm）		株	1.05	10000	10500
22	20003	云杉（$DJ5\sim6$cm，$H150\sim200$cm，$P150\sim250$cm）		株	4.2	1400	5880
23	20003	紫薇（$DJ7\sim8$cm，$P150\sim250$，$H200\sim220$cm）		株	1.02	1600	1632
24	20007	卧石"荆门园"（$1.2\times1.2\times0.8$）		项	1	17000	17000
25	20015	国槐（$\phi17\sim18$cm，$P400\sim500$cm，$H600\sim700$cm）		株	2.1	4000	8400
26	20015	国槐（$\phi40$cm，$P450\sim550$cm，$H700\sim800$cm）		株	1.05	22000	23100
27	20015	金枝国槐（$\phi13\sim14$cm，$P350\sim400$cm，$H500\sim550$cm）		株	2.1	3500	7350
28	20015	金枝国槐（$\phi16\sim17$cm，$P350\sim450$cm，$H500\sim600$cm）		株	2.1	5000	10500
29	20015	李树（$D21\sim22$cm，$P450\sim550$，$H500\sim600$cm）		株	1.05	2500	2625
30	20015	水稻（45株/m²）		m²	60	400	24000
31	20015	银杏（$\phi20\sim22$cm，$H700\sim900$cm）		株	7.35	8000	58800
32	20015	元宝枫（$\phi13,19$cm，$P650\sim750$cm，$H450$cm）		株	1.05	18000	18900
33	20015	元宝枫（$\phi17$cm，$P250\sim350$cm，$H400\sim500$cm）		株	1.05	5200	5460
34	20015	元宝枫（$\phi19$cm，$P300\sim400$cm，$H450\sim550$cm）		株	1.05	6800	7140
35	20016	白蜡（$\phi21\sim21$cm，$H300\sim400$m，$P200\sim300$cm）		株	1.05	16000	16800
36	20016	蚕桑（$\phi10$cm，$H120$cm，$P50$cm）		株	51	900	45900
37	20016	杜仲（$\phi13\sim14$cm，$H700\sim800$cm，$P250\sim350$cm）		株	3.06	2500	7650
38	20016	杜仲（$\phi15\sim16$cm，$H700\sim800$cm，$P300\sim400$cm）		株	4.08	2800	11424
39	20016	红枫（$DJ7$cm，$H150\sim200$m，$P120\sim130$cm）		株	6.12	1100	6732
40	20016	红叶碧桃（$DJ10$cm，$H300\sim400$cm，$P250\sim300$cm）		株	1.02	2200	2244
41	20016	红叶李（$DJ7\sim8$cm，$H300\sim400$cm，$P200\sim250$cm）		株	20.4	800	16320
42	20016	金丝垂柳（$\phi10\sim11$cm，$H200\sim300$cm，$P300\sim350$cm）		株	7.14	2400	17136
43	20016	金丝垂柳（$\phi14\sim16$cm，$H350\sim450$cm，$P300\sim400$cm）		株	8.16	2800	22848
44	20016	日本矮樱（$DJ8\sim9$cm，$H200\sim300$cm，$P200\sim250$cm）		株	8.16	1100	8976
45	20016	石榴（$\phi9\sim10$cm，$H200\sim250$cm，$P200\sim300$cm）		株	4.08	1800	7344
46	20016	樱花（$DJ9\sim10$cm，$H300\sim400$cm，$P250\sim300$cm）		株	5.1	2300	11730
47	20019	荷花		盆	50	50	2500
48	20019	花叶芦竹		盆	30	50	1500

续表

序号	材料编码	材料名称	规格、型号等特殊要求	单位	数量	单价/元	合价/元
49	20019	黄菖蒲		盆	50	50	2500
50	20019	睡莲		盆	50	50	2500
51	20019	梭鱼草		盆	30	50	1500
52	20019	再力花		盆	50	50	2500
53	20023	琥珀海棠（$DJ11\sim12cm$，$P200\sim300cm$，$H300\sim400cm$）		株	15.3	8500	130050
54	20030	对节白蜡桩（$H150\sim180cm$，$DJ39\sim40cm$）		株	2.1	45000	94500
55	20031	对节白蜡桩（$H200\sim250cm$，$DJ49\sim50cm$）		株	5.25	60000	315000
56	20034	红继木球（$P60\sim70cm$，$H100cm$）		株	10.2	160	1632
57	20034	锦熟黄杨球（$P100\sim110cm$，$H110\sim120cm$）		株	51	160	8160
58	20034	毛娟球（$H40\sim45cm$）		株	33.66	140	4712.4
59	20035	大叶黄杨球（$P220cm$，$H220cm$）		株	3.06	800	2448
60	20036	迎春，5株/m		m	20.4	280	5712
61	20037	金银花（$H30\sim40cm$）		株	2.04	700	1428
62	20037	紫藤（$DJ8cm$）		株	5.1	300	1530
63	20038	北京狼尾草（$H80\sim120cm$，$P40\sim50cm$）		株	10	180	1800
64	20039	大叶黄杨（$H25\sim30cm$ 36株/m²）		m²	91.875	194	17823.75
65	20039	金叶女贞（$H25\sim30cm$ 36株/m²）		m²	45.15	144	6501.6
66	20039	鸢尾（$H25\sim35cm$ 36株/m²）		m²	45.15	18	812.7
67	20055	美人蕉（49株/m²）		m²	10.5	49	514.5
68		合计					1324364

工作任务

注：根据课堂实践练习的情况，如时间充裕，可适当增加实践操作练习项目。

1. 比较案例，运用定额法编制各分项合价与运用清单法编制各分项合价有何区别？请列表进行分析。

2. 如人工费采用当地市场价，则案例中的各分项综合单价与合价是多少？

（人工单价为110元/工日，管理费为人工费的19%，利润为人工费的16%）

3. 现以××学院××号教学楼五楼屋顶花园建设项目（平面图见图2-4-19）为模拟对象，组织学生进行模拟招标会，让学生熟悉招投标的流程，并编制招标书。

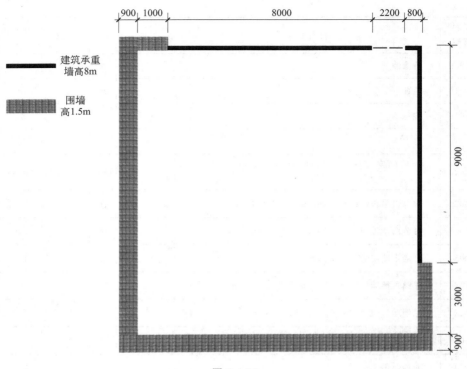

图 2-4-19

常用投标报价技巧

（1）突然降价法。报价是一件保密的工作，但是对手往往通过各种渠道、手段了解对手情况，因而在报价时可以采用迷惑对方的手法，即先按一般情况报价或表现出自己对该工程兴趣不大，到快投标截止时，再突然降低。采用这种方法时，一定要在准确投标报价的过程中考虑好降价的幅度，在临近投标截止日前，根据情报信息与分析判断，最后一刻决策，出奇制胜。由于开标只降总价，在签订合同后可采用不平衡报价法调整工程量表内的各项单价或价格，以期取得更高的效益。

（2）不平衡报价法。所谓不平衡报价，就是对施工方案实施可能性大的报高价，对实施可能性小的报低价，如在某项目的基础工程投标中，由于其基础工程的地下室施工采用连续墙回封后，再土方分层开挖，连续墙加设四至六层锚杆加固，土方开挖完毕后进行挖孔桩施工及地下室施工。根据原设计方案建议的爆破方法，投标公司考虑到该项目地处市繁华商业区和密集居民区，是交通十分繁忙的交通枢纽，采用爆破方法不太可行，因此在投标时将该方案的单价报得很低，而将采用机械辅以工人破碎凿除基岩方案报价较高。由于按原设计方案报价较低而中标。施工中，正如该公司预料的以上因素，公安部门不予批准爆破，业主只好同意采用机械辅以工人破碎开挖，使其不但中标，而且取得了较好的经济效益。

（3）先亏后盈法。承包商为了打进某一地区，依靠自身的雄厚资本实力，采取一种不惜代价、只求中标的低价投标方案，应用这种手法的承包商必须有较好的资信条件，并且提出的施工方案也先进可行。

（4）优惠取胜法。向业主提出缩短工期、提高质量、降低支付条件，提出新技术、新设计方案，提供物资、设备、仪器（交通车辆、生活设施等），以此优惠条件取得业主赞许，争取中标。

（5）以人为本法。注重与业主当地政府搞好关系，邀请他们到本企业施工管理过硬的在建工地考察，以显示企业的实力和信誉。按照社会主义的思想、品质、道德和作风的要求去处理好人与人之间的关系，求得理解与支持，争取中标。

（6）扩大标价法。这种方法也比较常用，即除了按正常的已知条件编制价格外，对工程中变化较大或没有把握的工作，采用扩大单价，增加"不可预见费"的方法来减少风险。但是这种作标方法往往因为总价过高而不易中标。

（7）联合保标法。在竞争对手众多的情况下，可以采取几家实力雄厚的承包商联合起来控制标价，一家出面争取中标，再将其中部分项目转让给其他承包商分包，或轮流相互保标。

（8）多方案报价法。这种方法是指对于一些招标文件，如果发现工程范围不很明确，条款不清楚或很不公正，或技术规范要求过于苛刻，则要在充分估计投标风险的基础上，按多方案报价法处理。也就是原招标文件报一个价，然后再提出如果某因素在按某种情况变动的条件下，报价可降低多少，由此可报出一个较低的价。这样可以降低总价，吸引业主。

能力训练题

1. 选择题

（1）下列施工项目不属于必须招标范围的是（　　）。

A. 大型基础设施项目　　　　　　　　　B. 使用世界银行贷款建设项目

C. 政府投资的经济适用房建设项目　　　D. 施工主要技术采用特定专利的建设项目

（2）砌筑工程量清单项目中填充墙长度的计算方式为（　　）。

A. 外墙按净长线，内墙按中心线计算　　B. 外墙按图示尺寸，内墙按净长线计算

C. 外墙按中心线，内墙按设计尺寸计算　D. 外墙按中心线，内墙按净跃线计算

（3）《中华人民共和国招标投标法》规定，招标人采用公开招标方式，应当发布招标公告，依法必须进行招标项目的招标公告，应当通过（　　）的报刊、信息网络或者其他媒介公开发布。

A. 国家指定　　　　　　　　　　　　　B. 业主指定

C. 当地政府指定　　　　　　　　　　　D. 监理机构指定

（4）园林定额中的材料（包括成品、半成品）及材料费按照定额的编制原则和方法进行编制，以下编制原则或方法错误的是（　　）。

A. "园林定额"中材料、成品及半成品是按合格产品考虑的

B. 材料、成品及半成品的定额消耗量均包括场内运输损耗和施工操作损耗

C. 定额子目中次要的零星材料虽未一一列出，但已包括在其他材料费内

D. 材料运杂费、运输损耗费、包括在材料价格内，采购保管费包括在企业管理费内

（5）下列投标文件中，属于废标的有（　　）。

A. 在截止时间后送达的投标文件

B. 以低于成本价竞标的投标文件

C. 未按照招标文件要求密封的投标文件

D. 明显不符合技术标准的投标文件

E. 投标人名称与资格预审时不一致的投标文件

（6）一般在投标过程中，施工方案应由投标人的（　　）主持制定。

A. 项目经理　　　　　　　　　　　B. 法人代表

C. 技术负责人　　　　　　　　　　D. 分管投标的负责人

（7）下列属于技术标内容的是（　　）

A. 苗木价格汇总表　　　　　　　　B. 分项工程直接费汇总表

C. 劳动力安排计划　　　　　　　　D. 工程监理的资料

（8）评标委员会组建过程中，下列做法符合规定的是（　　）。

A. 评标委员会成员的名单仅在评标结束前保密

B. 评标委员会七个成员中，招标人的代表有三名

C. 项目评标专家从招标代理机构的专家库内的专家名单中随机抽取

D. 评标委员会成员由三人组成

（9）根据《标准施工招标文件》，在按宣布的开标顺序当众开标时，应公布的内容包括
（　　）。

A. 投标人名称　　　　　　　　　　B. 唱标人名称

C. 标段名称　　　　　　　　　　　D. 投标报价

E. 履约保证金的递交情况

（10）包工包料的预付款应按合同约定拨付，原则上预付比例不低于合同全额的
（　　），不高于合同全额的（　　）。

A. 10%，20%　　　　B. 20%，30%　　　　C. 10%，30%　　　　D. 15%，25%

2. 思考题

（1）某园林工程中共用752mm×10mm的等边角钢6m，请计算所用角钢的重量。

（2）某装饰花架用无缝钢管焊接而成，钢管型号为102mm×4mm，用量为25m，试计算其重量。

（3）简述园林建设工程投标的一般程序。

（4）简述工程项目招标一般程序。

（5）为什么要对工程量清单的项目特征进行准确和全面的描述？

3. 习题

已知某小区要建一座景观水池，根据施工图纸和设计说明书的内容得知：水池面积
600m²，周长100m，池深挖至1.5m，要求用20cm厚混凝土铺池底，50cm宽的黄石筑驳
岸，且驳岸高出地面30cm，用外径20cm的预制水泥管做溢水，长共10m，埋深50cm。

① 绘制该水池节点大样图。

② 列出该水池工程量清单计算表。

③ 查阅定额列表计算该水池工程造价。

④ 已知某施工企业参与投标的综合单价为：机械挖土方（一类土）30元/m³，铺混凝
土120元/m³，筑黄石驳岸200元/m³，埋设水泥管100元/m，试计算该水池工程造价。

选择题参考答案：D，D，A，D，BDE，C，C，A，ACD，C

项目三

"三算"的编制

 教学目标

1. 促成目标

① 学习园林工程"三算"的概念。

② 熟悉园林工程"三算"的内容。

③ 理解园林工程"三算"的作用和编制步骤。

2. 最终目标

① 能够正确进行园林工程"三算"的编制。

② 会正确进行园林工程"三算"的审核。

3. 工作任务

① 熟悉园林工程设计概算编制步骤。

② 熟悉园林工程施工图预算编制步骤。

③ 熟悉竣工结算和竣工决算编制步骤。

4. 活动思路设计

① 在学生理顺定额计价与清单计价的计算程序后，自然引入到"三算"的讲解，进行设计概算、施工图预算，竣工结算与决算的讲解。

② 学生通过一个个小型工程的算量练习之后，已基本具备预算书编制的基本技能，但可能由于园林绿化工程涉及的内容比较多，不是所有的工程量计算规则和有关说明都有提到，需要鼓励学生多多练习，加深认识。

③ 通过实例讲解，重点掌握施工图预算书的编制，理顺知识点，以达到具备一定的造价能力。

 **任务一　编制园林工程设计概算**

教学目标

学习园林工程设计概算的概念、理解园林工程设计概算的内容、掌握园林工程设计概算的编制步骤；能运用所学的知识编制简单的园林工程设计概算书，明白园林工程设计概算审核的基本内容。

课程内容

一、园林工程设计概算的概述及其作用

（一）园林工程设计概算的概念

设计概算是初步设计概算的简称，是指设计单位在初步设计或技术设计阶段，由设计单位根据初步设计或者技术设计的图纸及说明书、概算定额或概算指标、各项费用取费标准等资料，对工程投资进行的概略估算，是设计文件的重要组成部分，是编制基本建设计划，实行基本建设投资大包干，控制基本建设拨款和贷款的依据，也是考核设计方案和建设成本是否经济合理的依据。

其特点是编制工作相对简略，无需达到施工图预算的准确程度。在我国，经过批准的设计概算是控制工程建设投资的最高限额。建设单位据以编制投资计划，进行设备订货和委托施工；设计单位作为评价设计方案的经济合理性和控制施工图预算的依据。

（二）园林工程设计概算的作用

（1）它是编制建设项目投资计划、确定和控制建设项目、各单项工程及各单位工程投资效果的依据。初步设计及总概算，一经批准即作为建设项目静态总投资的最高限额，不得任意突破，必须突破时须报原审批部门（单位）批准。

（2）它是签订建设工程合同和进行拨款、贷款合同的依据。对超出概算的部分，未经计划部门批准，银行不得追加拨款和贷款。

（3）它是控制施工图设计和施工图预算的依据。

（4）它是衡量设计方案技术经济合理性和选择最佳设计方案的依据。

（5）它是考核建设项目投资的依据。

（6）它是进行各种施工准备、设备供应指标、加工订货及落实各项技术经济责任制的依据。

二、园林工程设计概算的编制

（一）园林工程设计概算的编制依据

（1）国家、行业和地方政府有关法律、法规或规定。

（2）批准的建设项目的设计任务书（或可行性研究报告）及主管部门的有关规定。

（3）初步设计项目一览表、设计工程量。

（4）能满足编制设计概算的各专业设计图纸、文字说明和主要设备表。

（5）正常的施工组织设计。

（6）项目涉及的概算定额（或预算定额、综合预算定额）、单位估价表、材料及构配件预算价格、工程费用定额和有关费用规定的文件等资料。

（7）现行有关设备原价及运杂费率以及有关其他费用定额、指标和价格。

（8）项目的技术复杂程度，以及新技术、专利使用情况等。

（9）资金筹措方式。

（10）建设场地的自然条件（气候、水文、地质地貌等）、社会条件（经济、人文等）和施工条件及项目的管理（含监理）。

（11）类似工程的概、预算及技术经济指标。

（12）建设单位提供的有关工程造价的其他资料。

（13）有关文件、合同、协议等其他资料。

（二）园林工程设计概算的编制原则

（1）严格执行国家的建设方针和经济政策原则。

（2）要完整、准确地反映设计内容的原则。

（3）要坚持结合拟建工程的实际，反映工程所在地当时价格水平的原则。

（三）设计概算文件组成（见表 3-1-1）

表 3-1-1　设计概算文件组成

三级编制（总概算、综合概算、单位工程概算）形式设计概算文件的组成	二级编制（总概算、单位工程概算）形式设计概算文件的组成
1. 封面、签署页及目录 2. 编制说明 3. 总概算表 4. 其他费用表 5. 综合概算表 6. 单位工程概算表 7. 附件：补充单位估价表	1. 封面、签署页及目录 2. 编制说明 3. 总概算表 4. 其他费用表 5. 单位工程概算表 6. 附件：补充单位估价表

（四）园林工程设计概算的编制方法

设计概算的编制取决于设计深度、资料完备程度和对概算精确程度的要求。当设计资料不足，只能提供建设地点、建设规模、单项工程组成、工艺流程和主要设备选型及建筑、结构方案等概略依据时，可用类似工程的预算或决算为基础，经分析、研究和调整系数后进行编制；如无类似工程的资料，则采用概算指标编制；当设计能提供详细设备清单、管道走向线路简图、建筑和结构型式及施工技术要求等资料时，则按概算定额和费用指标进行编制。

1. 单位工程编制

（1）概算定额法（表 3-1-2）

表 3-1-2　概算定额法

序号	内容
01	列出单位工程中分项工程或扩大分项工程的项目名称，并计算其工程量
02	确定各分部分项工程项目的概算定额单价

续表

序号	内容
03	计算分部分项的直接工程费,合计得到单位直接工程费总和
04	按照有关规定标准计算措施费,合计得到单位工程直接费
05	按照一定的取费标准和计算基础计算间接费和税金
06	计算单位工程概算造价
07	计算单位建筑工程经济技术指标

（2）概算指标法

当设计深度不够，不能准确地计算出工程量，但工程设计技术比较成熟且有类似工程概算指标可以利用时，可采用概算指标法。

（3）类似工程预算法

利用技术条件与设计对象相类似的已完工程或在建工程的工程造价资料来编制拟建工程设计概算方法。

2．单项工程编制

单项工程编制包括编制说明和综合概算表。

（1）编制说明见表 3-1-3。

表 3-1-3　编制说明内容

序号	内容
01	工程概况（建设项目性质、特点、生产规模、建设周期、建设地点等）
02	编制依据包括国家和有关部门的规定设计文件
03	编制方法
04	其他必要说明

（2）综合概算表应按照国家或部委的所规定的统一格式进行编制。综合概算表主要包括如下两项。

① 综合概算表的项目组成。

② 综合概算表的费用组成。

三、园林工程设计概算的审查

（一）园林工程设计概算的审查意义

（1）能合理有效地控制园林工程造价，合理分配投资资金，加强投资计划管理。

（2）能促进编制单位严格执行国家有关规定和费用标准，提高概算编制的质量。

（3）能促进设计方案的技术先进性与经济合理性。

（4）能核定建设项目的投资规模，使建设项目总投资准确、完整。

（5）能为建设项目投资的落实提供可靠依据。

（二）园林工程设计概算的审查内容

（1）是否符合党和国家的方针、政策。

（2）审查建设规模、建设标准、配套工程、设计定员。

（3）审查编制方法、计价依据和程序是否符合现行规定。

（4）审查工程量是否正确。

（5）审查材料用量和价格。

（6）审查设备规格、数量和配置是否符合设计要求，是否与清单相一致。

（7）审查建筑安装工程的各项费用的计取是否符合国家或者地方有关部门的现行规定，计算程序和取费标准是否正确。

（8）审查综合概算、总概算的编制内容、方法是否符合现行规定和设计文件要求。

（9）审查总概算文件的组成内容是否完整的包括了全部费用组成。

（10）审查建设工程其他费用。

（11）审查项目的"三废"治理。

（12）审查技术经济指标。

（13）审查经济投资效果。

（三）审查方法比较（表 3-1-4）

表 3-1-4　审查方法比较

对比分析法	建设规模、标准与立项批文对比
	工程数量与设计图纸对比
	综合范围、内容与编制方法、规定对比
	各项取费与规定标准对比
	材料、人工单价与市场住处对比
	引进设备、技术投资与报价要求对比
	技术经济指标与同类工程对比等
查询核实法	主要设备的市场价向设备供应部门或招标代理公司查询核实
	重要生产装置、设施向同类企业（工程）查询了解
	引进设备价格及有关税费向进出口公司调查落实
	复杂的建安工程像同类工程的建设、深度不够或不清楚的问题直接向原概算编制人员、设计者询问清楚
联合会审法	由设计单位介绍概算编制情况及有关问题,各有关单位、专家汇报初审和预审意见
	进行认真分析,讨论,结合对各专业技术方案的审查意见所产生的投资增减,逐一核实原概算出现的问题
	经过充分协商,认真听取设计单位意见后,实事求是地处理、调整

（四）园林工程设计概算的审查步骤

设计概算审查是一项复杂而细致的技术经济工作，审查人员既应懂得有关专业技术知识，又应具有熟练编制概算的能力，一般情况下可按如下步骤进行。

1. 概算审查的准备

它包括了解设计概算的内容组成、编制依据和方法，建设规模、设计能力和工艺流程；熟悉设计图纸和说明书、掌握概算费用的构成和有关技术经济指标；明确概算各种表格的内涵；收集概算定额、概算指标、取费标准等有关规定的文件资料等。

2. 进行概算审查

根据审查的主要内容，分别对设计概算的编制依据、单位工程设计概算、综合概算、建设工程总概算进行逐级审查。

3. 进行技术经济对比分析

利用规定的概算定额或指标以及有关的技术经济指标与设计概算进行分析对比，根据设计和概算列明的工程性质、建设条件、费用构成、投资比例、占地面积、设备数量、造价指标等与国内外同类型工程规模进行对比分析，找出与同类型工程的主要差距。

4．调查研究

对概算审查中出现的问题要在对比分析、找出差距的基础上深入现场进行实际调查研究。了解设计是否经济合理、概算编制依据是否符合现行规定和施工现场实际、有无扩大规模、多估投资或预留缺口等情况，并及时核实概算投资。对于当地没有同类型的项目而不能进行对比分析时，可向国内同类型企业进行调查，收集资料，作为审查的参考。经过会审决定的定案问题应及时调整概算，并经原批准单位下发文件。

5．积累资料

对审查过程中发现的问题要逐一理清，对建成项目的实际成本和有关数据资料等进行收集并整理成册，为今后审查同类工程概算和国家修订概算定额提供依据。

工作任务

1．理解本节知识点的教学内容，运用表格形式表述"投资估算与设计概算"的区别与联系。

［注］目前有一部分小型项目，基本不通过招投标确定价格，而是由设计公司直接对其设计做出预算，经过双方协商确定合同价，也就是设计概算（匡算）。

2．实例练习

根据设计图 3-1-1 和表 3-1-5 进行园林工程设计概算的编制练习，熟悉编制步骤。

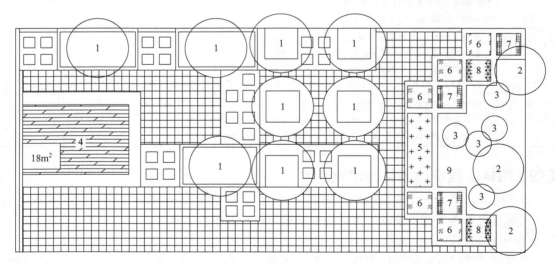

图 3-1-1　设计图样

表 3-1-5　绿化苗木表

序号	植物名称	植物规格	栽植密度	数量/株
1	碧桃	胸径 10cm,高 3～3.5m		9
2	垂丝海棠	胸径 3～4cm,高 2.8～3.2m		3
3	桂花	胸径 8cm,高 1.8～2m		5

续表

序号	植物名称	植物规格	栽植密度	数量/株
4	瓜子黄杨	高度35cm,冠幅20cm	16株/m²	288
5	杜鹃	高度35cm,冠幅30cm	49株/m²	196
6	鸢尾	高度25～35cm	36株/m²	216
7	红花继木	蓬径30～40cm,高度30～40cm,冠幅30cm	49株/m²	196
8	金叶女贞	冠幅250cm,地径6cm	25株/m²	75
9	马尼拉草坪	长3～4cm,宽1.5～2.5mm		36m²

本项目的设计概算编制的主要内容如下。

表3-1-6 目录

序号	编号	名称	页码
1		编制说明	
2		总概算表	
3		其他费用表	
4		综合概算表	
		……	
5		单位工程概算表	
		……	
6		补充单位估价表	
7		主要设备、材料数量及价格表	
8		概算相关资料	

编 制 说 明

1. 工程概况

本项目为××住宅区内的一块中心绿化规划区,项目位于江苏省×××市,其北侧为居住区,东侧为健身广场,南面靠入口主干道,西侧为售楼处。本建设工程,总建筑面积为387.39m³。工程内容为:①换土;②土壤改良;③平整土地;④苗木移植、种植及喷灌、给水管道;⑤绿地养护等。绿化种植品种:碧桃、垂丝海棠、桂花、瓜子黄杨、杜鹃、鸢尾、红花继木、金叶女贞、马尼拉草坪。

2. 主要技术经济指标(企业、生产经营组织对各种设备、各种物资、各种资源利用状况及其结果的度量标准。可查阅本书相关内容进行填写)。

3. 编制依据(查阅本节内容)。

4. 工程费用计算表(查阅计价软件数据或前面的预算定额表)。

(1) 园林绿化价格费用计算表(表3-1-7)(查阅当地的造价网)

表 3-1-7　价格费用计算表

序号	苗木名称及规格	单位	工程量	苗木单价/元	合价/元
1	碧桃,胸径 10cm,高 3~3.5m	株	×		
2	×××	×	×		
小计		元			

（2）园林绿化栽植费用计算表（表 3-1-8）

表 3-1-8　栽植费用计算表

序号	项目编号	项目名称	项目特征	单位	工程量	综合单价/元	合价/元
1	050102001001	栽植乔木	碧桃,胸径 10cm,高 3~3.5m	株	9		
2	×××	×××	×××	×	×		
小计				元			

（3）园林绿化开挖费用计算表（查阅项目二种植穴表格进行计算）（表 3-1-9）

表 3-1-9　开挖费用计算表

序号	项目编号	项目名称	项目特征	单位	工程量	综合单价/元	合价/元
1	050101001001	起挖乔木	碧桃,胸径 10cm,高 3~3.5m	株	×		
2	×××	×××	×××	×	×		
小计				元			

（4）园林绿化换土费用计算表（开挖土的量×1.08）（综合单价查阅计价软件）（表 3-1-10）

表 3-1-10　换土费用计算表

序号	项目名称	项目特征	单位	工程量	综合单价/元	合价/元
1	落叶乔木换土	碧桃,胸径 10cm,高 3~3.5m	株	×		
2	×××	×××	×	×		
小计			元			

（5）园林绿化防寒费用计算表（表 3-1-11）

表 3-1-11　防寒费用计算表

序号	项目名称	项目特征	单位	工程量	综合单价/元	合价/元
1	落叶乔木防寒	碧桃,胸径 10cm,高 3~3.5m	株	9		
2	×××	×××	×	×		
小计			元			

【注】冬季防护用材料见表 3-1-12。

表 3-1-12 冬季防护用材料

分类	名称	单位	单价/元
冬季防护用材料	塑料布	kg	13
	草绳	卷	36
	彩条布	6m 宽	125
	竹竿（细）	50棵/每捆	30
	竹竿（粗）	4m 长	20
	竹片	20片/捆	27

若：乔木：塑料布 0.5kg/株，草绳 1 卷/株，竹竿（粗）8m/株；

灌木：彩条布 3m/株；地被、草坪（无）。

（6）园林绿化支撑费用计算表（查阅计价软件）（表 3-1-13）

表 3-1-13 支撑费用计算表

序号	项目名称	项目特征	单位	工程量	综合单价/元	合价/元
1	落叶乔木支撑	碧桃,胸径 10cm,高 3～3.5m	株	9		
2	×××	×××	×	×		
		小计	元			

【注】乔木：四脚井字桩；灌木：搭设遮荫棚；地被、草坪（无）。

（7）园林绿化养管费用计算表（均为Ⅱ级养护，查阅计价软件）（表 3-1-14）

表 3-1-14 养管费用计算表

序号	项目名称	项目特征	单位	工程量	综合单价/元	合价/元
1	落叶乔木养管	碧桃,胸径 10cm,高 3～3.5m	株	9		
2	×××	×××	×	×		
		小计	元			

5. 设备、材料有关费率取定及依据（查阅计价软件）。

6. 其他有关说明的问题。

（1）换土及土壤改良技术

① 草坪绿化换土深度 0.4m，乔木绿化换土深度 0.8m，灌木绿化换土深度 0.6m，移植树木换土树穴直径 1m，深度 1.5m。回填土要求土壤 pH 值小于 8.0（不包含 8.0），全盐含量小于 0.12%，有机质含量不小于 0.15%。

② 种植土层厚度经两次透水沉降后，距道牙平面以下 10cm 为准。

③ 根据施工要求，种植土须进行撒施肥料等处理，每亩施土壤施羊粪 15kg，无机肥 15kg，以增加土壤有机质含量。

④ 必须清除绿地内的所有化工垃圾，适量清除影响植物正常生长的建筑垃圾和生活垃圾。

（2）施工管理目标

① 工期目标：施工工期 45 天（不包括绿化管护）。

② 质量目标：按国家规范或标准严格进行，确保单位工程一次性验收。

③ 工程质量优良，养护期 24 个月（自验收合格之日起），交付使用。

④ 安全目标实现安全"五无"目标、轻伤事故频率在 2‰ 之内。

⑤ 文明施工目标确保文明工地、争创示范文明工地。

（3）种植场地平整

种植地要求达到平整无坑洼，无卵石块砖等杂物，土壤均匀，颗粒不超过 3cm。

注：根据课堂实践练习的情况，如时间充裕，可适当增加实践操作练习项目。

能力训练题

选择题

（1）设计概算的"三级概算"是指（　　）。

A. 建筑工程概算、安装工程概算、设备及工器具购置费概算

B. 建设投资概算、建设期利息概算、铺底流动资金概算

C. 主要工程项目概算、辅助和服务性工程项目概算、室内外工程项目概算

D. 单位工程概算、单项工程综合概算、建设工程项目总概算

（2）要对某建设项目设计概算审查时，找到了与其关键技术基本相同、规模相近的同类项目的设计概算和施工图预算资料，则该建设项目的设计概算最适宜的审查方法是（　　）。

A. 标准审查法　　　　B. 分组计算审查法　　　C. 对比分析法　　　D. 查询核实法

（3）在进行单位设备及安装工程设计概算构成审查时，审查重点是（　　）。

A. 预算单价　　　　　B. 设备清单与安装费用　　C. 设备重量　　　D. 设备安装工艺

（4）下列关于设计概算的描述，错误的是（　　）。

A. 设计概算一经批准，将作为控制投资的最高限额

B. 设计概算是控制施工图设计和施工图预算的依据

C. 设计概算是控制投资估算的依据

D. 设计概算是衡量设计方案技术经济合理性的依据

（5）设计概算一经批准，将作为控制（　　）投资的最高限额。

A. 分部工程　　　　　B. 单位工程　　　　　C. 建设项目　　　　D. 单项工程

（6）（　　）是衡量设计方案技术经济合理性和选择最佳设计方案的依据。

A. 投资估算　　　　　B. 设计概算　　　　　C. 施工图预算　　　D. 竣工结算

（7）审查设计概算的编制依据包括审查其（　　）。

A. 科学性、合法性、时效性　　　　　　　B. 合法性、时效性、适用范围

C. 时效性、适用范围、科学性　　　　　　D. 适用范围、合法性、科学性

（8）当初步设计达到一定深度，建筑结构比较明确时，宜采用（　　）编制工程概算。

A. 概算指标法　　　　B. 概算定额法　　　　C. 类似工程预算法　　D. 预算单价法

（9）某建设项目由若干单项工程构成，应包含在某单项工程综合概算文件中的项目是（　　）。

A. 综合概算表　　　　　　　　　　　　　B. 工程建设其他费用

C. 建设期利息　　　　　　　　　　　　　D. 预备费的概算

（10）（　　）是确定建设工程总造价的一个重要阶段，决定着项目的总体造价水平。

A. 设计阶段　　　　　B. 招标阶段　　　　　C. 施工阶段　　　　D. 运营阶段

选择题参考答案：D，C，B，C，C，B，B，B，A，A

任务二 编制园林工程施工图预算

教学目标

理解园林工程施工图预算概念、熟悉园林工程施工图预算的编制步骤、了解园林工程施工图预算的准备工作；理解"两算"对比；运用所学知识进行简单的园林工程施工图预算的编制，会进行园林工程施工图预算审查。

课程内容

一、园林工程施工图预算的概述

（一）园林工程施工图预算的概念

施工图预算即单位工程预算书，是在施工图设计完成后，工程开工前，根据已批准的施工图纸，在施工方案或施工组织设计已确定的前提下，按照国家或省市颁发的现行预算定额、费用标准、材料预算价格等有关规定，进行逐项计算工程量、套用相应定额、进行工料分析、计算直接费、并计取间接费、计划利润、税金等费用，确定单位工程造价的技术经济文件。

（二）园林工程施工图预算的作用

（1）确定工程造价的依据。可作为建设单位招标的"标底"，也可作为施工企业投标时"报价"的参考。

（2）实行工程预算包干的依据和签订施工合同的主要内容。

（3）建设银行办理拨款结算的依据。

（4）施工企业安排调配施工力量，组织材料供应的依据。

（5）施工企业实行经济核算和进行成本管理的依据。

（6）是进行"两算"对比的依据。

二、园林工程施工图预算编制

（一）园林工程施工图预算的编制依据

（1）施工图样。包括所附的文字说明、有关的通用图集和标准图集及施工图纸会审记录。规定了工程的具体内容、技术特征、建筑结构尺寸及装修做法等。

（2）现行预算定额或地区单位估价表。现行的预算定额是编制预算的基础资料。编制工程预算，从分部分项工程项目的划分到工程量的计算，都必须以预算定额为依据。地区单位估价表是根据现行预算定额、地区工人工资标准、施工机械台班使用定额和材料预算价格等进行编制的。

（3）经过批准的施工组织设计或施工方案。

（4）地区取费标准（或间接费定额）和有关动态调价文件。

（5）工程的承包合同（或协议书）、招标文件。

(6) 最新市场材料价格，是进行价差调整的重要依据。

(7) 预算工作手册。

(8) 有关部门批准的拟建工程概算文件。

（二）园林工程施工图预算的编制方法

我国的工程造价计价方法分为定额计价法和工程量清单计价法两种，其中定额计价法包括"单价法"和"实物法"，工程量清单计价法又称之为"综合单价法"。实物法是编制工程概预算的传统方法，它的计算结果能够全面地提供各项实物消耗和资金消耗的数据，对于各项定额、材料预算价格等变动情况有较好的适应性。

（1）单价法　准备资料、熟悉施工图样——列项并计算分项工程量——套用定额基价汇总单位工程基价——计算直接费——计算直接工程费、间接费——编制工料分析——计算人材机价差——计算工程造价——复核——填写封面、编制说明。

（2）实物法　准备资料、熟悉施工图样——计算分项工程量——套用预算人工、材料、机械台班定额——统计汇总单位工程所需的各类消耗量——按市场价格计算并汇总人工费、材料费、机械费——计算其他各项费用，汇总造价——复核——填写封面、编制说明。

（三）施工图预算书组成

1. 封面

预算书的封面内容包括：

（1）工程名称和建筑面积；

（2）工程造价和单位造价；

（3）建设单位和施工单位；

（4）审核者和编制者；

（5）审核时间和编制时间。

2. 编制说明

编制说明给审核者和竣工结（决）算提供补充依据。包括以下几方面。

（1）编制依据

① 本预算的设计图纸全称、设计单位。

② 本预算所依据的定额名称。

③ 在计算中所依据的其他文件名称和文号。

④ 施工方案主要内容。

（2）图样变更情况

① 施工图中变更部位和名称。

② 因某种原因待行处理的构部件名称。

③ 因涉及图样会审或施工现场所需要说明的有关问题。

（3）执行定额的有关问题

① 按定额要求本预算已考虑和未考虑的有关问题。

② 因定额缺项，本预算所作补充或借用定额情况说明。

③ 甲乙双方协商的有关问题。

（4）总预算表（或预算汇总表、标底汇总表等）

  （5）费用计算表

  （6）单位工程直接费计算表

  （7）材料价差调整表

  （8）工、料、机分析表

  （9）补充单位估价表

  （10）主要设备材料数量及价格表

三、园林工程施工图预算审查

（一）园林工程施工图预算的审查意义

  （1）有利于正确确定工程造价、合理分配资金和加强计划管理。

  （2）有利于促进施工企业加强经济核算。对施工图预算进行实事求是的审查，既能保证那些经营管理较好的施工企业能够取得较好的经济效益，保护其生产积极性，同时又能促使那些经营管理较差的施工企业，通过加强经济核算，提高生产效率，降低工程成本等措施来改变企业的经济状况，以求得生存和发展。

  （3）有利于选择经济合理的设计方案。技术上的先进性可依据有关的设计规范和标准等进行评价，经济上的合理性只有通过审查设计概算或施工图预算来评定，审查后的预算可作为衡量同一工程不同设计方案经济合理性的可靠依据，从而可择优选出经济合理的设计贯穿于工程建设的整个周期。

（二）园林工程施工图预算的审查依据

  （1）施工图样和设计资料。

  （2）仿古建筑及园林工程预算定额。

  （3）单位估价表。

  （4）补充单位估价表。

  （5）园林工程施工组织设计或施工方案。

  （6）施工管理费定额和其他取费标准。

  （7）建筑材料手册和预算手册。

  （8）施工合同或协议书及现行的有关文件。

（三）园林工程施工图预算的审查方法

1. 全面审查法

  将图纸内容按照预算书的顺序重新计算一遍，审查每一个预算项目的尺寸、计算和定额标准等是否有错误。这种方法全面细致，所审核过的工程预算准确性较高。

2. 重点审查法

  审核过程中，从略审核在预算中工程量小、价格低的项目，而将主要精力用于审核工程量大、造价高的项目。此方法能较准确快速地进行审查工作，但达不到全面审查的深度和细度。

3. 分解对比审查法

  其是将工程预算中的一些数据通过分析计算，求出一系列的经济技术数据，审查时首先以这些数据为基础，将要审查的预算与同类同期或类似的工程预算中的一些经济技术数据相比较以达到分析或寻找问题的一种方法。

（四）园林工程施工图预算的审核步骤

1. 做好准备工作

    （1）概预算定额和单位估价表。

    （2）施工图纸、设计变更通知和现场签证。

    （3）工程设计所采用的通用图集和标准图册。

    （4）材料预算价格，当地工程造价管理部门颁布的价格信息资料和补充定额。

    （5）当地工程造价管理部门颁布的其他有关文件等。

2. 了解施工现场情况

    在文件资料收集齐全并熟悉其内容之后，审查人员还必须到施工现场参加技术交底，深入细致地调查研究，了解和掌握工地环境、施工条件、施工队伍的状况及施工组织设计与实施情况，核查设计和预算文件的各部分内容是否符合施工现场的实际情况。

3. 根据情况对预算开展审核

    由于施工的工程规模大小、繁简程度不同，施工企业情况不同，工程所在地的环境的不同，所编的预算质量水平也就有所不同。在审查过程中，必须坚持实事求是的原则。对巧立名目、重复计算的项目，要如实核减；对少算、漏算的项目，要按实增加；对高套或低套预算单价，应合理地予以纠正。

（五）园林工程施工图预算的审查内容

    （1）工程量计算的审查。

    （2）定额套用的审查。

    （3）定额换算的审查。

    （4）补充定额的审查。

    （5）材料二次搬运费定额的审查。

    （6）执行定额的审查。

    （7）材料差价的审查。

  知识延伸

    1.“两算”对比

    其是计划经济体制下，定额计价模式产生的一种项目成本管理的方法。具体对比见表3-2-1。

表 3-2-1　施工图预算与施工预算对比

内容	施工图预算	施工预算
编制主体	由设计院预算人员编制，由指定施工单位施工	施工单位进场后，对照实际工程内容编制的一份更符合实际的预算
编制依据	预算定额	施工定额
费用组成	不包括图纸以外的措施费用	包括实际发生的措施费用
	确定整个单位工程造价	施工企业内部核算，主要计算工料用量和直接费

续表

内容	施工图预算	施工预算
项目粗细程度	根据设计图纸确定	比施工图预算的项目多、划分细
人工工日	根据设计图纸确定	低于施工图预算工日数的10%～15%
材料消耗量	根据设计图纸确定	低于施工图预算消耗量
人工费	施工图绘制时的市场定价	市场定价(会上下浮动)
机械台班费	根据需要和合理配备进行综合考虑	实际进场施工机械种类、型号、数量和使用期编制计算机械台班
材料费	按图纸计算	市场定价(会上下浮动)
脚手架费用	按建筑面积计算脚手架的摊销费用	根据施工组织设计或施工方案,实际搭设脚手架数量进行计算

作用:通过对比分析,找出节约、超支的原因,研究解决措施,避免企业亏损。

(1) 有助于提高项目技术管理水平。

(2) 便于查找责任原因。

(3) 是竣工结算的制胜法宝。

2. 在工程实践中建设工程材料价差调整通常采用的方法

(1) 按实调整法(即抽样调整法)

材料单价价差＝该种材料实际价格(或加权平均价格)－定额中的该种材料价格　(3-1)

[注] 工程材料实际价格的确定

① 参照当地造价管理部门定期发布的全部材料信息价格。

② 建设单位指定或施工单位采购经建设单位认可,由材料供应部门提供价格。

$$材料加权平均价＝\sum X_i \times J_i \div \sum X_i \quad (i=1 到 n) \quad (3-2)$$

式中　X_i——材料不同渠道采购供应的数量;

J_i——材料不同渠道采购供应的价格。

材料价差调整额＝该种材料在工程中合计耗用量×材料单价价差　(3-3)

单位工程材料价差调整金额＝综合价差系数×预算定额直接费　(3-4)

(2) 价格指数调整法

材料的价格指数＝该种材料当期预算价÷该种材料定额中的取定价

某种材料的价差指数＝该种材料的价格指数－1　(3-5)

工作任务

根据施工图样进行园林工程施工图预算的编制,熟悉编制步骤。

根据图 3-2-1～图 3-2-13,在给出工程量计算(表 3-2-2)的基础上,进行定额套价,完成施工预算书的编制(利用计价软件完成)。

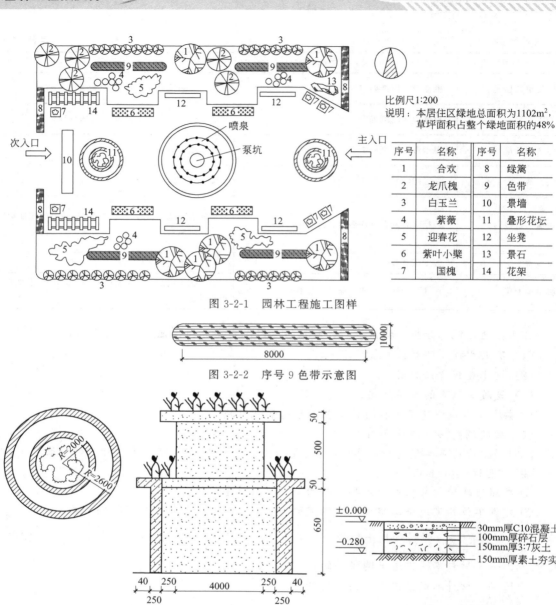

图 3-2-1　园林工程施工图样

图 3-2-2　序号 9 色带示意图

图 3-2-3　序号 11 叠形花坛示意图

(a) 次入口

(b) 主入口南侧　　　　　　　　(c) 主入口北侧

图 3-2-4　序号 8 绿篱示意图

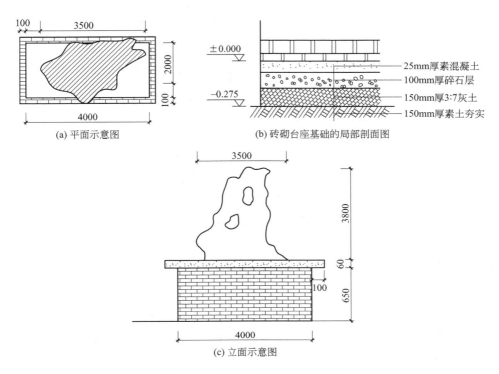

图 3-2-5 序号 13 点风景石示意图

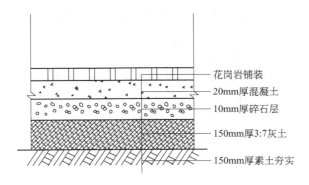

图 3-2-6 园路断面局部示意图

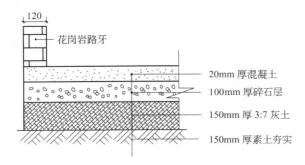

图 3-2-7 路牙断面局部示意图

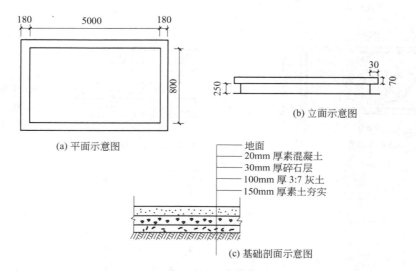

图 3-2-8　序号 6 模纹花坛示意图

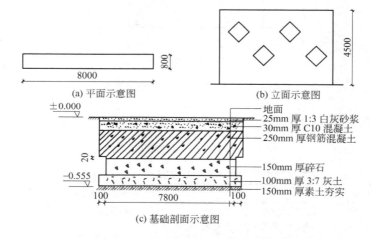

图 3-2-9　序号 10 景墙示意图

注：漏窗面积共 3.6m²。

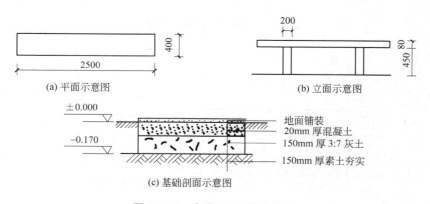

图 3-2-10　序号 12 石凳示意图

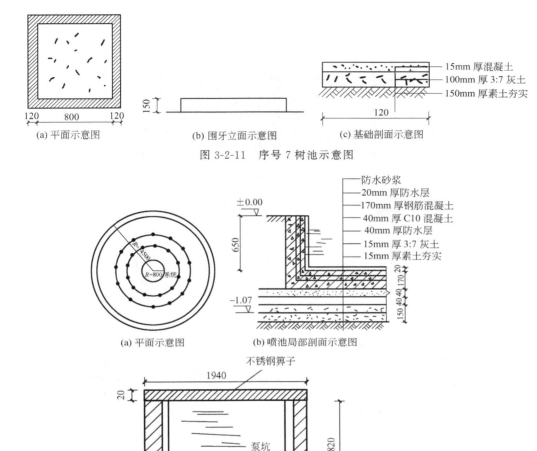

(a) 平面示意图   (b) 围牙立面示意图   (c) 基础剖面示意图

图 3-2-11 序号 7 树池示意图

(a) 平面示意图   (b) 喷池局部剖面示意图

(c) 泵坑剖面示意图

注：两排喷水池长分别为 18.84m，10.68m；喷水池宽 400mm。

图 3-2-12 喷泉有关示意图

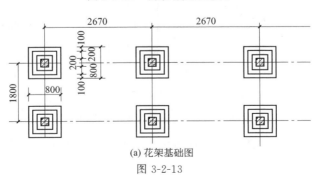

(a) 花架基础图

图 3-2-13

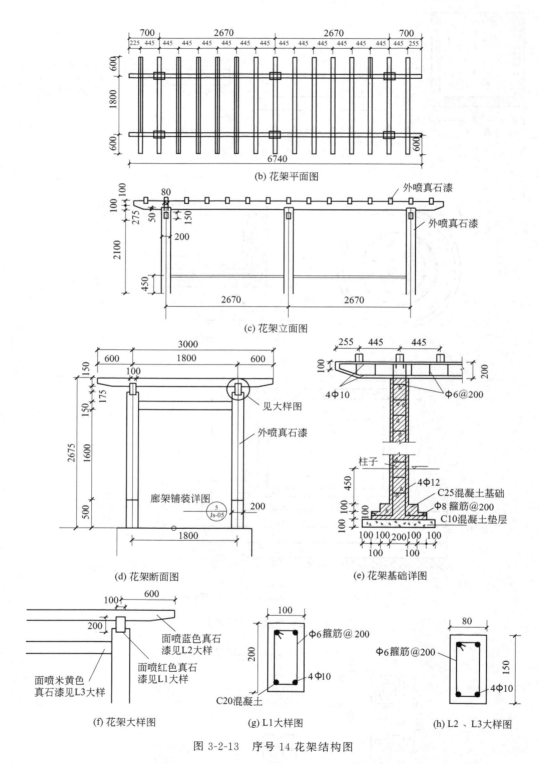

(b) 花架平面图

(c) 花架立面图

(d) 花架断面图

(e) 花架基础详图

(f) 花架大样图

(g) L1大样图

(h) L2、L3大样图

图 3-2-13　序号 14 花架结构图

注：根据课堂实践练习的情况，如时间充裕，可适当增加实践操作练习项目

表 3-2-2　工程量计算

序号	项目名称	单位	工程量	计算公式
1	园林绿化			
1.1	整理场地	m^2	1102	根据项目说明
1.2	栽植乔木(合欢)	株	6	
1.3	栽植乔木(龙爪槐)	株	5	
1.4	栽植乔木(白玉兰)	株	28	
1.5	栽植乔木(国槐)	株	6	
1.6	栽植灌木(紫薇)	株	16	
1.7	栽植灌木(迎春花)	m^2	24	$7+8+9=24(m^2)$
1.8	铺种草皮(野牛草)	m^2	528.96	$1102×48\%=528.96(m^2)$
1.9	栽植色带(紫花酢浆草)	m^2	35.14	$8×1+3.14×0.5^2=8.785;8.785×4=35.14(m^2)$
1.10	栽植绿篱(金叶女贞)	m	26.8	$10.6+8.6+7.6=26.8(m)$
2	园路($360m^2$)			
2.1	挖土方	m^3	151.2	$360×0.42=151.2(m^3)$
2.2	150mm 厚素土夯实	m^3	54	$360×0.15=54(m^3)$
2.3	150mm 厚 3∶7 灰土垫层	m^3	54	$360×0.15=54(m^3)$
2.4	100mm 厚碎石层	m^3	36	$360×0.1=36(m^3)$
2.5	20mm 厚混凝土	m^3	7.2	$360×0.02=7.2(m^3)$
2.6	花岗岩铺装	m^2	360	
3	路牙铺设(路牙长 108m)			
3.1	挖土方	m^3	5.4432	$108×0.12×0.42=5.4432(m^3)$
3.2	150mm 厚素土夯实	m^3	1.944	$108×0.12×0.15=1.944(m^3)$
3.3	150mm 厚 3∶7 灰土垫层	m^3	1.944	$108×0.12×0.15=1.944(m^3)$
3.4	100mm 厚碎石层	m^3	1.296	$108×0.12×0.1=1.296(m^3)$
3.5	20mm 厚混凝土	m^3	0.2592	$108×0.12×0.02=0.2592(m^3)$
3.6	花岗石路牙	m	108	
4	点风景石			
4.1	基础			
4.1.1	挖土方	m^3	3.927	$4.2×2.2×0.425=3.927(m^3)$
4.1.2	150mm 厚素土夯实	m^3	1.386	$4.2×2.2×0.15=1.386(m^3)$
4.1.3	150mm 厚 3∶7 灰土垫层	m^3	1.386	$4.2×2.2×0.15=1.386(m^3)$
4.1.4	100mm 厚碎石层	m^3	0.924	$4.2×2.2×0.1=0.924(m^3)$
4.1.5	25mm 厚素混凝土	m^3	0.231	$4.2×2.2×0.025=0.231(m^3)$
4.2	砖砌台座			
4.2.1	混凝土边沿	m^3	0.0744	$0.1×2×0.06×[(4+0.1×2)+2]=0.0744(m^3)$
4.2.2	砖墙外抹水泥砂浆	m^2	7.8	$2×0.65×(4+2)=7.8(m^2)$
4.2.3	砖墙台座	m^3	1.7222	$2×0.65×0.24×[4+(2-0.24×2)]=1.72224(m^3)$
4.3	点风景石	t	52.272	$3.3×2×3.6×2.2=52.272(t)$

序号	项目名称	单位	工程量	计算公式
5	叠形花坛			
5.1	基础			
5.1.1	挖土方	m³	16.8775	$2 \times 3.14 \times 2.5^2 \times 0.43 = 16.8775 (m^3)$
5.1.2	150mm 厚素土夯实	m³	5.8875	$2 \times 3.14 \times 2.5^2 \times 0.15 = 5.8875 (m^3)$
5.1.3	150mm 厚 3∶7 灰土垫层	m³	5.8875	$2 \times 3.14 \times 2.5^2 \times 0.15 = 5.8875 (m^3)$
5.1.4	100mm 厚碎石层	m³	3.925	$2 \times 3.14 \times 2.5^2 \times 0.1 = 3.925 (m^3)$
5.1.5	30mm 厚 C10 混凝土	m³	1.1775	$2 \times 3.14 \times 2.5^2 \times 0.03 = 1.1775 (m^3)$
5.2	花坛			
5.2.1	砖墙台座	m³	7.49	$\{[(3.14 \times 2.5^2 - 3.14 \times 2.26^2) \times 0.65] + [(3.14 \times 2^2 - 3.14 \times 1.76^2) \times 0.5]\} \times 2 = 7.49 (m^3)$
5.2.2	混凝土边沿	m³	1.039	$\{[(3.14 \times 2.54^2 - 3.14 \times 2.26^2) \times 0.05] + [(3.14 \times 2.25^2 - 3.14 \times 1.76^2) \times 0.05]\} \times 2 = 1.039 (m^3)$
5.2.3	砖墙外抹水泥砂浆	m²	32.97	$2 \times [2 \times 3.14 \times (2.5 \times 0.65 + 2 \times 0.5)] = 32.97 (m^2)$
5.2.4	花坛栽植花卉（二年生月季）	株	382	$2 \times 3.14 \times 2.6^2 = 42.4528$ $42.4528 \times 9 = 382 (株)$
6	石凳			
6.1	基础			
6.1.1	挖土方	m³	1.28	$2.5 \times 0.4 \times 0.32 \times 4 = 1.28 (m^3)$
6.1.2	150mm 厚素土夯实	m³	0.6	$4 \times 2.5 \times 0.4 \times 0.15 = 0.6 (m^3)$
6.1.3	150mm 厚 3∶7 灰土垫层	m³	0.6	$4 \times 2.5 \times 0.4 \times 0.15 = 0.6 (m^3)$
6.1.4	20mm 厚混凝土	m³	0.08	$4 \times 2.5 \times 0.4 \times 0.02 = 0.08 (m^3)$
6.2	混凝土石凳	m³	0.608	$0.4 \times (0.2 \times 0.45 \times 8 + 2.5 \times 0.08 \times 4) = 0.608 (m^3)$
7	树池			
7.1	基础			
7.1.1	挖土方	m³	0.7021	$6 \times [2 \times 0.12 \times 0.265 \times (0.8 + 0.8 + 0.24)] = 0.7021 (m^3)$
7.1.2	150mm 厚素土夯实	m³	0.3974	$6 \times [2 \times 0.12 \times 0.15 \times (0.8 + 0.8 + 0.24)] = 0.3974 (m^3)$
7.1.3	100mm 厚 3∶7 灰土垫层	m³	0.265	$6 \times [2 \times 0.12 \times 0.1 \times (0.8 + 0.8 + 0.24)] = 0.265 (m^3)$
7.1.4	15mm 厚混凝土	m³	0.0397	$6 \times [2 \times 0.12 \times 0.015 \times (0.8 + 0.8 + 0.24)] = 0.03974 (m^3)$
7.2	混凝土围牙	m³	0.3974	$6 \times [2 \times 0.12 \times 0.15 \times (0.8 + 0.8 + 0.24)] = 0.3974 (m^3)$
8	喷泉			
8.1	基础			
8.1.1	挖土方（泵坑）	m³	3.6044	$3.14 \times 0.97^2 \times (0.02 + 0.82 + 0.08 + 0.15 + 0.15) = 3.6044 (m^3)$
	挖土方（喷水池）	m³	24.64	$0.4 + 0.17 \times 2 + 0.02 \times 2 = 0.78$ $0.65 + 0.02 + 0.17 + 0.04 \times 2 + 0.15 = 1.07$ $1.07 \times 0.78 \times (18.84 + 10.68) = 24.64 (m^3)$
8.1.2	150mm 厚 3∶7 灰土垫层（泵坑）	m³	0.443	$3.14 \times 0.97^2 \times 0.15 = 0.443 (m^3)$
	150mm 厚 3∶7 灰土垫层（喷水池）	m³	3.454	$0.15 \times 0.78 \times (18.84 + 10.68) = 3.454 (m^3)$

序号	项目名称	单位	工程量	计算公式
8.1.3	40mm 厚防水层(泵坑)	m^3	0.118	$3.14 \times 0.97^2 \times 0.04 = 0.118(m^3)$
	40mm 厚防水层(喷水池)	m^3	0.92	$0.04 \times 0.78 \times (18.84 + 10.68) = 0.92(m^3)$
8.1.4	40mm 厚 C10 混凝土(泵坑)	m^3	0.118	$3.14 \times 0.97^2 \times 0.04 = 0.118(m^3)$
	40mm 厚 C10 混凝土(喷水池)	m^3	0.92	$0.04 \times 0.78 \times (18.84 + 10.68) = 0.92(m^3)$
8.2	泵坑			
8.2.1	150mm 厚钢筋混凝土	m^3	1.008	$0.67 \times [3.14 \times (0.8 + 0.02 + 0.15)^2 - 3.14 \times (0.8 + 0.02)^2] = 0.565$ $0.565 + 3.14 \times 0.97^2 \times 0.15 = 1.008(m^3)$
8.2.2	20mm 厚防水层	m^3	0.1083	$(3.14 \times 0.82^2 - 3.14 \times 0.8^2) \times (0.82 - 0.02 - 0.15) = 0.0661$ $[(1.94 - 0.3)/2]^2 \times 3.14 \times 0.02 + 0.0661 = 0.1083(m^3)$
8.2.3	防水砂浆	m^2	5.2752	$3.14 \times 0.8^2 + 2 \times 3.14 \times 0.8 \times (0.82 - 0.02 - 0.15) = 5.2752(m^2)$
8.3	喷水池			
8.3.1	170mm 厚钢筋混凝土	m^3	7.276	$0.17 \times 18.84 \times (0.65 + 0.02) + 0.17 \times 10.68 \times (0.65 + 0.02) = 3.362$ $0.17 \times 0.78 \times (18.84 + 10.68) + 3.362 = 7.276(m^3)$
8.3.2	20mm 厚防水层	m^3	0.857	$0.02 \times 18.84 \times (0.65 + 0.02) + 0.02 \times 10.68 \times (0.65 + 0.02) = 0.396$ $0.396 + 0.02 \times 0.78 \times (18.84 + 10.68) = 0.857(m^3)$
8.3.3	防水砂浆	m^2	30.996	$0.4 \times (18.84 + 10.68) + (18.84 + 10.68) \times 0.65 = 30.996(m^2)$
8.4	不锈钢算子(泵坑)	m^2	2.95	$(1.94/2)^2 \times 3.14 = 2.95(m^2)$
	不锈钢算子(喷水池)	m^2	23.0256	$(18.84 + 10.68) \times (0.4 + 0.17 \times 2 + 0.02 \times 2) = 23.0256(m^2)$
8.5	外围条石	m	28.26	$2 \times 3.14 \times 4.5 = 28.26(m)$
9	模纹花坛(紫叶小檗)			
9.1	基础			
9.1.1	挖土方	m^3	1.8653	$(0.18 + 5.18) \times (0.8 + 0.18 \times 2) \times 0.3 = 1.8653(m^3)$
9.1.2	150mm 厚素土夯实	m^3	0.933	$(0.18 + 5.18) \times (0.8 + 0.18 \times 2) \times 0.15 = 0.933(m^3)$
9.1.3	100mm 厚 3:7 灰土垫层	m^3	0.622	$(0.18 + 5.18) \times (0.8 + 0.18 \times 2) \times 0.1 = 0.622(m^3)$
9.1.4	30mm 厚碎石层	m^3	0.1865	$(0.18 + 5.18) \times (0.8 + 0.18 \times 2) \times 0.03 = 0.1865(m^3)$
9.1.5	20mm 厚素混凝土	m^3	0.1244	$(0.18 + 5.18) \times (0.8 + 0.18 \times 2) \times 0.02 = 0.1244(m^3)$
9.2	混凝土花坛	m^3	0.6127	$(0.18 + 5.18 - 0.03 \times 2) \times (0.18 - 0.03) \times 0.25 \times 2 + 0.15 \times 0.8 \times 0.25 \times 2 + (0.18 + 5.18) \times 0.18 \times 0.07 \times 2 + 0.8 \times 0.18 \times 2 \times 0.07 = 0.6127(m^3)$
9.3	栽植灌木	株	256	$5 \times 0.8 \times 4 \times 16 = 256(株)$
10	景墙			
10.1	基础			
10.1.1	挖土方	m^3	4.512	$8 \times 0.8 \times 0.705 = 4.512(m^3)$
10.1.2	150mm 厚素土夯实	m^3	0.96	$8 \times 0.8 \times 0.15 = 0.96(m^3)$

序号	项目名称	单位	工程量	计算公式
10.1.3	100mm 厚 3:7 灰土垫层	m³	0.64	$8×0.8×0.1=0.64(m^3)$
10.1.4	150mm 厚碎石层	m³	0.936	$(8-0.1×2)×0.8×0.15=0.936(m^3)$
10.1.5	250mm 厚钢筋混凝土	m³	1.5968	$7.8×0.8×0.02+8×0.8×(0.25-0.02)=1.5968(m^3)$
10.1.6	30mm 厚 C10 混凝土	m³	0.192	$8×0.8×0.03=0.192(m^3)$
10.1.7	25mm 厚 1:3 白灰砂浆	m³	0.16	$8×0.8×0.025=0.16(m^3)$
10.2	混凝土景墙	m³	25.92	$0.8×(8×4.5-3.6)=25.92(m^3)$
10.3	表层大理石	m²	78.4	$(8×4.5-3.6)×2+4.5×0.8×2+8×0.8=78.4(m^2)$
11	花架			
11.1	花架基础			
11.1.1	C25 柱子	m³	0.582	柱高:$1.6+0.5+0.15+0.175=2.425(m)$; $0.2×0.2×2.425×6=0.582(m^3)$
11.1.2	C10 混凝土基础垫层	m³	0.384	$0.8×0.8×0.1×6$ 个 $=0.384(m^3)$
11.1.3	C25 混凝土基础	m³	0.42	$(0.2×0.2×0.45+0.4×0.4×0.1+0.6×0.6×0.1)×$ 6 个 $=0.42(m^3)$
11.1.4	挖柱子基础土方	m³	8.82	$1.4×1.4×0.75×6=8.82(m^3)$
11.1.5	基础夯实	m²	11.76	$1.4×1.4×6=11.76(m^2)$
11.2	花架 C20 梁	m³	0.7673	$0.2585+0.4512+0.0576=0.7673(m^3)$
其中	L1 $(0.1×0.2)$	m³	0.2585	L1 上底长:6.74m;下底长:$6.74-0.255×2=6.23(m)$ $[6.74×0.1+(6.23+6.74)×0.1/2]×0.1×2$ 根 $=0.2645(m^3)$ 扣除梁柱相交部分:$0.1×0.2×0.05×6$ 根 $=0.006(m^3)$ $0.2645-0.006=0.2585(m^3)$
	L2 $(0.08×0.15)$	m³	0.4512	L2 上底长:3m;下底长:0.24m $[3×0.1+(3+0.24)×0.05/2]×0.08×15$ 根 $=0.4572(m^3)$ 扣除梁 L1 和 L2 相交部分:$0.1×0.05×0.08×15$ 根 $=0.006(m^3)$ $0.4572-0.006=0.4512(m^3)$
	L3 $(0.08×0.15)$	m³	0.0576	$0.08×0.15×1.6×3$ 根 $=0.0576(m^3)$
11.3	钢筋工程			
11.3.1	柱子钢筋			
其中	$\phi12$	t	0.0787	柱子高总计为:$2.675-0.1+0.65=3.225(m)$. 基础柱保护层为 40mm,钢筋长:$3.225-0.040×2+$ $6.25×0.012×2+0.2×2=3.695(m)$ $3.595×4$ 根 $×6$ 个柱子 $=88.68(m)$ $88.68×0.888kg/m=78.7478kg=0.0787(t)$
	基础 $\phi8$	t	0.0064	长:$0.6-0.015×2+6.25×0.008×2=0.67(m)$ 根数 $n=(0.6-0.015×2)/0.2+1=4$(根) $0.67×4×6=16.08(m)$ $16.08×0.395kg/m=6.3516kg=0.0064(t)$

序号	项目名称	单位	工程量	计算公式
其中	柱子 $\phi6$	t	0.0197	$(0.2+0.2)\times2-0.015\times8+(11.9\times2+8)\times0.006=0.8708(\mathrm{m})$ 根数 $n=(3.225-0.040\times2)/0.2+1=17$（根） $0.8708\times17\times6=88.8216(\mathrm{m})$ $88.8216\times0.222\mathrm{kg/m}=19.7184\mathrm{kg}=0.0197(\mathrm{t})$
11.3.2	梁 $\phi10$ 合计	t	0.161	
其中	L1 $\phi10$	t	0.0333	上：$6.74-0.035\times2+2\times(0.1-0.035\times2)=6.73(\mathrm{m})$ 下：$6.73+$弯起钢筋增加长度$\times2$； 弯起钢筋增加长度为： $[(0.1-0.035)^2+(0.255-0.035)^2]^{0.5}-(0.255-0.035)=0.0094(\mathrm{m})$ $6.73+0.0094\times2=6.7488(\mathrm{m})$ $(6.73\times2+6.7488\times2)\times2$ 根$=53.9152(\mathrm{m})$ $53.9152\times0.617\mathrm{kg/m}=33.2657\mathrm{kg}=0.0333(\mathrm{t})$
	L2 $\phi10$	t	0.1107	上：$3-0.035\times2+2\times(0.1-0.035\times2)=2.99(\mathrm{m})$ 下：$2.99+$弯起钢筋增加长度$\times2$； 弯起钢筋增加长度为： $[(0.05-0.035)^2+(0.3-0.035)^2]^{0.5}-(0.3-0.035)=0.0004(\mathrm{m})$ $2.99+0.0004\times2=2.9908(\mathrm{m})$ $(2.99\times2+2.9908\times2)\times15$ 根$=179.424(\mathrm{m})$ $179.424\times0.617\mathrm{kg/m}=10.7046\mathrm{kg}=0.1107(\mathrm{t})$
	L3 $\phi10$	t	0.0170	$2.2-0.035\times2+(0.15-0.035\times2)\times2=2.29(\mathrm{m})$ $2.29\times4\times3$ 个$=27.48(\mathrm{m})$ $27.48\times0.617\mathrm{kg/m}=16.9552\mathrm{kg}=0.0170(\mathrm{t})$
11.3.3	梁 $\phi6$ 合计	t	0.0429	
其中	L1 $\phi6$	t	0.0104	$(0.2+0.1)\times2-0.015\times8+(11.9\times2+8)\times d=0.48+0.1908=0.6708(\mathrm{m})$ 根数 $n=(6.74-0.035\times2)/0.2+1=35$（根） $0.6708\times35\times2=23.478\times2=46.956(\mathrm{m})$ $46.956\times0.222\mathrm{kg/m}=10.4242\mathrm{kg}=0.0104(\mathrm{t})$
	L2 $\phi6$	t	0.0283	$(0.08+0.15)\times2-0.015\times8+(11.9\times2+8)\times d=0.5308(\mathrm{m})$ 根数 $n=(3-0.035\times2)/0.2+1=16$（根） $0.5308\times16\times15=127.392(\mathrm{m})$ $127.392\times0.222\mathrm{kg/m}=28.2810\mathrm{kg}=0.0283(\mathrm{t})$
	L3 $\phi6$	t	0.0042	$(0.08+0.15)\times2-0.015\times8+(11.9\times2+8)\times d=0.5308(\mathrm{m})$ 根数 $n=(2.2-0.035\times2)/0.2+1=12$（根） $0.5308\times12\times3=19.1088(\mathrm{m})$ $19.1088\times0.222\mathrm{kg/m}=4.2422\mathrm{kg}=0.0042(\mathrm{t})$

能力训练题

选择题

（1）关于施工图预算的说法，正确的有（　　　）。

A. 施工图预算一定要结合施工图纸和预算定额编制

B. 施工图预算是进行"两算对比"的依据

C. 综合单价法中的单价是指全费用综合单价

D. 实物法能将资源消耗量和价格分开计算

E. 使用预算单价法时一般需要进行工料分析

（2）关于建设工程预算，下列不属于施工图预算的是（　　　）。

A. 单项工程综合预算　　　　　　　　B. 建设项目总预算

C. 类似工程预算　　　　　　　　　　D. 单位工程预算

（3）施工图预算的编制依据包括（　　　）。

A. 施工定额　　　　　　　　　　　　B. 施工组织设计

C. 预算工作手册　　　　　　　　　　D. 经批准的设计概算文件

E. 经批准和会审的施工图设计文件及有关标准图集

（4）（　　　）是编制施工图预算的常用方法，具有计算简单、工作量较小和编制速度较快、便于工程造价管理部门集中统一管理的优点。

A. 实物量法　　　B. 类比分析法　　　C. 平均指标法　　　D. 定额单价法

（5）在编制单位工程施工图预算时，定额单价法的优点有（　　　）。

A. 较好地反映实际价格水平

B. 计算简单、工作量较小和编制速度较快

C. 便于工程造价管理部门集中统一管理

D. 工程造价的准确性高

E. 采用的是工程所在地当时人工、材料、机械台班的价格

（6）采用实物量法编制施工图预算时，在按人工、材料、机械台班的市场价计算人、材、机费用之后，下一个步骤是（　　　）。

A. 进行工料分析　　　　　　　　　　B. 计算管理费、利润等费用

C. 计算工程量　　　　　　　　　　　D. 编写编制说明

（7）施工图预算的组成部分，下列不包括的是（　　　）。

A. 建设项目总预算　　　　　　　　　B. 单项工程综合预算

C. 单位工程预算　　　　　　　　　　D. 分部分项工程概算

（8）关于施工图预算和施工预算的说法，错误的是（　　　）。

A. 施工图预算中的脚手架是根据施工方案确定的搭设方式和材料计算的

B. 施工预算的材料消耗量一般低于施工图预算的材料消耗量

C. 施工预算是施工企业内部管理的一种文件，与建设单位无直接关系

D. 施工预算的用工量一般比施工图预算的用工量低

（9）某工程在施工图预算审查时，审查人员利用各分部分项工程的单位建筑面积工程量基本指标比较预算中相应分部分项工程的工程量，并据此对部分工程量进行详细审查。这种审查方法称为（　　　）。

A. 标准预算审查法　　　　　　B. 筛选审查法

C. 分组计算审查法　　　　　　D. 对比审查法

（10）对于建设单位而言，施工图预算的作用在于（　　　）。

A. 安排建设资金计划的依据　　B. 使用建设资金的依据

C. 确定投标报价的依据　　　　D. 进行施工准备的依据

E. 控制施工成本的依据

选择题参考答案：BDE，C，BCDE，D，BC，B，D，A，B，AB

 任务三 编制竣工结算与决算

🔔 **教学目标**

　　熟悉竣工结算的作用、计价形式和内容、准确进行竣工结算的编制；能够编制市场协商报价文件、养成查看相关材料及其市场价的习惯；熟悉竣工决算的作用、内容；掌握竣工结算与竣工决算的区别和联系；准确进行竣工决算的编制。

📝 **课程内容**

一、竣工结算的概述

（一）竣工结算的概念

　　一个单位工程或分项工程完工，通过有关部门的验收并取得验收合格签证后，企业按合同条款向建设单位提出结算报告，办理工程价款的支付和资金划拨的活动；主要分单位工程竣工结算、单项工程竣工结算、建设项目竣工总结算三种。

　　公式为：

$$竣工结算工程价款＝预算或合同价款＋施工过程中预算或合同价款调整数额－$$
$$预付及已结算工程价款－质量保证（保修）金 \qquad (3\text{-}6)$$

（二）竣工结算的意义与作用

1. 竣工结算的意义

　　（1）工程结算是反映工程进度的主要指标。

　　（2）工程结算是加速资金周转的重要环节。

　　（3）工程结算是考核经济效益的重要指标。

2. 竣工结算的作用

　　（1）园林工程结算确定施工企业资金收入，为企业后续工作提供流转资金，也是施工企业经济核算和考核工程成本的依据。

　　（2）园林工程结算是施工企业完成生产计划的依据，能反映工程实际成本，是建设单位落实投资完成额的依据。

　　（3）结算的园林工程是工程建设单位与施工企业对工程认可的依据，也是对已完成工作再认识和总结、提高后续工程施工质量的基础。

　　（4）工程结算能确定单位或单项工程最终造价，是建设单位与施工单位经济责任的依据。

　　（5）确定了园林工程施工工作量和实物量的实际完成情况，是建设单位编制工程竣工决算的依据。

（三）园林工程竣工结算的编制

　　园林工程在施工过程中由于各种主、客观原因可能会发生一些变化，如设计变更，材料、现场条件和工艺等发生变化，与原施工图预算的价格不一致。那么工程结算书应该与发

生变化的增、减项目进行综合，然后结合其他费用编制。

工程竣工结算的内容与施工图预算数相同，其造价组成仍然是直接费、间接费、利润和税金。不同的是，如工程有变化可根据具体情况进行调整，另外编制基础也随承包方式的不同而有差异。

1．竣工结算的编制原则

（1）对进行工程结算的项目进行全面的计量核（包括数量、工程质量等），进行结算的内容都必须符合设计图纸及相关验收规范要求。

（2）施工企业应本着对建设单位负责的态度，实事求是的精神，准确合理地确定已完工程的造价，不要弄虚作假，不要以欺骗手段获得不正当利益。

（3）施工企业应严格按照工程合同（或协议书）要求及相关规定编制结算书。

2．竣工结算的依据

（1）《建设工程工程量清单计价规范》（GB 50500—2013）。

（2）施工合同（工程合同）。

（3）工程竣工图纸及资料。

（4）双方确认的工程量。

（5）双方确认追加（减）的工程价款。

（6）双方确认的索赔、现场签证事项及价款。

（7）投标文件。

（8）招标文件。

（9）其他依据。

3．竣工结算的编制方法

（1）根据原有预算文件，对发生变化的项目内容重新计算，与原有预算中相对应的项目内容进行对比调整。

（2）根据变更情况，重新绘出竣工图纸，然后再根据准工图纸重新计价。

4．竣工结算的编制内容（表 3-3-1）

表 3-3-1　竣工结算的编制内容

1	结算书封面
2	结算书编制说明，主要包括工程范围、结算的内容、方法、依据、存在的问题等，最后是其他要说明的问题
3	工程竣工结算费用计算程序表
4	工程变更直接费调整计算表
5	材料差价调整计算表

5．竣工资料

（1）工程竣工报告、竣工图及竣工验收单。

（2）施工图预算或中标价及以往各次的工程增减费用。

（3）施工全图、合同及协议书。

（4）设计变更、图纸修改、会审记录。

（5）现场验收报告、监理及施工单位签字记录表。

（6）各地区对概预算定额材料价格，费用标准的说明、修改、调整等文件。

（7）现场环境及材料的试验报告，需加盖有资质检验单位的公章。

（8）其他有关的各种与工程有关的资料。

（四）计价形式和内容

全部使用国有资金或国有资金为主的建设工程施工发承包，必须采用工程量清单计价。除此之外，工程结算是用定额计价还是清单计价由发包人、承包人在签订合同时确定。

1. 园林工程结算的计价方式

（1）合同价加签证的计价方式

对中标合同中一些没有包括的条款或实际发生的一些变化而产生的费用等，应以施工中工程变更所增减的工程量和建设单位或监理工程师的签证为依据，在竣工结算中进行适当调整，然后与原中标合同一起进行结算。

（2）施工图预算加签证的计价方式

根据原施工图预算造价为依据，以施工中实际发生了变化而原施工图预算没有的或多算了的工程项目和费用签证为准，在竣工结算中进行合理调整。

（3）预算包干方式

预算包干方式是承发包双方已经在承包合同中明确了双方的义务和经济责任，一般不需工程结算时作增减调整。只有在发生超出包干范围的工程内容时，才在工程结算中进行调整。

2. 结算方式

企业与建设单位双方根据选定的价款结算方式进行结算，通常在合同中能体现出来，园林工程实践中可通过表 3-3-2 几种方式进行结算。

表 3-3-2　结算方式

名称	内容
按月结算	实行旬末或月中预支，月底结算，竣工后清算；跨年度施工的工程，在年终进行工程盘点，办理年度结算
竣工后一次结算	园林工程建设期在 12 个月以内，或工程承包合同价值在一定金额以下的，可实行工程价款每月月中预支，竣工后一次结算
分段结算	当年开工，当年不能竣工的单项或单位工程按照工程实际进度，划分不同阶段进行结算，可以按月预支工程款，划分标准应依据地方规定；工程开工前，按合同预算造价预支 30%～40%，工程进度达到或超过 50% 时，再预支 30%～40%，其余工程款在工程竣工后一次结清
目标结款	将合同中的工程内容分解成不同的验收单元，当企业完成单元工程内容，并经监理及业主（或其委托人）验收后，业主支付构成单元工程的工程价款
其他结算方式	企业与建设单位协商确定

3. 调整内容

（1）工程量调整。施工图预算的工程数量与实际施工的工程数量不符而产生的量差（需增加或减少的工程量）需进行调整。造成量差的主要原因如表 3-3-3 所示。

表 3-3-3　造成量差的主要原因

设计与现场不一致	设计单位对施工图进行设计修改和增加，其增减的工程量应根据设计变更通知单或图纸会审纪录进行调整

续表

施工过程中的变更	工程开工后,建设单位或施工单位根据现场情况提出改变某些工程材料、内外部形态、施工做法等或遇到一些设计过程中不可预见的情况,应在监理和施工企业双方签证的现场纪录中按合同的规定进行调整
施工图预算失误	预算人员的疏忽大意造成的工程量差错,这部分应在工程验收点校时核对实际工程量予以纠正

（2）材料价差调整。在合同规定的工程开工至竣工期内,因材料价格增减变化而产生的价差调整。若不及时做出调整会出现企业亏本及建设单位额外付出大量资金的情况;调整的价差必须根据合同规定的材料预算价格或按照有关部门发布的材料差价系数文件进行调整。

（3）费用调整。由于在施工期间,国家或地方有时有新的费用政策出台,所以费用需要根据新的规定进行调整。

（4）其他费用调整。因建设单位的原因发生的窝工费、土方运费、机械进出场费用等,应一次结清。施工单位在施工现场使用建设单位的水电、场地、房租、机械设备等费用,应在竣工结算时按有关规定付给建设单位。

二、竣工决算的概述

（一）竣工决算的概念

在整个园林项目或单项工程全部完工后,由施工单位负责提供相关资料,建设单位财务及有关部门以竣工结算等资料为基础,编制反映整个建设项目从筹建到工程竣工验收投产全部实际支出费用的文件。

（二）竣工决算的作用

（1）它是施工单位与建设单位结清工程费用的依据。

（2）反映竣工项目的实际建设情况和资金的运用情况。

（3）它是建设单位计算生产成本,便于经济核算;有利于建设单位节约基建投资。

（4）它是建设单位办理新增固定资产移交转账手续的依据,同时也是核定固定资产和流动资产价值,办理交付使用的依据。

（5）它是考核竣工项目设计预算及合同执行情况的依据。

（6）它是施工单位计算工程成本,进行经济效益核算的依据,同时也是施工单位总结经验,找出不足,提高管理水平的重要环节。

（三）竣工决算的内容

1. 分类

企业工程竣工决算——核算一个单位工程的成本

编制:施工企业项目负责部门;对象:单位工程;依据:单位工程竣工结算

建设单位工程竣工决算——从筹建到竣工的建设支出费用

编制:建设单位有关部门;对象:整个建设项目;依据:竣工结算等资料

2. 内容

包括:竣工决算说明书,竣工决算报表,工程竣工图和工程造价对比分析;前两个部分称之为建设项目竣工决算,是竣工决算的核心内容和重要组成部分。

（1）竣工决算说明书

包括：园林工程整体概况、施工过程中合同资金的执行情况，各项技术经济指标完成情况，各项拨款的使用情况，工程建设成本和投资效益分析，工程建设过程中获得的主要经验与不足之处以及对工程建设总结性意见等内容。

① 工程总说明

a. 工程时间安排。

b. 对工程质量进行全面评价。

c. 安全文明施工情况分析。

d. 对工程造价的控制情况进行说明。

② 资金分配及经济技术指标分析

a. 资金实际发生额与概算比较分析。

b. 生产能力增加效益分析。

c. 经验总结与教训分析。

d. 财务分析。

e. 其他问题说明。

（2）竣工决算报表（表3-3-4）

表 3-3-4　竣工决算报表

序号	主要内容
a	竣工决算封面
b	竣工项目验收交付的报告、文件和技术资料目录
c	建设项目竣工验收报告
d	建设项目主要单项工程开竣工日期
e	建设项目竣工工程概况及项目竣工决算
f	建设项目竣工财务决算情况
g	建设项目交付使用财产情况
h	建设项目交付使用财产明细
i	建设项目竣工决算汇总

（3）工程竣工图

（4）工程造价对比分析

对控制工程造价所采取的措施、方法和效果进行系统的对比分析，总结经验教训，找出不足，提出改进意见。

最后，按有关规定把整理装订成册的文件审批存档。

（四）竣工决算的编制依据

（1）经批准的可行性研究报告及其投资估算书。

（2）经批准的初步设计或扩大初步设计及其概算书或修正概算书。

（3）经批准的施工图设计及其施工图预算书。

（4）设计交底或图纸会审会议纪要。

（5）招投标的标底、承包合同、工程结算资料。

（6）施工记录或施工签证单及其他施工发生的费用记录，如索赔报告与记录、停（交）

工报告等。

(7) 竣工图及各种竣工验收资料。

(8) 历年基建资料、财务决算及批复文件。

(9) 设备、材料等调价文件和调价记录。

(10) 有关财务核算制度、办法和其他有关资料、文件等。

（五）园林工程竣工决算的编制步骤

(1) 收集、整理、分析各种有关依据数据及原始资料。

(2) 工程对照，核实工程变动情况，填写竣工决算报表。

(3) 将审定的非经营项目的转出投资等分别写入相应的基建支出栏目内。

(4) 编制竣工决算说明书，内容需全面、简明扼要、说明问题。

(5) 清理各项账务、债务和结余物资，认真填报竣工财务决算报表。

(6) 认真做好工程造价对比分析。

(7) 整理装订好竣工图。

(8) 按国家规定上报审批，存档。

（六）竣工结算与竣工决算的区别（表 3-3-5）

表 3-3-5　竣工结算与竣工决算的区别

内容	竣工结算	竣工决算
编制单位	施工单位	建设单位
审核单位	建设单位	相关主管部门
编制时间	竣工结算在前	竣工决算时间在后
编制范围	针对单位工程编制的,单位工程竣工后便可以进行编制	针对建设项目编制的,必须在整个建设项目全部竣工后才可以进行编制
	发生在施工、建设以及计量监理之间	发生在项目法人和他的所有上级主管部门及国家之间
备案	只上报给上级主管部门	上报给上级部门和国家主管部门
目标	基本建设工程的实际造价	确定建设项目实际造价和投资效果

（七）竣工结算与竣工决算的联系

(1) 无论是办理竣工结算或竣工决算都必须以工程完工为前提条件。

(2) 都要使用同一工程资料，如工程立项文件、设计文件、工程概预算资料等。

(3) 竣工结算是竣工决算的组成部分。

  知识延伸

"三算"对比（表 3-3-6）

表 3-3-6　"三算"对比

内容	设计概算	施工图预算	竣工决算
编制单位	设计单位	施工单位	建设单位

续表

内容	设计概算	施工图预算	竣工决算
编制阶段	工程初步设计阶段	施工图设计图纸已完成，工程开工前	竣工验收，交付使用前
编制依据	初步设计和扩大初步设计图纸、概算定额和费用定额指标	施工图纸、技术资料、预算定额、施工组织设计、材料市场价格	竣工图纸、竣工验收资料、施工预算
用途	控制和确定工程项目建设投资	确定单位工程造价	确定建设项目实际造价
精度	估算，精确度较差	比设计概算精确	精确度最好

工作任务

1. 理解竣工结算与竣工决算的相关内容，明白与施工图预算的联系与区别。

2. 根据本项目任务二的施工图预算书，结合本节内容，对项目进行园林工程竣工结算、园林工程竣工决算的编制练习。

注：根据课堂实践练习的情况，如时间充裕，可适当增加实践操作练习项目。

能力训练题

选择题

（1）下列编制竣工决算的步骤中，正确的是（　　　）。

A. 收集、整理和分析有关依据资料→清理各项财务、债务和结余物资→核实工程变动情况→编制建设工程竣工决算说明→填写竣工决算报表→做好工程造价对比分析

B. 清理各项财务、债务和结余物资→收集、整理和分析有关依据资料→核实工程变动情况→做好工程造价对比分析→编制建设工程竣工决算说明→填写竣工决算报表

C. 清理各项财务、债务和结余物资→收集、整理和分析有关依据资料→核实工程变动情况→编制建设工程竣工决算说明→填写竣工决算报表→做好工程造价对比分析

D. 收集、整理和分析有关依据资料→核实工程变动情况→清理各项财务、债务和结余物资→编制建设工程竣工决算说明→做好工程造价对比分析→填写竣工决算报表

（2）竣工决算文件中，真实记录各种地上、地下建筑物、构筑物，特别是基础、地下管线以及设备安装等隐蔽部位的技术文件是（　　　）。

A. 总平面图　　　　　　　　　　　B. 竣工图

C. 施工图　　　　　　　　　　　　D. 交付使用资产明细表

（3）按规定竣工决算应在竣工项目办理验收交付手续后的（　　　）内编好，并上报主管部门。

A. 1个月　　　　　B. 2个月　　　　　C. 3个月　　　　　D. 6个月

（4）建设单位应当自工程竣工验收合格之日起（　　　）日内，向工程所在地的县级以上地方人民政府建设行政主管部门备案。

A. 7　　　　　　　B. 15　　　　　　C. 28　　　　　　D. 30

（5）关于竣工决算，下列说法正确的是（　　　）。

A. 建设项目竣工决算应包括从筹建到竣工投产全过程的全部实际费用

B. 竣工财务决算说明书、竣工财务决算报表两部分又称建设项目竣工财务决算

C. 竣工决算是反映建设项目实际造价和投资效果的文件

D. 建设工程竣工决算是办理交付使用资产的依据

E. 竣工决算不体现无形资产和其他资产的价值

（6）在绘制建设工程竣工图时，为了满足竣工验收和竣工决算的需要，还应绘制反映竣工工程全部内容的（   ）。

A. 工程设计立面示意图   B. 工程设计切面示意图

C. 工程设计平面示意图   D. 工程设计剖面示意图

（7）工程竣工验收报告的附有文件包括（   ）。

A. 竣工财务决算报表

B. 市政基础设施工程应附有质量检测和功能性试验资料

C. 施工许可证

D. 施工单位签署的工程质量保修书

E. 施工图设计文件审查意见

（8）建设项目竣工验收合格后，提出工程竣工验收报告的是（   ）。

A. 承包人   B. 总承包人   C. 建设单位   D. 项目主管部门

（9）竣工决算的内容由四部分组成，其核心内容为（   ）。

A. 竣工财务决算说明书和工程竣工造价对比分析

B. 竣工财务决算说明书和工程竣工图

C. 竣工财务决算说明书和竣工财务决算报表

D. 工程竣工图和工程竣工造价对比分析

（10）建设项目竣工决算的内容包括（   ）。

A. 竣工财务决算报表   B. 竣工财务决算说明书

C. 投标报价书   D. 新增资产价值的确定

E. 工程造价比较分析

选择题参考答案：A，B，A，B，ABCD，C，BCDE，C，C，ABE

附录 项目练习

1. 请根据附图 1-1 廊架一构造示意图和附表 1-1 工程量计算表，试计算分部分项工程量合价，并完成综合单价分析表。

附表 1-1　工程量计算表

序号	项目编码	项目名称	项目特征描述	计量单位	工程量
1	010101003001	挖基础土方	挖基坑,深度 2m 以内,三类土,运距自行考虑	m³	13.03
2	010103001001	土(石)方回填	沟槽夯填回填土	m³	11.11
3	010401002001	独立基础	C25 钢筋混凝土独立基础	m³	0.389
4	010402001001	矩形柱	C25 钢筋混凝土柱	m³	2.39
5	010416001001	现浇混凝土钢筋	现浇混凝土一、二级钢筋	t	0.162
6	020206001001	石材零星项目	30 厚人造文化石贴柱面,20 厚 1：2.5 水泥砂浆粘贴	m²	11.16
7	010417002001	预埋铁件	210×210×8 厚、4φ8 预埋铁件,300×150×8 厚钢柱搭接构件	t	0.035
8	010417001001	螺栓	φ10 对穿螺栓	套	40
9	010503001001	木柱	200×200 南方松木柱	m³	0.14
10	010604001001	钢梁	150×50×4 厚矩形空心钢梁,玫瑰色烤漆两道	t	0.277
11	010417002002	预埋铁件	75×100×8 厚 U 型钢,50×50×6 厚角钢连接件	t	0.043
12	010417001002	螺栓	φ8 螺栓	套	544
13	010503002001	木梁	125×50 南方松木梁	m³	0.39

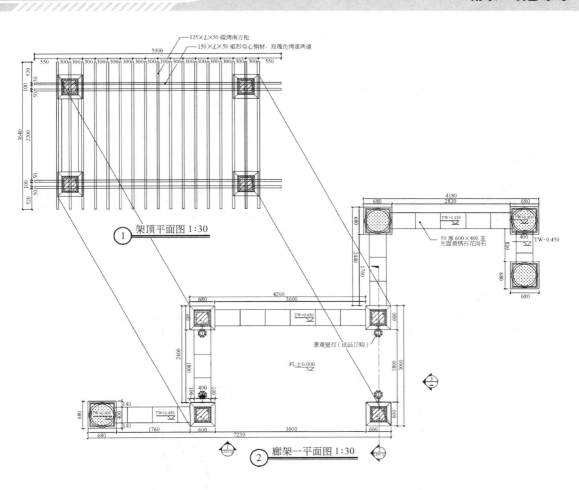

① 架顶平面图 1:30

② 廊架一平面图 1:30

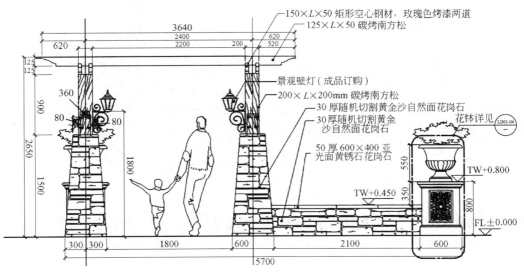

③ 廊架一立面图一 1:30

附图 1-1　廊架构造示意图

2. 请根据附图 1-2 廊架一处座墙构造示意图和附表 1-2 工程量项目表，试完成各工程量计算，并完成廊架一及座墙的工程造价（即第 1 题及本题的总造价）。

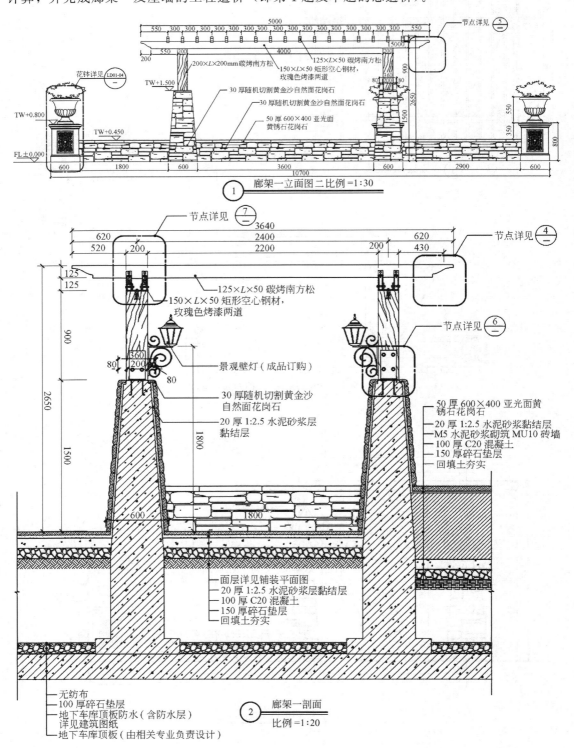

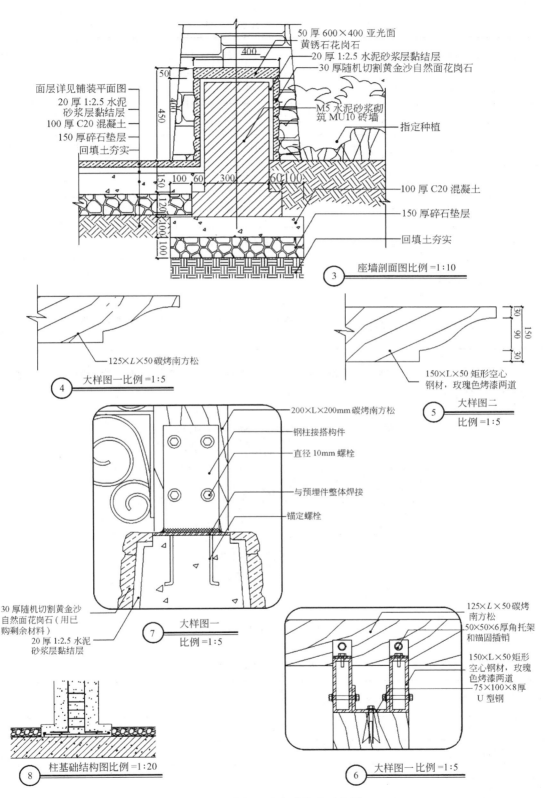

附图 1-2 廊架一处座墙构造示意图

附表 1-2　工程量项目表

序号	项目编码	项目名称	项目特征描述	计量单位	工程量
1	10101003001	挖基础土方	挖沟槽,深度 1.5m 以内,三类土,运距自行考虑	m³	
2	10203003001	地基强夯	素土夯实	m²	
3	10103001001	土(石)方回填	沟槽夯填回填土	m³	
4	10401006001	基础垫层	150 厚碎石垫层	m³	
5	10401006002	基础垫层	100 厚 C20 素混凝土垫层	m³	
6	010302006001	零星砌砖	M5 水泥砂浆砌筑 MU10 座墙	m³	
7	20206001001	石材零星项目	30 厚人造文化石贴座墙,20 厚 1:2.5 水泥砂浆粘贴	m²	
8	20206001002	石材零星项目	50 厚 600×400 黄锈石亚光面花岗岩压顶,20 厚 1:2.5水泥砂浆粘贴	m²	

3. 根据附图 1-3 踏步样式一和附表 1-3 工程量项目表,试完成各工程量计算,并完成分部分项工程量造价。

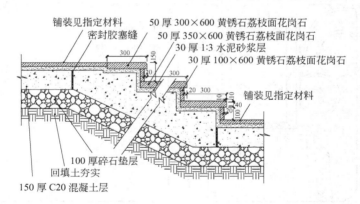

附图 1-3　踏步样式一 (1:10)

附表 1-3　工程量项目表

序号	项目编码	项目名称	项目特征描述	计量单位	工程量
1	10101001001	平整场地	平整场地	m²	
2	10203003001	地基强夯	素土夯实	m²	
3	10401006001	基础垫层	100 厚碎石垫层	m³	
4	10401006002	台阶	150 厚 C20 素混凝土台阶	m²	

续表

序号	项目编码	项目名称	项目特征描述	计量单位	工程量
5	020108001001	石材台阶面	50 厚 300×600 黄锈石荔枝面花岗岩贴台阶,30 厚 1:3 水泥砂浆	m²	
6	020108001002	石材台阶面	30 厚 100×600 黄锈石荔枝面花岗岩贴台阶,30 厚 1:3 水泥砂浆	m²	

4. 根据附图 1-4 踏步样式二和附表 1-4 工程量项目表,试完成各工程量计算,并完成分部分项工程清单造价。

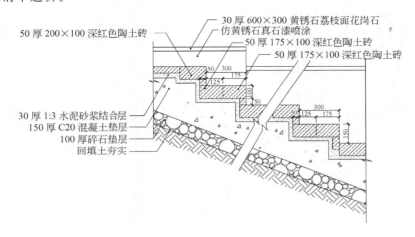

附图 1-4 踏步样式二 (1:10)

附表 1-4 工程量项目表

序号	项目编码	项目名称	项目特征描述	计量单位	工程量
1	101010010001	平整场地	平整场地	m²	
2	10203003001	地基强夯	素土夯实	m²	
3	10401006001	基础垫层	100 厚碎石垫层	m³	
4	10401006002	台阶	150 厚 C20 素混凝土台阶	m²	
5	020108002001	块料台阶面	50 厚 200×100 深红色陶土砖贴台阶,30 厚 1:3 水泥砂浆粘贴	m²	
6	020108002002	块料台阶面	50 厚 200×100 深红色陶土砖贴台阶,30 厚 1:3 水泥砂浆粘贴	m²	
7	20206001002	石材零星项目	50 厚 600×400 黄锈石亚光面花岗岩压顶,20 厚 1:2.5 水泥砂浆粘贴	m²	

5. 根据附图 1-5 景观挡墙构造示意图和附表 1-5 工程量项目表,试完成各工程量计算,并完成分部分项工程量合价(除指定种植植被)。

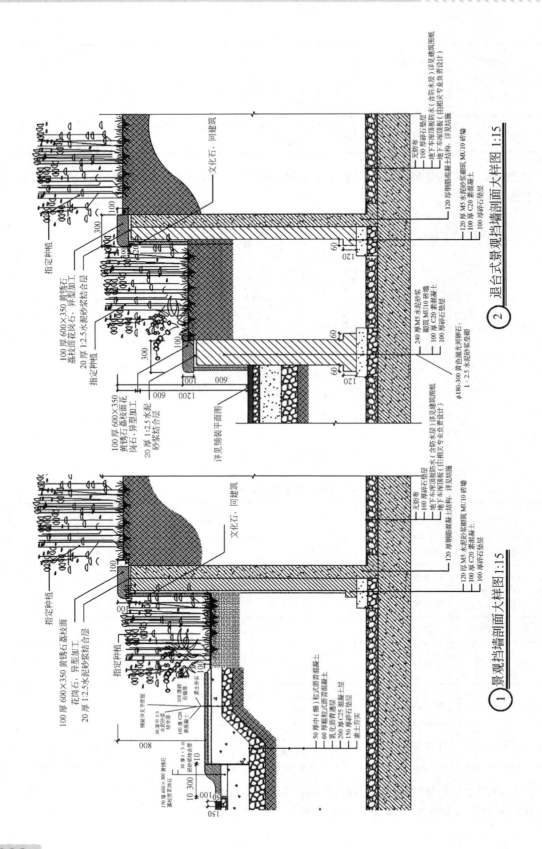

① 景观挡墙剖面大样图 1:15

② 退台式景观挡墙剖面大样图 1:15

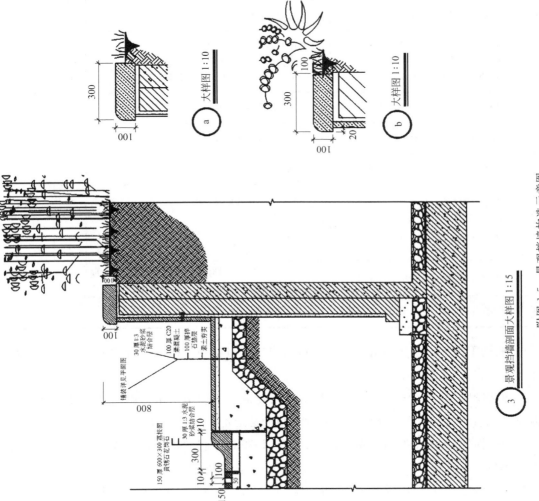

附图 1-5　景观挡墙构造示意图

附表 1-5　工程量项目表

序号	项目编码	项目名称	项目特征描述	计量单位	工程量
1	010101003016	挖基础土方	挖沟槽,深度 1.5m 以内,三类土,运距自行考虑	m³	
2	010203003040	地基强夯	素土夯实	m²	
3	010103001019	土(石)方回填	沟槽夯填回填土	m³	
4	010401006080	基础垫层	100 厚碎石垫层	m³	
5	010401006081	基础垫层	100 厚 C20 素混凝土垫层	m³	
6	010301001001	砖基础	M5 水泥砂浆砌筑 MU10 砖基础	m³	
7	010302001001	实心砖墙	M5 水泥砂浆砌筑 MU10 砖墙	m³	
8	010404001001	直形墙	120 厚 C25 钢筋混凝土墙	m³	
9	010416001007	现浇混凝土钢筋	现浇混凝土一、二级钢筋	t	
10	020201001004	墙面一般抹灰	20 厚 1:2.5 水泥砂浆抹灰	m²	
11	020109001001	石材零星项目	(100－600)×30/100×100 景墙劈岩石贴面,20 厚 1:2.5 水泥砂浆粘贴	m²	
12	020206001038	石材零星项目	100 厚 600×350 黄锈石荔枝面花岗岩压顶,异形加工,两侧倒角,20 厚 1:2.5 水泥砂浆粘贴	m²	
13	010103001020	土(石)方回填	花池内回填种植土	m³	

6. 根据附图 1-6 座凳构造示意图,试列出工程量清单,并计算分部分项工程费用及综合单价。

7. 根据附图 1-7 绿化景观图,试列出工程量清单(包括苗木规格),完成庭院种植一、庭院种植二各自的分部分项工程费用及两项目的总造价、综合单价。

8. 根据附图 1-8 花架构造示意图,试列出该项目工程量清单,计算分部分项工程费用及综合单价。

9. 某景区步行木桥,桥面长为 6m、宽为 1.5m。桥板厚为 25mm,满铺平口对缝,采用木桩基础;原木梢径 ϕ80mm、长 5m、共 16 根,横梁原木梢径 ϕ80mm、长 1.8m、共 9 根,纵梁原木梢径 ϕ100mm、长 5.6m、共 5 根。栏杆、栏杆柱、扶手、扫地杆、斜撑采用枋木 80mm×80mm(刨光),栏杆高 900mm。全部采用杉木。其工程量如附表 1-6 所示,试计算该项目工程的造价及综合单价(如果市场价人工费为 70 元/工日,原木市场价 800 元/m³,扒钉 4.5 元/kg,板材 1200 元/m³,铁钉 3.5 元/kg,枋材 1200 元/m³,铁件 4.2 元/kg;利率 9%,管理费率 24%)。

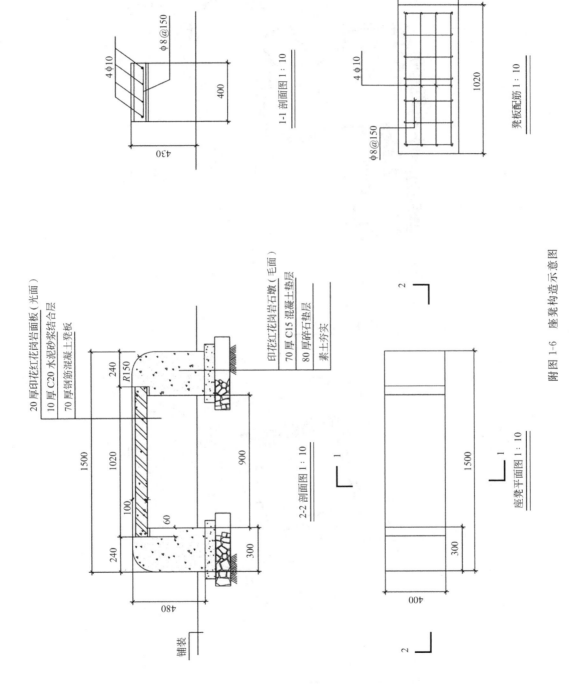

1-1 剖面图 1：10

凳板配筋 1：10

2-2 剖面图 1：10

座凳平面图 1：10

20 厚印花红花岗岩面板（光面）
10 厚 C20 水泥砂浆结合层
70 厚钢筋混凝土凳板

印花红花岗岩台墩（毛面）
70 厚 C15 混凝土垫层
80 厚碎石垫层
素土夯实

铺装

附图 1-6 座凳构造示意图

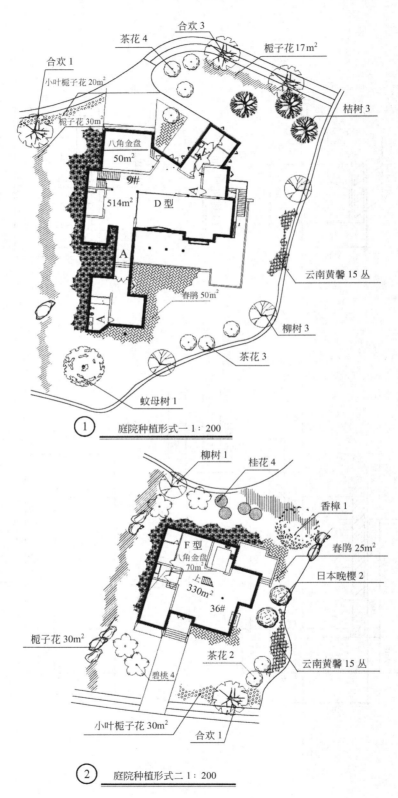

① 庭院种植形式一 1：200

② 庭院种植形式二 1：200

附图 1-7　绿化景观图

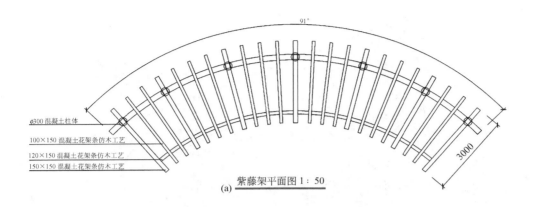
(a) 紫藤架平面图 1∶50

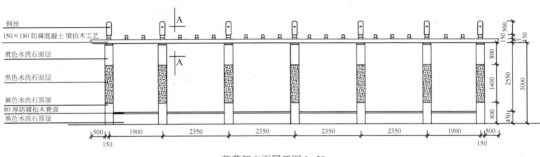
(b) 紫藤架立面展开图 1∶50

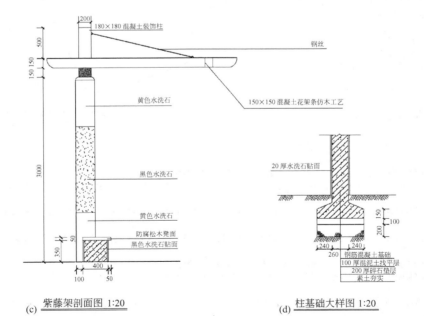
(c) 紫藤架剖面图 1:20

(d) 柱基础大样图 1:20

附图 1-8　花架构造示意图

233

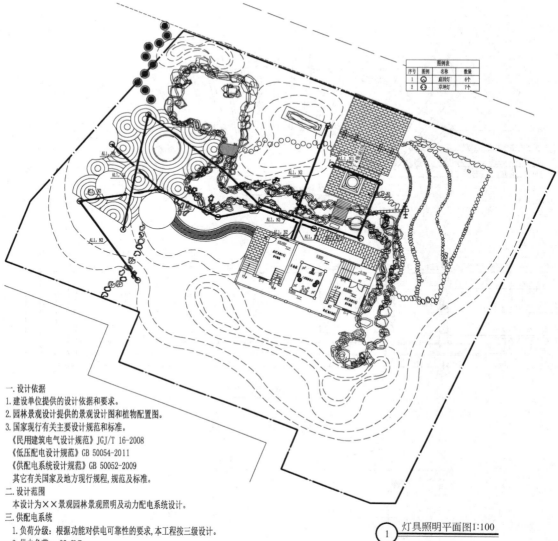

园林工程预决算

图例表

序号	图例	名称	数量
1		庭院灯	6个
2		草坪灯	7个

灯具照明平面图1:100

一. 设计依据
1. 建设单位提供的设计依据和要求。
2. 园林景观设计提供的景观设计图和植物配置图。
3. 国家现行有关主要设计规范和标准。
《民用建筑电气设计规范》JGJ/T 16-2008
《低压配电设计规范》GB 50054-2011
《供配电系统设计规范》GB 50052-2009
其它有关国家及地方现行规程、规范及标准。

二. 设计范围
本设计为××景观园林景观照明及动力配电系统设计。

三. 供配电系统
1. 负荷分级：根据功能对供电可靠性的要求，本工程按三级设计。
2. 供电负荷：：33.8kW。
3. 供电电源：由园区内就近的箱式变电站引入，具体可由现场定。

四. 照明及动力配电
1. 本工程室外配电箱均落地安装，箱下设300mm高的混凝土基础。配电箱具体位置可根据现场调节。
2. 低压配电系统的接地形式为TN-S系统。所有室外配电箱电源电缆的PE线须重复接地。重复接地的接地电阻不大于4Ω，环境照明灯具、水泵等各类正常不带电金属外壳须和PE线可靠连接。
3. 本工程灯具功率因数为0.80以上，灯具效率不小于70%；灯具根据投照景物和说明书旋转其照射角度和调整安装高度、庭院灯、草坪灯等室外灯具外壳防护等级不得小于IP55。
4. 环境照明供电回路考虑了灯具的起动电流和供电线路的电压降(<5%)，在相关灯具和设备确定后，应根据实际情况，对配电电缆截面进行校验。为减少压降，本设计选择电缆截面考虑了适当加粗。
5. 室外配电箱外壳等级IP54，采用室外防水不锈钢箱，外涂电气安全标志，并设锁及玻璃观察窗。
6. 庭院灯灯杆保护接地利用灯基础做接地极，并和PE线相焊接形成可靠的接地线。接地电阻要求不大于4Ω否则需补打接地极。

五. 施工说明：
1. 灯具供电主回路采用YJV电缆穿PVC电线套管理地暗敷，其穿管埋设深度为绿地下为0.7m，主干道、过车处路道管埋深不小于0.9m，管线过车行道路处采用穿大二级以上的镀锌钢管保护。
2. 所有接线都在接线盒内进行，灯具接线按L1、L2、L3三相依次连接，尽量达到三相平衡，接头和线盒必须做防水处理。
3. 电缆在任何敷设方式及其外部路径条件的上、下、左、右改变部位，其弯曲半径为电缆外径的10倍；电缆在灯具两侧预留量不应小于0.5m。
4. 本说明未详之处，请依据国家相关电气规范施工。

234

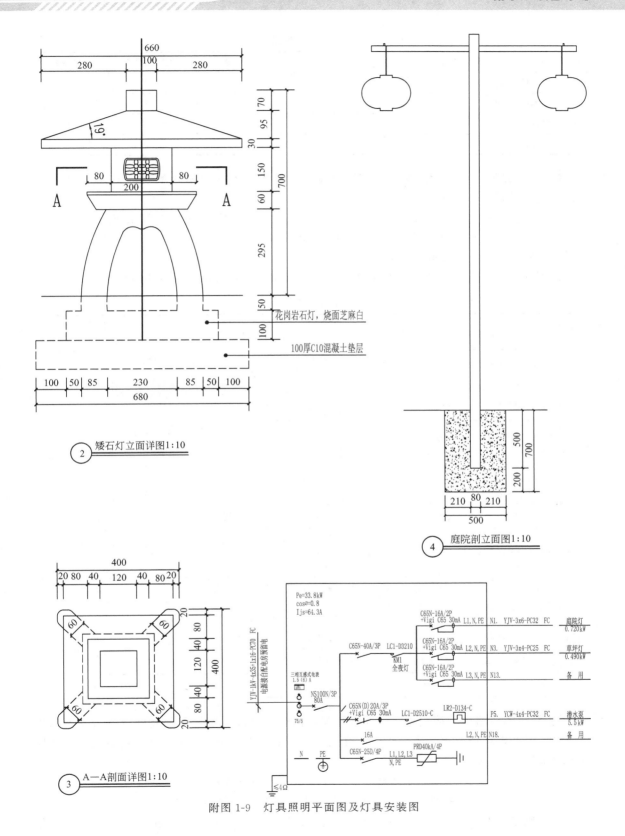

附图 1-9　灯具照明平面图及灯具安装图

附表1-6　工程量表

序号	项目名称	单位	工程量	人工工日	辅助材料
1	原木桩基础	m³	0.64	5.12	
2	原木横梁、纵梁	m³	0.472	3.42	扒钉15.5kg
3	桥板	m³	3.142	22.94	铁钉21kg
4	栏杆、扶手、扫地杆、斜撑	m³	0.24	3.08	铁件6.4kg

【注】当设计木柱只标注木柱直径，应按现行国家标准《原木材积表》（GB/T 4814—2013）进行计算：

$$材积＝0.7854 柱长×[柱径＋0.5 柱长＋0.005 柱长^2＋0.000125 柱长×(14－柱长)^2×(柱径－10)]^2÷10000$$

10. 照明工程（详见附图1-9）

根据附图1-9完成配电工程工程量计算（包括灯具1电线等），填入附表1-7中。

附表1-7

序号	项目编码	项目名称	项目特征描述	计量单位	工程量
1	20303001001	灯带	1. 灯带型式、尺寸：LED5050灯带；2. 规格：220V 1W/m；3. 安装方式：暗装	m	
2	30213003001	装饰灯	1. 名称：LED轨道灯；2. 规格：220V 3×1W；3. 安装方式：明装	套	
3	30213003002	装饰灯	1. 名称：LED筒灯；2. 规格：220V 3W；3. 安装方式：暗装	套	
4	30204018001	配电箱	1. 名称、型号：照明配电箱；2. 规格：详见系统图	台	
5	30213004001	荧光灯	1. 名称：T4灯管，单管；2. 规格：220V 1×28W	套	
6	30213004002	荧光灯	1. 名称：T4灯管，双管；2. 规格：220V 2×28W	套	
7	30213003003	装饰灯	1. 名称：LED射灯；2. 规格：220V 3W	套	
8	30213003004	装饰灯	名称：筒灯	套	
9	30212003001	电气配线	导线型号、材质、规格：BV3×2.5	m	
10	30212003002	电气配线	导线型号、材质、规格：BV2×2.5	m	
11	30212003003	电气配线	导线型号、材质、规格：NHBV3×2.5	m	
12	30212001001	电气配管	名称：PVC16	m	
13	30212001002	电气配管	名称：SC15	m	

【注】照明回路中的接线盒首先计算开关、插座，再按规范管路距离确定是否需要留中间接线，根据现场情况再考虑是否还有其他地方需要。因为是易耗品，所以提计划时可按图纸需求量加5%～10%损耗量。

开关盒数量＝开关数量＋插座数量

接线盒数量＝开关数量＋插座数量＋灯具数量

配管超过以下长度时，得加接线盒的数量统计：（1）无弯管路超过30m；（2）两个接线盒之间有一个弯时，超过 20m；（3）两个接线盒之间有二个弯时，超过 15m；（4）两个接盒之间有三个弯时，超过 8m。

电缆工程量＝图纸上量得的长度＋进盘柜箱的预留量

盘、箱、柜的外部进出线预留长度见附表 1-8。

附表 1-8　盘、箱、柜的外部进出线预留长度　　　　　　　　m/根

序号	项目	预留长度	说明
1	各种箱、柜、盘、板、盒	高＋宽	盘面尺寸
2	单独安装的铁壳开关、自动开关、刀开关、启动器，箱式电阻器、交阻器	0.5	从安装对象中心算起
3	继电器、控制开关、信号灯、按钮、熔断器等小电器	0.3	从安装对象中心算起
4	分支接头	0.2	分支线预留

开关、插座等的预留长度，一般是 0.3m 每处。

参 考 文 献

[1] 江苏省建设厅编.江苏省仿古建筑与园林工程计价表.南京：江苏人民出版社，2007.

[2] 中华人民共和国住房和城乡建设部编.园林绿化工程工程量计算规范（GB 50858—2013）.北京：中国计划出版社，2013.

[3] 中华人民共和国住房和城乡建设部编.仿古建筑工程工程量计算规范（GB 50855—2013）.北京：中国计划出版社，2013.

[4] 廖伟平、孔令伟主编.园林工程招投标与概预算.重庆：重庆大学出版社，2013.

[5] 黄顺主编.园林工程预决算.北京：高等教育出版社，2010.

[6] 董仲国、李梅主编.园林工程招投标与预决算.北京：中国水利水电出版社，2013.

[7] 张国栋主编.园林绿化工程预决算定额应用与工程实例.北京：中国建材工业出版社，2014.

[8] 刘志梅主编.园林工程概预算必读.天津：天津大学出版社，2011.

[9] 余璠璟、李泉等编著.仿古建筑与园林工程工程量清单计价.第2版.[M].南京：东南大学出版社，2015.

[10] 冯义显主编.园林工程工程量清单计价实例详解.北京：机械工业出版社，2015.

[11] 许焕兴、黄梅主编.新编市政与园林工程预算（定额计价与工程量清单计价）.第2版.北京：中国建材工业出版社，2013.

[12] 张国栋主编.一图一算之园林绿化工程造价.北京：机械工业出版社，2010.

[13] 筑龙网组编.园林景观工程造价常见问答精编.北京：中国电力出版社，2010.

[14] 筑龙网组编.园林工程施工方案范例精选.北京：中国电力出版社，2007.